杭州市哲学社会科学规划重点课题
杭州历史文化研究丛书

杭州印刷出版史

顾志兴／著

中国社会科学出版社

图书在版编目（CIP）数据

杭州印刷出版史 / 顾志兴著. —北京：中国社会科
学出版社，2014.6
ISBN 978-7-5161-4077-2

Ⅰ.①杭… Ⅱ.①顾… Ⅲ. ①印刷史—杭州市②出版
工作—文化史—杭州市 Ⅳ.①TS8-092②G239.275.51

中国版本图书馆 CIP 数据核字（2014）第 056701 号

出 版 人	赵剑英	
责任编辑	田 文	
特约编辑	许继起	
责任校对	周 昊	
责任印制	戴 宽	

出版发行	中国社会科学出版社	
社 址	北京鼓楼西大街甲 158 号	邮 编 100720
网 址	http：//www.csspw.cn	
	中国域名：中国社科网	010－64070619
发 行 部	010－84083685	
门 市 部	010－84029450	
经 销	新华书店及其他书店	

印 装	杭州电子工业学院印刷厂	
版 次	2014 年 6 月第 1 版	
印 次	2014 年 6 月第 1 次印刷	

开 本	787×1092 1/16	
印 张	13.5	
插 页	2	
字 数	265 千字	
定 价	48.00 元	

编辑指导委员会

目 录

绪 言

　　我曾经长时间地探索，并查考不少历史文献，杭州称得上"天下第一"或曰"世界第一"的物质的或精神的财富究竟是什么？及至数十年前接触和研究雕板印刷术和毕昇发明活字印刷术，尔后撰写了若干论文和发表有关专著，到这次完成"杭州历史文化研究"中的《杭州印刷出版史》撰著，我才敢说，杭州的"天下第一"是雕板印书，其源头和实物佐证是五代吴越国王钱俶主持雕印的、民国早年先后在吴兴天宁寺和杭州雷峰塔发现的《一切如来心秘密全身舍利宝箧印陀罗尼经》（简称《陀罗尼经》）。

　　印刷术是中国的四大发明之一，这是世界公认的。中国自隋唐时期发明雕板印刷术，至两宋而大盛，形成一个新兴的，对促进文化、教育、学术起到莫大作用的产业，它的"硅谷"就在杭州。关于这个问题，前人早有定论。宋代的叶梦得在他的著作《石林燕语》卷八中早就说过："今天下印书，以杭州为上……"叶梦得曾历仕北宋神宗、哲宗、徽宗、钦宗及南宋高宗五朝，谙熟朝廷典章制度。他的《石林燕语》一书，《四库全书总目》卷一二一给予很高的评价，认为"梦得为绍圣旧人，徽宗时尝司纶诰，于朝章国典，夙所究心，故是书纂述旧闻，皆有关当时掌故，于官制科目言之尤详，颇足以补史传之阙……"更重要的，我以为叶梦得是位严肃的学者，他不是杭州人，并不是无原则地在唱"谁不说俺家乡好"。所以叶梦得的上述论述"今天下印书，以杭州为上"的记载是可信的，是符合客观事实的。至今未闻有人反对和持不同意见。

　　叶梦得说的"今天下印书，以杭州为上"。这里的"天下"，是指中国，但说全世界也不错。那时所谓先进的欧洲人还停留在用鹅毛笔在羊皮纸上抄书的阶段，而宋代的中国人，尤其是杭州人，得风气之先，已经手捧纸润墨香、印刷精美的宋版书在读书做学问了。

　　北宋时杭州的印书，以承担为国子监（国家最高学府）印"监本书"而出名。北宋时的经部书、史部书大多是由皇帝下圣旨指定杭州刻印的，例如《周礼疏》、《仪礼疏》、《春秋公羊传疏》、《史记》、《汉书》、《唐书》等。还有部很特殊的书，即是《资治通鉴》，今天我们把此书看作是部编年史，在当时却是部治国平天下的政书。司马光编好《资治通鉴》后呈进御览，神宗皇帝亲自作序，并下旨交"杭州镂板"。北宋皇帝十分重视医药书的刻印，这是因为当时卫生条件差，一个军州发生一次传染病，要死十几万人，而医药方书要求尤其严格，往往一字之差，致误人性命。熙宁二年（1069）校定的《外台秘要方》，也是神宗皇帝下旨交杭州刻印的。

如果我们细心一点的话，就可以发现北宋朝廷为何把重要的经书、史书、医药书等由皇帝下旨交杭州刻印，最重要的一点是杭州刻印书籍质量高，印制十分精美，而这一切是吴越王钱俶刻印《陀罗尼经》打下的基础。吴越王钱俶纳土归宋后，南北文化交流进一步发展。淳化五年（994），宋太宗命官员分校《史记》、《汉书》、《后汉书》毕，就遣内侍"赍本就杭州镂板"，这距离钱俶纳土归宋仅十五六年时间，可以想见当时杭州刻书已经誉满京师开封，获得上至皇帝大臣，下至普通读书人的一致交口称赞，这样北宋皇帝每逢重要典籍才会下旨命杭州镂板刻书之举，自此几乎成为惯例。

这里还得说一下北宋庆历年间（1041-1048）毕昇在杭州发明了活板印刷术，使杭州这座文化名城更添光彩，毕昇的发明泥活字，比欧洲人谷腾堡用铅活字印制《圣经》要早四百年。至于当时未加推广和普遍应用，那是另外一个问题。本书中对此进行了研究探讨。

及至南宋，高宗建都杭州，升杭州为临安府。随着南宋政权的逐步稳固，文化教育事业的发展，杭州的印刷业达到了空前的发展，并扩展到南宋政权所统治的全国范围，成为一项重要的产业。皇家内府、中央和地方官署、学校书院都刻印了大批书籍。这时候，刻书业还影响到私人和书坊刻书的兴起，例如廖莹中在杭州刻梓的《柳河东集》和《韩昌黎集》，被后人誉为"无上神品"，这两部书，成为今日国家图书馆的镇馆之宝。南宋时，杭州从太庙巷开始到棚桥一带的御街（今名中山路），更是书坊林立，充溢书香。睦亲坊陈起的书铺刻书，名满天下，后来得了个"书棚本"的美名。更重要的是，北宋靖康之乱，公私典籍为战乱所毁，南宋时孝宗皇帝爱读唐诗，命人收集，仅找到了500来首，且错误百出。就是这位"诗刊欲遍唐"的陈起，做了一项抢救祖国文化遗产的工作，经他的努力，刊印了大批唐诗，祖国文化遗产中的奇葩唐诗才得以大批保存，王国维先生曾加总结和论定，他在《两浙古刊本考》卷上中说："今日所传明刊十行十八字唐人专集、总集大抵皆出陈宅书籍本也。然则唐人诗集得以流传至今，陈氏刊刻之功为多。"陈起的功绩是巨大的，人们是会永远记住这位唐诗功臣陈起的。

到了元代，尽管政治、经济、文化中心的北移，但杭州印刷业的中心地位不变，举个简单的例子，元朝修的三部前朝的史书，即是《辽史》、《金史》和《宋史》，三史修好后，都是奉皇帝的圣旨，下江浙行省在杭州开版印行的。元朝还有部科技农书《农桑辑要》，此书关系到民生要务，由元朝大司农司编纂，在大都（今北京）刊印。延祐元年（1314），元仁宗嫌初刻本字样不好，专下圣旨"这农桑册子字样不好，教真谨大字书写开板"。这个任务就落在江浙行省的头上，最后在杭州开版印刷。前后多次重印，共印了一万册，大大突破了古代雕版印书的数字。雕板印书达一万册，我敢肯定地说，这是前无古人、后无来者的，是中国雕板印刷史上的一个创举，而这事就发生在杭州。

明代杭州是中国四大书籍聚散地之一。胡应麟在《少室山房笔丛》卷四《经籍会通四》中说："今海内书凡聚之地有四：燕市也，金陵也，阊阖也，临安也。闽、楚、滇、黔则余间得其梓，秦、晋、川、洛则余时友其人。旁诹阅历，大概非四方比矣。两都吴越，皆余足迹所历，其贾人世业者，往往识其姓名。"这里胡应麟十分肯定地指出其时全国四大书籍聚集中心为北京、南京、苏州、杭州。胡氏对杭州的书坊十分熟悉，有过生动的描述："凡武林书肆多在镇海楼（引者按：即今中山路鼓楼）之外，及涌金门之内，及弼教坊、清河坊，皆四达之衢也。省试则间徙于贡院前，花朝后数日则徙于天竺，大士诞辰也。上巳后月余，则徙于岳坟，游人渐众也。梵书多鬻于昭庆寺，书贾皆僧也。"

胡应麟所言的明代杭州书肆，据我考证，现能知其店铺名及所刻书的有四十余家之多，当时定然更多。这些书肆既刻书又售书，往往是前店后坊，刻印了大量的书籍。我以为明代杭州刻书最值得重视的是小说和戏曲的刻印，这其间最值得重视的是洪楩的清平山堂所刻的《六十家小说》（此书残本后编印成《清平山堂话本》，收宋元话本二十余篇），在中国小说史上有重要地位和价值。明代杭州书坊刻印的小说、戏曲，还有值得注意的是，这些小说以及其他戏曲等读物有著名学者如李卓吾等人为之校评，有陈洪绶等名画家为插图创稿，有杭州本地人吴凤台、项南洲以及著名安徽歙县来杭（有的后来定居杭州）的名刻工黄应绅、黄应渭、黄德宠、黄一凤、黄子立、洪国良等为之镌刻插图，我喻之为使这些书籍插上了双翼，使之走向千家万户。举例而言如明万历间武林容与堂本《李卓吾先生批评忠义水浒传》为名刻工吴应台、黄应光等镌刻插图；明万历间的钱塘王慎修刊本《三遂平妖传》，插图为金陵名刻工刘希贤所镌；明万历间武林容与堂本《李卓吾先生批评红拂记》，插图为黄应光、姜体乾等名工所刻。"匹马长途愁日暮"、"片帆江上挂秋风"等画幅意境备出；又如，虎林骚隐居士张楚权尝辑《白雪斋选订乐府吴骚合编》等多种，请杭州名刻工项南洲为之镌图，所刻之图极其精美，白雪斋主人有识语："是刻计出相若干幅，技巧极工，较原工各自创画，以见心思之异。""写丽情而务除俗套，搜旧稿而博览新声，更加画意穷工，增一偏之荣也。"是书有木记两行"虎林张府藏板，翻印千里必究"，可见张氏书坊主人对此书的重视程度。由于明代浙刻（主要是杭刻）书中的版画插图至明万历间而大盛，以小说、戏曲插图为主，间及其他方面的书籍，遂有"武林版画"（以杭州为主，含湖州、海宁、宁波、绍兴、萧山等地）之称，与建安（福建建安、建瓯一带）、金陵（南京）、苏州、徽州派版画并称，其中"武林版画"是其中的重要一派。

清代杭州官刻书以浙江书局刻书著称于世，私人刻书以鲍廷博、卢文弨、丁丙所刻丛书称誉学界，世有定评。民国年间杭州石印和铅字排印印刷兴起，由于石印和铅印的速度快，有天然的优势，故而逐步取代了传统的雕板印刷，这是大势所趋，所谓"无可奈何花落去"是也。

恩师胡道静先生为我的《浙江出版史研究——中唐五代两宋时期》一书作序时尝言："印刷之术，创源吾国，自雕板兴，板印之业大盛，而教育文化学术遂造新纪元，突入新境界，此直人类万千发明中至高一招也。"我以为作为雕版印刷这样一件重要的非物质文化遗产，仍有保留、继承之必要，尤其对杭州这座历史文化名城、印刷业的故乡更有必要，这是延续千年的文脉，我们有责任保护，发扬光大，传之千秋万代。近闻杭州十竹斋主人魏立中，毕业于中国美术学院版画系，师从于木版水印名家陈一超，办起了木板水印工作坊专事古画水印。其所摹印的黄公望《富春山居图》八米长卷，已获2011年第三届中国（浙江）非物质文化遗产博览会金奖，余如《西湖全景图》、《西湖十景信笺》等皆获得大奖，近又刊印《雷峰藏经卷》，全长2.20米，阔8公分，按原样木刻水印，使杭州雕板刻印的源头重现人间，实是对明清以来盛名于世的"武林版画"的继续和发扬光大。对他的努力，我是十分赞赏的，曾向他建议为了传承和发展杭州这个"天下第一"的雕板印刷技艺，适当刻梓一些传世的古籍名著，得到他的欣然赞同。我想这将是一件十分有有意义的事，真所谓是"似曾相识燕归来"也。

第一章　五代杭州雕版印刷出版业的初始

第一节　雕版印刷兴起的经济文化基础

印刷术是我国古代四大发明之一，对人类文化的发展有重大的贡献。杭州自五代雕版印刷术出现后，北宋时布衣毕昇又发明了活字印刷术，这一重大发明，在当时虽没有引起人们更多的重视，但从总体上说，对促进世界书籍的印刷是起了重大作用的。在严格意义上说，文字只有印刷在纸张上后才谈得上出版（尤其是书籍）。我国在唐代就出现了雕版印刷品，杭州可说是最早刊印书籍的城市之一，有时还曾为天下之先。

中唐时今浙江地域出现了雕版印刷书籍，五代时吴越国刻印了大批佛经，这和当时经济的、政治的与文化的诸方面原因是分不开的。唐代今浙江地域属江南道。据史载，浙江农田水利事业发展，手工业十分兴盛，陶瓷业、丝织业、造纸业、制茶业、制盐业以及造船业、矿冶业等在全国都处于领先地位。尤其是中唐时期李泌、白居易先后来杭州主政，一方面为人民办了好事，同时也传播了文化教育。唐代浙江杭州、明州（今宁波）已成为全国主要的商业城市，有人称杭州为"东南名郡"，杭州一地的商税就占全国财政总收入的相当重要部分。五代时杭州为吴越国首府，在全国范围内虽是五代十国军阀割据的混乱局面，战争不断，但钱镠所采取的国策是"保境安民"，故在所统治的"十四州"地区，社会相对安定，经济也有所发展，宋王明清《玉照新志》卷五记载："杭州在唐，繁雄不及姑苏、会稽二郡，因钱氏建国始盛。"这是不无道理的。

浙江历来文化发达，人文荟萃。唐和五代时诗人有骆宾王、贺知章、孟郊、顾况、钱起、张志和、罗隐等；在书画方面，陈闳、孙位、虞世南、褚遂良、徐浩、贯休等都名重一时。这些著名文学家和书画家中的一些人都曾驻足杭州。此外，浙江的名山佳水也曾使得许多文人雅士到此驻足，流连忘返，颇多吟咏。中唐时著名文学家白居易和元稹都分别在杭州、越州（今绍兴）任过地方长官，因此唐五代时杭州文风堪称极盛。

唐宋时期今浙江杭州地域教育也很发达。其时官学设置比较健全，规定地方府、州要办府学与州学，县要办县学，县以下要办镇学，并规定府、州、县要根据学生数额设专职博士与助教。当时建立的州学就有杭州州学，与此同时私人创办的教学机构"学塾"也开始诞生，杭州人的文化素质普遍较高。

唐五代时还有值得注意的是佛教的传播和佛寺的修建。佛教自汉代传入中国后，由于统治阶级的倡导，晋时今杭州地域佛教盛极一时，著名的大刹如杭州灵隐寺始建于东晋成帝咸和三年（328）。五代吴越时可说发展到鼎盛。吴越国钱镠及其后代在境内广建寺庙，开凿石窟造像，建造佛塔，刊刻佛经，苏轼曾说杭州西湖有三百六十寺之多，并非夸张之词。这些寺庙多建于五代，其著名者如杭州净慈寺、理安寺、六通寺、灵峰寺、云栖寺、法喜寺、宝成寺、开化寺、海会寺、昭庆寺、玛瑙寺、清涟寺等。五代以来所建佛塔著名者有六和塔、宝石塔（即保俶塔）、黄妃塔（即雷峰塔）、南高峰塔、北高峰塔、崇圣塔、辟支塔、白塔等。民国13年（1924）9月雷峰塔倒塌后还在其中发现了大批五代吴越国王所刊刻的经卷。以上所建佛寺、佛塔多在杭州，据说仅塔九厢四壁诸县境中，一王所建，已盈八十八所，合一十四州悉数之，且不能举其目矣。佛寺的建立，禅学的盛行和佛经的刊刻，促进了雕版印刷技术的发展，五代时杭州最著名的雕版印刷物是延寿和尚为吴越国王所刊刻的经卷，这为后来杭州之成为全国印书的中心是密不可分的。

刊印书籍和经卷都要用纸，浙江于此又得天独厚。除了通常的麻纸之外，从晋朝开始，浙江嵊县一带就出现了用野生藤皮造纸，人称"剡藤纸"，张华《博物志》载："剡溪古藤甚多，可造纸，故即名纸为剡藤。"藤纸到隋、唐时十分有名，顾况有《剡纸歌》云：

剡溪剡纸生剡藤，

喷水捣后为蕉叶。

欲写金人金口经，

寄与山阴山里僧。[1]

[1]《全唐诗》第四函第九册，上海古籍出版社1986年版，第662页。

唐时除嵊县藤纸出名外，杭州、婺州（金华）、衢州、越州（绍兴）造纸作坊也很多，所产细黄状纸和衢州所产案纸、次纸都是进贡朝廷的名纸，又据李肇《国史补》所载，越州所出除著名的剡藤纸外还有一种苔笺，亦颇有名。这些地域，五代时都属吴越国十四州管辖范围，故印书纸张易得。

为了说明问题，我们首先来回顾一下唐代全国范围内雕版印刷的实物和文献材料：

清光绪二十五年(1899)，在敦煌发现一种《金刚般若波罗蜜经》（通称《金刚经》），经的扉画雕印得极为精美，画面是释迦牟尼佛在祇树给孤独园的说法图，其余为《金刚经》全文，上有文字曰："咸通九年（868）四月十五日王玠为二亲敬造普施。"这是目前世界上最早有明确日期的雕版印刷物之一。此经为卷轴装，七纸连接，总长四百八十七点七厘米，框高二十五点六厘米，长二十八点六厘米。卷前雕印的扉画长二十八点六厘米。光绪三十二年至三十四年(1906—1908）为英人斯坦因从甘肃敦煌莫高窟藏经洞骗掠而去。原件今藏英国伦敦不列颠博物馆。

民国33年（1944)，在成都市出土的唐墓内有一份《陀罗尼经咒》，此经咒系唐成都府卞家刻本，现藏成都四川博物馆内。此经咒框高三十一厘米，广三十四厘米。经咒印本中央镌刻一小佛像坐莲座上，外刻梵文经咒，咒文外四角四周又围刻小佛像，四周为双边，框外镌刻有"成都府成都县龙池坊（下有五字模糊不清）近卞（下有数字模糊）印卖咒本"字样。按：唐肃宗至德二年（757)成都改称府，于此可知，此经咒板刻当在至德二年之后，现国内所存古刻本，以此经咒为首当是没有问题的。

现有唐时刻印的书，还有乾符四年（877）的历书等。

综合以上实物和文献记载考辨，可以证实自初唐起至唐昭宗的晚唐，我国雕版印刷术已相当普遍，所印多为佛像、历书等日用或迷信品。唐末五代杭州多次刻印藏于雷峰塔等处的佛经就是其中重要的一种。

第二节　五代吴越王钱俶归宋前杭州的佛经刻印

一、刻经主持人

（一）钱俶

钱俶（929—988），五代吴越国王，初名弘俶，字文德，后晋开运中任台州刺史，旋嗣位，历后汉、后周，累授天下兵马大元帅，后归宋。封邓王，能诗，有《政本集》。多次主持刊印佛经。

（二）刻经人延寿和尚

延寿和尚（904—975），字冲元。俗姓王，原籍江苏丹阳，后迁余杭。五代高僧。年十六，曾献《齐天赋》于吴越王钱镠，后曾为余杭库吏，又迁华亭镇将，督纳军需。三十岁出家。延寿于后周太祖广顺二年（952）住持奉化雪窦寺，后受钱俶之请，主持修复杭州灵隐寺，接住永明寺（今净慈寺），创建六和塔。著有《宗镜录》等，从学者常二千余人。由于延寿和尚深得钱俶信任，为钱俶刻印过大量经文、佛图等。据称延寿曾亲手印过《弥陀塔图》十四万本。又曾刻印《二十四应现观音像》（用绢素印二万本）、《弥陀经》、《楞严经》、《法华经》、《观音经》、

《佛顶咒》、《大悲咒》、《法界心图》（印十万余本）等经书。

二、主要雕版刻经

唐末五代，雕版印刷书籍已盛行。有材料表明，五代后唐明宗长兴三年（932）中书奏请依石经文字刻九经印板，明宗从之。乾祐元年（948）后汉隐帝准国子监奏，《周礼》、《仪礼》、《公羊》、《穀梁》四经未有印板，集学官考校雕造。后周广顺间，田敏进印板九经书、五经文字样各两部等。但钱氏崇信佛教，所统治的吴越十四州则以刊印佛经闻名于世。

唐末五代时，钱镠（852—932）由梁太祖朱温封为吴越王，传三世五代，统治吴越十四州，都城为杭州。钱氏数世，笃信佛教，杭州佛寺许多为钱氏所建，如《宋史》钱俶本传称其"崇信释氏，前后造寺无数"。钱氏所建佛寺，明田汝成《西湖游览志》有详尽记载。建寺同时，钱氏还大事建塔，朱彝尊《曝书亭集》：寺塔之建，吴越武肃王倍于九国。按《咸淳临安志》九厢四壁诸县境中，一王所建，已盈八十八所，合一十四州悉数之，且不能举其目。尤其是钱俶，据说曾仿阿育王故事，作八万四千塔，内藏《陀罗尼经》颁行于各地。就中可以看出浙江在五代时雕版技术的发展，这为北宋时杭州成为全国出版事业的中心有着直接的关系。五代时吴越国钱氏所刻佛经，至今尚有实物传世，略记于下。

（一）一切如来心秘密全身舍利宝箧印陀罗尼经

民国6年（1917）发现于吴兴天宁寺经幢象鼻中。经首有"天下都元帅吴越国王钱弘俶印宝箧印经八万四千卷在宝塔内供养显德三年丙辰岁记"（按：显德三年为公元956年）四行，字后为人礼塔像，再后为经文，每行八至九字十字不等，末空一行，有《宝箧印陀罗尼经》字样。当时经王国维考定以为唐刊经卷之传世者，此为最早（敦煌发现的唐咸通九年（868）所刊《金刚经》可能未见报道）。吴兴天宁寺建自陈永定三年(559)，初名龙兴，至吴越武肃王时更名天宁，中有石刻佛顶尊胜陀罗尼经幢二十四幢，清康熙时仅剩八座。清宣统三年（1911)天宁寺废，改为浙江省立第三中学校舍，是时八座经幢或断或圮已过半。民国6年（1917）修筑校舍，卸去原大殿前面东西两经幢发现藏经。藏经初时为建筑工人争夺而去，以为可辟邪，后经再三动员并给以优厚报酬始得经卷二卷，其中之一即藏吴兴县立图书馆，其一据云归湖州张氏，今下落不详。据当时目击者潘凤起说：此经卷之隐于石隙，阅九百六十年，而纸质完好，黏合处亦不脱离，尤足珍异。据说1971年在安徽无为县宋代舍利塔砖墓内的小木棺内发现与天宁寺的同样经卷，可证当时藏经范围之广。

（二）宝箧印经

民国13年（1924）9月25日杭州西湖雷峰塔倾圮，塔砖孔中发现此经。

经卷框高五点七厘米，长二百零五点八厘米，经首镌刻"天下兵马大元帅吴越国王钱俶 造此经八万四千卷舍入西关 砖塔永充供养乙亥八月日记"三行文字，竖写并排三行（空格为直行结束处，西关砖塔即雷峰塔）。文左镌刻佛说法图，再左为经卷全文。

关于雷峰塔倾圮后塔内藏经的发现，其时在杭州艺专任教的姜丹书曾亲历、亲见，所撰《雷峰塔始末及倒出的文物琐记》具有很高的史料价值，兹摘引于后，以存浙江刻经故实。

（上略）今我所写，着重在塔倒情况和倒出的文物，乃是前人所不知、后人所不见的新史实。

此塔崩倒的年、月、日、时，即江浙战争中军阀孙传芳挟其健儿从福建袭杭压境之年之月之日之时，恰巧大军一到钱塘江头，尚未入城，而此塔突然倒了！当此兵荒马乱的气氛中，人心本甚惶惶；况加"白蛇精"的神话，向惑于通俗社会心理；故一般人认为不祥之兆，奔走骇告，若不可终日。此时我和许多同事携带眷属匿居于城内皮市巷宗文中学临时所设的秘密室内，以避乱兵凶锋。然幸此次败兵先退，胜兵缓进，社会秩序尚未紊乱，我骤闻雷峰塔倒，急欲往观，却以恐被拉伕，未敢遽出，及第二日听得有文物倒出，始放胆去看热闹。

此塔既倒，群众往观者如蚁集，忽发现有些断砖中藏着经卷，经首题曰："一切如来心秘密全身舍利宝箧印陀罗尼经"（以下简称"陀罗尼经"），因年久霉烂，形如雪茄烟，无知者不解为何物，多掷弃，且多踏碎，毁灭不少。及有识者拾起展开，方知是此经，断为五代宋初之际的木版印刷物真迹，视若至宝。我国早期的木版印刷物存在于世者绝少，此经当为孤本之一。一经报纸宣传，群敲整砖，争相搜取，非但完整者极少，即残坏者亦不可多得。我在现场购得残卷四枚，将较好的一卷亲手展拓，装裱自存，今尚珍藏。其余二卷赠友。还有一卷任其原形保存，在抗日战争中遗失。

此经卷内容：开卷题词曰"天下兵马大元帅吴越国王钱俶造此经八万四千卷舍入西关砖塔永充供养乙亥八月日纪"字样。以后间一礼佛图；再以后便是经文（附录于后）。查此乙亥，当断为宋太祖开宝八年，此时吴越国尚未归宋。按此所谓八万四千卷，未必一定是实数，可能是引用"阿育王一日一夜役鬼神造八万四千塔"（见《宋书》）的神话说法，作为多数之义。但亦可能是实数，则沉埋于地下乱砖中者尚甚多，这却无从说起了。

此经竖阔市尺二寸半弱，横长六尺八寸强，系纸本，木版印刷，用四张狭长纸分别印好了再粘接而成。字为唐人写经体，不是后世刻书的宋体，笔画如书写，扁方正楷，匀整劲朴，刻印均甚精工。我国谈版本者首推宋版，此经尚在宋版之前，其价值矜贵可知。此经全篇每行十字，首尾共二百七十一行（上列的卷首题词及礼佛图除外）。我曾汇集多卷，比较异同，断为不止一副版子印成，但字体、经文、行数、长短、阔狭、纸张、装潢等完全一样。卷尾纸边粘在一根细竹签上，卷成纸爆（俗称爆仗）状，其大小约如喜庆时所放长鞭爆最后这几个较大的样子。其外面裹上一层黄色丝绢，贴上一条狭小的黑白交织的"卍"字纹锦作标签，无题字。作为卷轴的竹签两端露出处，点有碾朱，朱色显红不变。每卷如此，藏入砖洞内，洞口用泥封闭，年久受潮，纸质变色，两头霉烂尤其，故其形色颇似今日的雪茄烟状。惟此竹签仍坚韧，有弹性，掷之作刚脆声，可见竹材的耐久性甚强，今被采为水泥钢骨的代用品，这也可作为一个根据。此砖颇厚，是特制的，经洞开在长方砖的一个短边侧面中间，洞口圆，比经卷稍大，其底比经卷之长稍深（尺寸详后），故将经卷藏入后，口部稍有余空，适合泥封所需地位。全塔之中，只有近顶的几层有此藏经砖，并非每砖都有。此塔非直坍，乃是向东南方斜倒的，故在初倒时看上去，叠砖层次尚颇整齐，惟近塔脚部分，因寻经之故，翻得很乱。

所可笑者，当塔初倒时，有人发见砖中有藏经，此言一传出去，被无知者以耳代目，误"经"为"金"，于是始而敲砖寻黄金者踵相接，得经便弃；及闻此残经比金子更有价值，则敲砖寻经者更众；因此一大堆表面上的砖头竟无完整者了。惟压在下方的，无法翻起，加之以第二日即有警察弹压，不许乱翻，故未能彻底翻动，如今一大堆颓砖的下层，或尚有此砖藏经及其他古物未经出现亦未可知。当时曾有上海投机商人愿为整理塔基，不取工钱，只要允许他们如得古物归其所有云云，向有关方面献议，未获许可。今后公家如有清理塔基的措施，仍当注意到保护文物这点。然自倒迄今，又已经历三十余年，荒草丛生，腐化为泥，泥复生草，草复变泥，积久沉埋，终将无人识此塔址了吧？

按此经文为唐朝不空三藏（唐明皇时高僧，印度人，终于华，译著密部经典甚多）所译，至五代末年相去未远，则此卷所刻，当为原始译本，文义简朴精妙，且正是叙说宝塔隐现的道理。我曾查出西湖图书馆庋藏的《大藏经》所载陀罗尼经经文仔细相校，乃知此雷峰塔本增加或改动字句颇多，据它的跋文说已由日本僧某氏疏润过，故较易解。又雷峰塔本无点句，而《大藏经》上所载的那篇有点句，故较易诵读。

此经既出土后，远近传为奇迹，流入上海及日本者颇多。但惜完整者极少，当时杭州商会会长王荩泉得一完整者。大井巷懿文斋裱画店主人许某（诸暨人，忘其名，抗战中店闭，人亡，版亦毁）借来仿刻一副木版，刻工甚精，印刷出来，一模一式，毫不走样，虽有很少数误字，然在大体上可以乱真。此版并不冒为赝品，乃是复制品，补助流传，有益无损，当时连裱价在内，每卷只售银币一元，价廉物美，销售颇广，当世尚有存者，今后并此所遗复制品亦足珍贵了。但恐年久之后，纸质变旧，亦且漫漶，鉴赏者却易失眼。

除此经外，《钱俶黄妃塔碑记》上所说的"华严经刻石"，是嵌在顶层表面者，往时早有落下过，闻此时亦有倒下的，不详。

藏经砖是扁长方体，长市尺一尺一寸，阔五寸二分，厚一寸八分，经洞圆径八分，洞深二寸五分。我曾得此砖完整者一块，现尚珍藏。又得一块无经洞而侧面有印者，文为"吴甲徐"三字，是反文，当为吴越国甲年徐姓所监造，或是姓徐的窑户所烧成（另外尚有"吴甲×"及其他字样均记不清了）。此甲断为甲戌，即经卷上所印乙亥之前一年，或前十年亦是甲年，当然，王家建塔的大工程，必早若干年造砖的。我将此砖琢成砚，而将塔形附刻于其上，吸饱蜡液后可用。又为当时西湖图书馆馆长范均之琢一块同样的砖砚。后来公办的杭州贫民工厂取得了若干有经洞的塔砖改制为花瓶，亦附刻塔形开瓶腹上，作为清供摆饰，亦颇古朴可喜。这些东西，当世尚有存者，故不惮繁琐记之。[1]

又据上海《新民晚报》1989年1月31日报道，广顺元年（951）钱俶还刻印过《妙法莲华经》七卷，为"我国发现的最早的吴越雕版印刷品"。

1971年在绍兴城关塔基粗木简内发现经卷一卷。题字为"吴越国王钱俶敬造《宝箧印经》八万四千卷永充供养时乙丑(965)岁记"。此本扇页画线条明朗美观，印纸洁白，墨色精良，清晰悦目，可以见到吴越国所刻藏经之质量。据张秀民《中国印刷史》上册言："1971年安徽无为县中学在宋代舍利塔下砖墓小木棺内，又发现同样一卷。无为县不在吴越国版图内，而竟发现钱氏佛经，可见当时印本流传之广。"

[1] 见《姜丹书艺术教育杂著》，浙江教育出版社1991年版。

第二章 北宋时杭州雕版印刷出版事业的繁荣

第一节 经济和文化的发展和物质基础

一、"东南第一州"杭州和其周围地区的经济繁荣

北宋时，今浙江地域成为全国最富庶的地区之一。两浙西路的杭州和两浙东路的明州（今宁波）已成为全国经济发达的著名城市。北宋前期，杭州即有"东南第一州"的美誉（宋仁宗《赐梅挚出守杭州》有句云："地有湖山美，东南第一州。"）。梅挚莅杭后，于城中吴山建有美堂，当时文宗欧阳修为作记，曾对其时东南的金陵（今南京）、钱塘（今杭州）作过比较，盛赞杭州之繁荣：若乃四方之所聚，百货之所交，物盛人众，为一都会，而又能兼有山水之美，以资富贵之娱者，惟金陵、钱塘。然二都皆僭窃于乱世。及圣宋受命，海内为一，金陵以后服见诛……独钱塘自五代时知尊中国、效臣顺，及其亡也，顿首请命，不烦干戈。今其民幸富足安乐，又其习俗工巧，邑屋华丽，盖十万余家。环以湖山，左右映带，而闽商海贾，风帆浪舶，出入于江涛浩渺、烟云杳霭之间，可谓盛矣（欧阳修：《有美堂记》，《欧阳文忠公文集》卷四）。史料表明，自仁宗历英宗，至神宗熙宁、元丰和哲宗元祐年间的发展，当时全国每年漕粮六百万石，两浙路就占四分之一，这有苏轼《进单锷吴中水利书状》可证。苏轼云："伏望圣慈深念两浙之富，国用所恃，岁漕都下米百五十万石，其他财富供馈不可胜数。"（《苏轼文集》卷三二）。另外，史料表明，北宋时杭州上缴的税收，据熙宁十年(1077)统计，商税额约为十七点三万余贯，占全国诸城市纳税之首。又据苏轼元祐五年（1090）《杭州

乞度牒开西湖状》称："天下酒税之盛，未有如杭者也，岁课二十余万缗。"（《苏轼文集》卷三）以上数字足见杭州在北宋时经济发达之一斑。

北宋时的宁波为沿海城市，商业繁盛，与杭州一样为其时海外贸易的主要港口。此外，今浙江地域的嘉兴、温州和杭州、宁波都是当时造船业的主要城市，杭州、湖州等地丝织业发达，都有相当规模的官私丝织作坊。经济的繁荣和发达，无疑为浙江和杭州的印刷刻书出版事业提供了坚实的物质基础。

二、文风鼎盛、教育发展对书籍需要量大增

浙江和杭州历来文风很盛，人才辈出，北宋时范仲淹、王安石、苏轼等著名政治家、文学家都先后莅浙主一方之政，他们在政事之暇多从事文学活动。杭州诗人林逋和湖州词人张先、杭州词人周邦彦，以及科学家沈括在全国都有首屈一指的地位。文学艺术的传播，在客观上已不能满足于传统的手抄笔录，书籍的刊刻成了客观上的需要。

教育发达，学子对书籍的需求也是促进北宋浙江刊书、出版事业发展的一个重要原因。北宋庆历四年（1044)朝廷通令诸州、县立学;熙宁四年（1071）又令各地设置学官，州给田十顷为学粮;崇宁元年（1102）又令州、县均置小学，令十岁以上儿童入学;崇宁三年（1104）又增加县学弟子员额，大县五十人，中县四十人，小县三十人。苏轼守杭期间曾亲自主持地方考试，十分重视教育。应该指出的是教育的发展客观上同样对出版和刊书都有要求和影响。

同时，还应该注意的是，历史上今浙江地域历来素重教育，"书香世家"、"诗礼传家"被认为是十分荣耀的事，故而无论世宦之家，以至平民百姓都十分重视子弟的教育，因此也培养了北宋一代大批读书人。据有关方志、登科录名录统计，仅以杭州而论不仅考中了大批进士，其中莫俦中政和二年（1112）、沈晦中宣和六年（1124）的榜首，即是俗称的状元。状元并不一定能反映其学问、道德、修养，但相对来说，是能反映其本人学业的基本状况。尤其值得注意的是，北宋时杭州还出现了一批进士世家。举例而言，如钱塘沈同、沈周兄弟分别中咸平三年（1000）、大中祥符八年（1015）进士，沈同的孙子沈遘中皇祐元年（1049）进士，沈遘之孙沈晦又中宣和六年（1124）状元;沈周除本人是进士外，他的儿子沈括又是嘉祐八年（1063)的进士。故而钱塘沈氏是兄弟、祖孙一门五进士。又如钱塘关氏是父子兄弟祖孙一门七进士。关鲁本人中大中祥符五年（1012）进士，据潜说友《咸淳临安志》卷六十的记载，关鲁有八子，其中六子登科中进士，其三子关景仁之子关澥、关注分别中熙宁六年（1073）和南宋初绍兴五年（1135)的进士，此外还有钱塘强氏的父子兄弟

一门五进士等。以上这些材料，大抵能反映北宋时杭州的读书风气之盛，文化程度普遍较高。还应该指出的是，关鲁及其孙还是北宋杭州著名的藏书家。在这样浓厚的文化氛围中，对书籍的需求自然越来越迫切。

三、今浙江地域所产名纸佳墨为杭州印刷提供了物质基础

由于浙江和杭州文化发达，刊书所需的写板、刊板、校雠等工匠文化素质都较高，为浙杭版书的刊刻精良创造了有利的条件。同时浙江历来出佳纸，这又是刊书必不可少的物质条件，据北宋苏易简《纸谱》称："江、浙间多以嫩竹为纸。北土以桑皮为纸。剡溪以藤为纸……浙人以麦茎、稻秆为之者脆薄焉。以麦藁、油藤为之者尤佳。"苏氏所称"剡溪以藤为纸"则是指出产于今浙东嵊州一带的以野藤为原料的优质藤纸，"江、浙间多以嫩竹为纸"，则是指的越州（今绍兴）的竹纸。其时浙江竹纸独步天下。

据《嘉泰会稽志》称：

> 竹纸上品有三，曰姚黄、曰学士、曰邵公。学士以太守、直昭文馆陆公轸所制得名。邵公以提刑邵公篪所制得名。三等皆又有名展手者，其修如常，而广倍之。自王荆公好用小竹纸，比今邵公样尤短小，士大夫翕然效之……东坡先生自海外归，与程德孺书云：告为买杭州程奕笔百枚，越州纸二千幅，常使及展手各半。汪圣锡尚书在成都，集故家所藏东坡贴，刻为十卷，大抵竹纸居十七八。米元章礼部著《书史》云：予尝硾越州竹，光透如金版，在由拳上。短截作轴入笈，番覆一日数十纸学书。前辈贵会稽竹纸，于此可见。[1]

《嘉泰会稽志》编者为证实其说又引米元章、薛道祖、曾文清诸家诗以证之：

> 米诗题为《越州竹纸》：
> 越筠万杵如金版，安用杭油与池茧。
> 高压巴郡乌丝栏，平欺泽国清华练。
> 老无他物适心目，天使残年司笔砚。
> 图书满室翰墨香，刘薛何时眼中见。
> 薛道祖读米诗有和诗云：
> 书便莹滑如碑板，古来精纸唯闻茧。
> 杵成剡竹光凌乱，何用区区书素练。
> 细分浓谈可评墨，副以溪岩难乏砚。
> 世间此理谁复知，千里同风未相见。
> 薛道祖又有《咏笔砚间物》诗云：
> 研滴须琉璃，镇纸须金虎。
> 格笔须白玉，研磨须墨古。

[1]《嘉泰会稽志》卷一七《纸》，见《宋元浙江方志集成》第4册，杭州出版社2009年版，第2066—2067页。

越竹滑如苔，更加一万杵。

自封翰墨香，一书当千户。

曾文清有《竹纸》三绝句，歌咏越中竹纸之佳，其一云：

会稽竹箭东南美，

来伴陶泓住管城。

可惜不逢韩吏部，

相从但说楮先生。

其二云：

会稽竹箭东南美，

化作经黄纸叠层。

旧日土毛无用处，

剡中老却一溪藤。

其三云：

会稽竹箭东南美，

研席之间见此君。

为问溪工底方法，

杀青书字有前闻。[1]

北宋时的浙江名纸，除竹纸外，还有杭州、温州地区的桑皮纸。此纸以桑皮为原料，是一种高级的印书用纸，桑皮纸洁白坚滑，与当时进口的高丽纸相类。桑皮纸亦称"蠲纸"，原为吴越王钱氏入贡北方赵宋王朝的贡纸，因供应此纸，可蠲免其赋役，故有"蠲纸"之称。北宋时浙江各地产纸甚多，其中最有名的是"金粟山藏经纸"。

金粟山在浙江海盐县西南，山麓有金粟寺，该寺藏有专供抄写《大藏经》的纸张，纸上有"金粟山藏经纸"字样。潘吉星对金粟山藏经纸的生产年代，引明人董穀《续澉水志》所记："大悲阁内贮《大藏经》两函，万余卷也。其字卷卷相同，殆类一手所书。其纸幅幅有小红印曰'金粟山藏经纸'，间有元丰年号(1078—1086)，五百年前物也。其纸内外皆蜡，无纹理。"（潘吉星：《中国造纸技术史稿》，文物出版社1979年版，第96—97页）。检明人胡震亨《海盐县图经》所记："（金粟）寺有藏经千轴，用硬黄茧纸，内外皆蜡摩光莹，以红丝栏界之，书法端楷而肥，卷卷如出一手，墨尤点泽如髹漆，可鉴纸背，每幅有小红印，文曰：'金粟山藏经纸'。后好事者剥取为装潢之用，称为宋笺，遍行宇内，所存无几。有言此纸当是唐藏，盖以其制测之。然据董穀以为纸上间有'元丰'年号，则其为宋藏无疑矣。"（胡震亨：《海盐县图经》卷三，浙江古籍出版社2009年版，第94页）。关于金粟山藏经纸的生产年代，潘氏认为清代"发现还有比元丰年号更早的治平元年（1064）、熙宁元年（1068）等年号的'金粟山藏经纸'，属于同一系统的纸，还有钤印'法喜大藏'的经纸"。关于金粟山藏经纸的原料，潘氏认为："从工艺上看，宋代的金粟

[1]《嘉泰会稽志》卷一七《纸》，见《宋元浙江方志集成》第4册，杭州出版社2009年版，第2068页。

笺是唐代硬黄纸的延续。笔者曾就传世的宋金粟笺纸样作为检验，证明其原料为桑皮纸，还有的纸样检定为麻纸。有人说它是茧纸，更有人说是树皮纸，都是出于误解。"

由上所述，足证浙江杭州印刷出版业的基本物质条件纸张已十分具备，事实证明浙江杭州宋代印书多用桑皮纸和竹纸，这是一种高级的印刷用纸。杭州历为浙江首府购置省内之纸自是易事。

印书要用墨汁。墨汁的主要原料是松烟，并适当增加胶水等添加物。今浙江地域多丘陵，松木可称漫山遍野，故墨汁均可就地取材加以制作。另外，北宋时制墨以歙州（今属安徽）最为著名，已形成"家传户习"的生产局面，浙皖相邻，购置亦易。

四、杭州已形成书籍流通市场

由于杭州出版业的发达，人们需书量大，就形成了书籍流通市场，这自然促进了出版业的进一步发展。关于北宋时的杭州书籍流通市场，未见前人专门记载，但从以下有关材料可以证实我的此说是有根据的。

一是，据苏轼元祐四年（1089）和元祐五年（1090）在杭州知州任上先后所上之《论高丽进奉状》、《乞禁商旅过外国状》可以证实，杭州的雕版印刷术已成为不法商人走私高丽的货物："访闻徐戬，先受高丽钱物于杭州雕造夹注《华严经》，费用浩汗，印板既成，公然于海舶载去交纳。"（《苏轼文集》卷三十）泉州百姓徐戬"不合擅为高丽国雕造经板二千九百余片，公然载往彼国，却受酬答银三千两"（《苏轼文集》卷三十一），于此可见杭州刻印的书板已成为走私物品。元祐八年（1093）苏轼在礼部尚书任上，又上《论高丽买书利害劄子三首》，言及高丽使者要购买《册府元龟》、历代史、《太学敕令式》等典籍，为国家的安全计，苏轼以为这些"中国书籍山积于高丽，而云布于契丹矣"（《苏轼文集》卷三十五）是不妥的，因为辽国是当时大宋的敌国。这些材料表明当时杭州书籍已形成市场当是没有问题的。

二是，北宋时期杭州有《白氏文集》等书籍的货卖，李及知杭州，临行仅买《白氏文集》一部而去，号为清廉等（参见《宋史》卷二九八《李及传》）皆是以证实杭州已有书籍流动市场。又，杭州市易务刻书有盈余，故苏轼要求朝廷将交易务书板调付州学，同样说明这个道理。

第二节　北宋杭州官私雕版印刷出版机构及出版物

宋代是雕版印刷大盛时期，所刻之书数量多、质量好，宋版书至今流传极少，可称无价之宝，是中国文化的象征之一。

宋代刻书以地域论，东京（河南开封府）、浙江、四川、福建、江西是五大中心地区。东京开封府是北宋首都，是全国的政治文化中心，手工业发达，商业繁荣。当时刻书的主要机构为国子监，有相当部分的监本书是在开封刻印和发售的。

北宋刻书除开封外，四川的成都和眉山也是重点地区，知名当世。福建刻书世称"建本"，江西刻书到南宋时也颇有名。但宋代的五大刻书中心地区，最出名的还是杭州。南北宋之交的叶梦得言：

> 今天下印书，以杭州为上，蜀本次之，福建最下。京师比岁印板，殆不减杭州，但纸不佳；蜀与福建，多以柔木为之，取其易成而速售，故不能工；福建本几遍天下，正以其易成故也。[1]

[1]《石林燕语》卷八，中华书局1984年版，第116页。

叶梦得（1077—1148），字少蕴，号石林。曾历仕北宋神宗、哲宗、徽宗、钦宗及南宋高宗五朝，他谙熟朝廷典章制度、琐闻逸事。关于叶梦得的《石林燕语》一书，《四库全书总目》评价较高："《石林燕语》十卷，宋叶梦得撰……梦得为绍圣旧人，徽宗时尝司纶诰，于朝章国典，夙所究心，故是书纂述旧闻，皆有关当时掌故，于官制科目言之尤详，颇足以补史传之阙，与宋敏求《春明退朝录》、徐度《却扫编》可相表里……（《四库全书总目》卷一二一）。据此，我以为叶梦得上述"今天下印书，以杭州为上"的记载是可信的，也符合客观事实。

另外，有史料表明，北宋时有福建商人徐戬，利用杭州的印刷技术，雕印经卷，走私高丽以贸利，苏轼《论高丽进奉状》云："福建狡商，专擅交通高丽，引惹牟利，如徐戬者甚众。访闻徐戬，先受高丽钱物，于杭州雕造夹注《华严经》，费用浩汗，印板既成，公然于海舶载去交纳，却受本国厚赏，官私无一人知觉者。臣谓此风岂可滋长，若驯致其弊，敌国奸细，何所不至……"（《苏轼文集》卷三）。苏轼是从国家安全考虑而提出这个问题的，但从徐戬在杭州雕造经卷这件事上，同样反映了北宋时杭州印刷业的发达。

北宋时，杭州刻书形式多样，质量特好，主要承担北宋国子监刻书、杭州市务易刻书、杭州官府衙署刻书等官刻书。另外私人刻书和佛寺刻书已开其端，兹分述之。

一、杭州承担国子监刻书

国子监为宋代最高学府，其机构北宋时设在首都开封。北宋承五代后周之制，设国子监，招收七品以上官员子弟为学生。庆历四年（1044）建太学，国子监成为掌管全国学校的总机构，负责训导学生、荐送学生应举、修建校舍，建阁藏书，并主持刻印书籍，所刻书称监本。监本书一般刻印精美，居全国之冠。

国子监最高长官为国子祭酒。国子监设有国子监主簿。北宋景祐二年（1035），因国子监房廊、殿宇、刻印书籍等事务繁多，故设主簿官一员。

国子监有书库，设书库官。北宋初，国子监有印书钱物所，淳化五年（994）改置书库监官，以京朝官担任。掌印经史及其他书籍。国子监实际负有掌管国家出版事务之职能。

国子监所刻版之书，除供应皇家秘阁、秘书省等内廷和国家藏书外，亦有通过各种渠道发卖的，以供士子需要。

杭州由于刻板印书力量雄厚，刻书质量特高，故北宋国子监有大批书籍都交杭州刻印，此为国家任务，杭州有专门机构承担这一任务，当属杭州知州衙署管理。

宋代诸帝重文化，对国子监刻印书籍亦十分关注。宋真宗咸平（998—1003）初，邢昺任国子祭酒,咸平二年(999)，邢昺又任翰林侍讲学士，受诏与杜镐、舒雅、孙奭、李慕清、崔偓佺等校定《周礼》、《仪礼》、《公羊》、《穀梁》、《春秋传》、《孝经》、《论语》、《尔雅》义疏，后皆板刻。景德二年（1005）夏，宋真宗赵桓巡视国子监阅库书，与邢昺有如下一段对话：

> （真宗）问昺经板几何，昺曰：国初不及四千，今十余万，经传正义皆具。臣少时从师业儒时经具有疏者，百无一二，盖力不能传写。今板本大备，士庶家皆有之，斯乃儒者逢辰之幸也。上喜曰：国家虽尚儒术，非四方无事，何以及此。[1]

[1]《宋史》卷四三一《邢昺传》。

从上引史料可以证实，从宋太祖赵匡胤建立大宋王朝的建隆元年（960）起至宋真宗景德二年（1005）不过四五十年的时间，国子监所刊经书已经是个十分巨大的数字，从国初的不及四千，到景德初十余万，增加了二三十倍。北宋国子监的大批经书的刊板印刷，其间杭州起到了重要的作用。

今据有关史料，略举北宋国子监交杭州所刻印监本书，主要为经部和史部，有少量子部书。当然，这仅是据各家书目及有关记载所见的北宋时杭州刻本，由于年代久远，当时所刻断不止此数。

（一）经部书的刻印

北宋立国后，重视文治，命臣僚整理和刊印经史典籍，其中有不少是由皇帝下圣旨交杭州刊印。所刻经书有咸平四年（1001)刊印的《周礼疏》五十卷、《仪礼疏》五十卷、《春秋公羊传疏》三十卷、《春秋穀梁传疏》十二卷，《孝经正义》三卷、《论语正义》十卷、《尔雅疏》十卷。王应麟《玉海》卷四十一《咸平孝经论语正义》条称：

> （宋太宗）至道二年，判监李至请命李沆、杜镐等校定《周礼》、《仪礼》、《穀梁传》疏及别纂《孝经》、《论语》正义，从之。梁皇侃为《论语》义疏，援引不经，词意浅陋。（宋真宗）咸平三年三月癸巳，命祭酒邢昺代领其事，杜镐、舒雅、李维、孙奭、李慕清、王焕、崔偓佺、刘士元预其事。凡贾公彦《周礼》、《仪礼》

疏各五十卷、《公羊疏》三十卷，杨士勋《穀梁疏》十二卷，皆校旧本而成之，《孝经》取元行冲疏，《论语》取梁皇侃疏、《尔雅》取孙炎、高琏疏，约而修之，又二十三卷。四年九月丁亥以献。赐宴国子监，进秩有差。十月九日命杭州刻板……

据此，宋太宗于至道二年（996）应李至之请，命李沆等校定《周礼》等七经正义，至宋真宗咸平三年（1000）年始成，历时四五年，书校成后于咸平四年（1001）九月交杭州刻版。以上七经正义的雕印，至景德二年（1005）始毕，王应麟曰："景德二年……六月庚寅，国子监上新刻《公》、《穀传》、《周礼》、《仪礼》正义印板。先是，后唐长兴中雕九经板本，而正义传写踳驳，太宗命刊校雕印，而四经未毕。上遣直讲王焕就杭州刊板。至是皆备。十月甲申，赐辅臣、亲王《周礼》、《仪礼》、《公》、《穀传》疏。"（王应麟：《玉海》卷四二）。

关于以上七经正义北宋咸平刊本，王国维曾加考证，其结论为：

> 按：宋初淳化中，国子监五经正义不知何地镂板，至咸平中，七经正义则刊于杭州。《仪礼疏》后有校勘经进官衔名，其王焕结衔中有"杭州监雕印板"字样，足为《玉海》之证，咸平刊本今皆不传，惟《仪礼》、《公羊》、《尔雅》三疏尚有南宋重刊本，《仪礼疏》每叶三十行，每行二十七字……[1]

又据王国维考证，北宋神宗熙宁八年（1075），杭州又为国子监刊《书义》十三卷、《新经诗义》三十卷、《周礼新义》二十二卷，下有注曰："并熙宁八年"，有按语称："《咸淳临安志·诏》：熙宁八年七月，诏以新修《经义》，付杭州镂板。"

检《咸淳临安志》卷四《诏令一·神宗皇帝》："诏以新修《经义》付杭州镂板，所入钱，封桩库，半年一上中书。禁私印及鬻之者，杖一百；许人告，赏钱二百千。熙宁八年七月，从中书札房请也。"

（二）史部书的刻印

1. 淳化五年（994）刻《史记》、《汉书》、《后汉书》三史

程俱《麟台故事》卷二称：

> 淳化五年七月，诏选官分校《史记》、《前、后汉书》。虞部员外郎崇文院检讨兼秘阁校理杜镐、屯田员外郎秘阁校理舒雅、都官员外郎秘阁校理吴淑、膳部郎中直秘阁潘慎修校《史记》，度支郎中、直秘阁朱昂再校；又命太常博士直昭文馆陈充、国子博士史馆检讨阮思道、著作佐郎直昭文馆尹少连、著作佐郎直史馆赵况、著作佐郎直集贤院赵安仁、将作监丞直史馆孙何校《前、后汉书》。既毕，遣内侍裴愈赍本就杭州镂板。[2]

吴越国王钱俶是在太平兴国三年（978）纳土归宋的，这则史料表明，最迟不过十五六年的淳化五年（994）七月，远在千里外的国子监就奏请皇帝同意，将前三史（《史记》、《汉书》、《后汉书》）经选官分校既

[1]王国维：《两浙古刊本考》卷上，《王国维遗书》第12册，上海古籍书店1983年版。

[2]程俱：《麟台故事》，引文见《麟台故事校证》，中华书局2000年版，第281页。

毕，交杭州刻板刷印。

2. 嘉祐五年（1060）《唐书》的刻印

欧阳修《新唐书》修成后，嘉祐五年（1060）同样交杭州镂板颁行。此书清内府乾隆帝天禄琳琅藏书室曾入藏。清乾隆四十年（1775）于敏中等奉敕撰《天禄琳琅书目》十卷，著录是书称："考《宋史》，仁宗嘉祐五年六月，欧阳修等上《新唐书》。是书之末，前载嘉祐五年六月二十四日进书衔名：提举为曾公亮，刊修为欧阳修、宋祁，编修官为范镇、王畴、宋敏求、吕夏卿、刘義叟，后载是月二十六日准中书劄子，奉旨下杭州镂板颁行，富弼、韩琦、曾公亮董其事……按：宋叶梦得论天下印书，有'杭州为上，蜀本次之，福建最下'之语。意当时《新唐书》成，朝廷重其事，故特下杭州镂板。评阅此本，行密字整，结构精严，且于仁宗以上讳及嫌名缺笔甚谨，不及英宗以下，其即为嘉祐奉敕所刊本无疑。印纸坚致莹洁……"（于敏中：《天禄琳琅书目》卷二）。

3. 治平二年（1065）写就板样刻印《宋书》等"七史"

所谓"七史"指南北朝时七部史书，即《宋书》、《南齐书》、《梁书》、《陈书》、《魏书》、《北齐书》、《后周书》。

王国维在《两浙古刊本考》卷上中判定以上七史为"北宋监本刊于杭州者"，检傅增湘《藏园群书题记》著录所藏《宋刊本南齐书跋》称：

> 梁萧子显著《南齐书》五十九卷，宋刊本……字体方峭严整，补版至元代则趋圆软，桑皮厚纸，开幅宽展，高至一尺二寸。卷末有治平二年崇文院送杭州开版牒文，照录左方……牒文如下式：
>
> 崇文院
>
> 嘉祐六年八月十一日
>
> 敕节文：《宋书》、《齐书》、《梁书》、《陈书》、《后魏书》、《北齐书》、《后周书》见今国子监并未有印本，宜令三馆秘阁见编校书籍官员，精加校勘，同典管勾使臣，选择楷书如法书写板样，依《唐书》例，遂旋封送杭州开板。
>
> 治平二年六月　日。[1]

这则治平二年（1065）的牒文，证明了《宋书》等七史是在开封朝廷三馆秘阁官员精加校勘后用楷书写好板样，而后命杭州刊刻刷印的。

根据以上材料可证宋时之"十七史"有相当部分均下杭州刊印，王国维曾加考证，得出如下结论：

> 北宋国子监正史，如《史记》、《前、后汉书》、《南北朝七史》及《唐书》皆于杭州镂板，具有明文，惟咸平三年校刊《三国志》、《晋书》，天圣二年校刊《南北史》、《隋书》不知何处镂板。然自淳化至于治平各史皆杭州所刊，则此五史疑亦刊于杭州也。今《史记》、《前、后汉书》、《三国志》、《唐书》等尚有北宋监本中残本或南宋重刊监本，皆半叶十行，行十九字。[2]

[1]傅增湘：《藏园群书题记》卷二，上海古籍出版社1989年版，第81—82页。

[2]王国维：《两浙古刊本考》卷上，上海古籍书店1983年版。

王国维的结论，虽是推断，然颇合实情，北宋时的"十七史"，通过行政命令交杭州刊印应是可能的。

4. 元祐元年（1086）刻《资治通鉴》

《资治通鉴》一书，为编年体史书，在北宋时实为治国之政书，有其特殊意义。这部书是司马光奉英宗皇帝之命编纂的。先是，"光尝患历代史繁，人主不能遍览。遂为《通志》八卷以献。英宗悦之，命置局秘阁续其书"（《宋史》卷三三六《司马光传》）。治平四年（1067）英宗卒，神宗初即位，即为是书作御制序，末云："《诗》云：'商鉴不远，在夏后之世'，故赐其书名曰《资治通鉴》，以著朕之志焉耳。"序下有司马光一段按语云："治平四年十月，初开经筵，奉圣旨读《资治通鉴》。其月九日，臣光初进读，面赐御制序，令候书成日写入。"（《资治通鉴》卷首）神宗以为司马光所撰《资治通鉴》"贤于荀悦《汉纪》"，为助司马光早日编成，"赐以颖邸旧书二千四百卷，及书成，加资政殿学士"（《宋史》卷三三六《司马光传》）。凡此种种都说明了宋神宗对这部书的高度重视。

司马光的这部被神宗誉为"博而得其要，简而周于事，是亦典刑之总会，册牍之渊林"、"荒坠颠危可见前车之失，乱贼奸宄厥有履霜之渐"（神宗序中语）的《资治通鉴》于神宗元丰七年（1084）完成全书，次年即元丰八年（1085）九月十七日即"准尚书省劄子，奉圣旨重行校定"，后交杭州刻板印刷。

关于是书的刊刻情况，傅增湘《藏园群书经眼录》卷三、《藏园群书题记》卷二均有所记，兹录其一：

百衲宋本《资治通鉴》书后

《资治通鉴》二百九十四卷，用宋刊本七种合成，内绍兴二至三年两浙东路茶盐司公使库本约居三分之二，大字建本约居五分之一，馀卷以密行小字宋本五种及钞本八卷足成之。各本行款列后：

第一种：版匡高六寸六分。每半叶十二行，行二十四字，白口，左右双阑，版心上记通鉴几，下记刊工姓名。字体方整浑厚，避宋讳至慉字止，慎字间有剜痕，当为后印时所剜去者。卷末有司马光《上通鉴表》、元祐元年尚书省下杭州镂板劄子及绍兴初两浙东路茶盐司刊板监修及校勘官衔名……[1]

按：据傅氏所记，南宋绍兴二年至三年（1132—1133）两浙东路茶盐司公使库本当以北宋元丰八年（1085）九月十七日"准尚书省劄子，奉圣旨重行校定"后于哲宗元祐初年交杭州刊印之本。王国维《两浙古刊本考》卷上亦有注曰："元祐元年十月十四日奉圣旨下杭州镂板。"

（三）子部医书的刻印

北宋国子监刻书，除经史而外，医书亦是重要内容，所刻亦颇多。熙宁二年(1069)所刻唐王焘《外台秘要方》就是在杭州刻印的。

[1]傅增湘：《藏园群书题记》卷二，上海古籍出版社1989年版，第103—104页。

22

《直斋书录解题》云：

> 其书博采诸家方论，如《肘后》、《千金》，世尚多有之，至于《小品》，深师崔氏、许仁则、张文仲之类，今无传者，犹间见于此书。大凡医书之行于世，皆仁庙朝所校定也。按《会要》：嘉祐二年，置校正医书局于编修院，以直集贤院掌禹锡、林亿校理，张洞校勘，苏颂等并为校正。后又命孙奇、高保衡、孙兆同校正。每一书毕，即奏上，亿等皆为之序，下国子监板行。并补注《本草》、修《图经》、《千金翼方》、《金匮要略》、《伤寒论》，悉从摹印……[1]

关于《外台秘要方》的刊刻，王国维《两浙古刊本考》卷上附录有如下一段文字，足以说明问题：

> 皇祐三年五月二十六日内降札子。臣俦上言：臣前在南方，州军连年疾疫瘴疠，其尤者一军有死十余万人。此虽天令，亦缘医工谬妄，反增其病。臣曾细询诸州皆缺医书习读，除《素问》、《病源》，余皆传习伪书，故所学浅俚，贻误病者。欲望圣慈特出秘阁所藏医书，委官选取要用者校定一本，降付杭州开板摹印，庶使圣泽及于幽隐，民生免于夭横。

> 奉圣旨令秘阁检外台秘要三两本送国子监见检校勘医书官仔细校勘闻奏。至治平四年三月进呈讫，熙宁二年五月二日奉中书札子：奉圣旨镂板施行。

由此可见，北宋时国子监刻书交杭州"镂板"，似成定例，王国维以为"北宋监本刊于杭者，殆居泰半"，承担了国家最高出版机构大半任务的杭州，称之为北宋全国的出版中心是符合实际的。

综合以上材料证明，北宋时凡国子监刊印的重要典籍，如儒家的经典著作"经书"、历代正史，以及重要政书和人命关天的医方书几乎毫不例外地均交由杭州开板印刷，这足以说明杭州的印刷业在全国的地位。

二、官办市易务刻书

市易务是北宋的官署名，主管乘时贸易，平衡物价，以通货财及召人抵当借钱出息等事务。熙宁五年(1072)置，设提举官。后改提举市易司，兼领诸州市易务。北宋时杭州市易务设有刻书所，为官办刻书机构，刻书有相当盈利。元祐四年(1089)苏轼知杭州，曾向朝廷上《乞赐州学书板状》，要求调拨市易务书板，以解决州学经费，文曰：

> 元祐四年八月日，龙图阁学士朝奉郎知杭州苏轼状奏。右臣伏见本州学，见管生员二百余人，及入学参假之流，日益不已。盖见朝廷尊用儒术，更定贡举条法，渐复祖宗之旧，人人慕义，学者日众。若学粮不继，使至者无归，稍稍引去，甚非朝廷乐育之意。前知州熊本，曾奏乞用废罢市易务书板，赐与州学，印赁收钱，以助学粮；或

[1]陈振孙：《直斋书录解题》卷一三，上海古籍出版社1987年版，第387页。

乞卖与州学，限十年还钱。今蒙都督指挥，只限五年。见今转运使差官重行估价，约计一千四百六贯九百八十三文。若依限送纳，即州学岁纳二百八十一贯三百九十七文，五年之间，深为不易。学者旦夕缺食，而望利于五年之后，何补于事。而朝廷岁得二百八十一贯三百九十七文，如江海之中增损涓滴，了无所觉。徒使一方士民，以谓朝廷既已损利于民，废罢市易，所放欠负，动以万计，农商小民，衔荷圣泽，莫知纪极，而独于此饥寒儒素之士，惜毫末之费，犹欲于此追收市易之息。流传四方，为损不小。此乃有司出纳之吝，非朝廷宽大之政也。臣以侍从，备位守臣，怀有所见，不敢不尽。伏望圣慈特出宸断，尽以市易书板赐与州学，更不估价收钱，所贵稍服士心以全国体。谨录奏闻，伏候敕旨。

贴黄。臣勘会市易务元造书板用钱一千九百五十一贯四百六十九文，自今日以前所收净，计一千八百八十九贯九百五十七文，今若赐与州学，除已收净利外，只是实破官本六十一贯五百一十二文，伏乞详酌施行。[1]

苏轼《乞赐州学书板状》至少提供了如下的杭州北宋出版事业的史料：一是北宋杭州市易务除本职外，还经营刻书出版事业；二是市易务历年来所刻之书甚多，所积书板价值约达一千四百六贯九百八十三文之多。所刻之书，当不是一个小数字，但苏轼此状未具体记书板数和书目，今无法得知其详。三是宋时刻书主旨是为便益学人，但出版书籍售卖仍有一定盈利可得。苏轼"状"内称"市易务"原造书板用钱一千九百五十一贯四百六十九文，而"自今以前所收净利，已计一千八百八十九贯九百五十七文"(引者按：所谓"净利"自是扣除各项成本)，而现存之书板尚价值一千四百余贯，金额数字颇可观。尤其值得注意的是苏轼请求朝廷"尽以市易书板赐与州学，更不估价收钱"，即是无偿调拨给州学使用，其目的既是支持教育事业，旧时书板印书出售，有一定的收入，亦可补充教育经费。这里有个证据：南宋象山印林钺《汉隽》有淳熙十年(1183)杨王休记云："象山县学《汉隽》，每部二册，见卖钱六百文足。印造用纸一百六十幅，碧纸二幅，赁板钱一百文足，工墨装背钱一百六十文足"。又曰："善本镂木，储之县庠，且借工墨赢馀为养士之助"。(彭元瑞等撰：《天禄琳琅书目后编》卷四)。从以上所记参以苏轼"乞状"，略可看出北宋杭州刻书之盛，且可看出已形成出版事业一定的经营管理办法。

三、杭州郡斋官刻书

北宋时，杭州除有专门为国子监刻书和中央派出机构市易务刻书外，地方官府，亦有刻书，兹略举数种。

[1]《苏轼文集》卷二九《奏议·乞赐州学书板状》，中华书局1986年版，第839—840页。

（一）《龙龛手鉴》四卷

元丰末、元祐初，杭州知州蒲传正（宗孟）刻辽僧行均所撰《龙龛手鉴》。沈括《梦溪笔谈》卷一五云："幽州僧行均集佛书中字为切韵训诂，凡十六万字，分四卷，号《龙龛手鉴》……熙宁中，有人自虏中得之，入傅钦之家。蒲传正帅浙西，取以镂板。"

（二）《白氏文集》七十二卷

张秀民《中国印刷史》："景祐四年（1037）杭州印本《白氏文集》七十二卷，有杭州详定官重详定，杭州通判林冀等衔名，并详定所牒文。"按：《宋史》卷二九八《李及传》载：李及尝知杭州，"一日冒雪出郊，众谓当置酒召客，乃独造林逋，清谈至暮而归。居官数年未尝市吴中物，比去唯市《白乐天集》。"林逋卒于天圣六年（1028），李及造访林逋，当在此前。由此可证景祐四年（1037）之前杭州已有《白居易集》于市肆售卖。据《咸淳临安志》卷四六《秩官四》载，李及于乾兴元年（1022）三月壬申，以枢密直学士知杭州。九月丁亥，徙知应天府兼南京留守司。上引《宋史》称李及"冒雪"，《咸淳临安志》作"微雪"。此集乃比景祐四年（1037）更早之印本。以常情而论，白居易知杭为民造福，又白诗在唐时已极受人欢迎，故北宋时杭州曾有多种版本白居易之诗文集，亦合常理。

（三）《刑统律疏正本》

张秀民《中国印刷史》云："知仁和县翟昭应将《刑统律疏正本》，改为《金科正义》镂板印卖。"

（四）《云笈七签》一百二十四卷

宋张君房撰。王铚云："张君房字允方，安陆人，仕至祠部郎中、集贤校理，年八十余卒。平生喜著书，如《云笈七签》、《乘异记》、《丽情集》、《科名分定录》、《潮说》、《脞说》之类甚众，知杭州钱塘，多刊作大字板携归，印行于世……"（王铚：《默记》卷下）。此外，《潮说》，一卷，宋张君房撰，《直斋书录解题》卷八著录是书称"凡三卷"；《乘异记》，三卷，宋张君房撰，《直斋书录解题》卷十一著录是书称"咸平癸卯序，取'晋之《乘》'之义也"；《脞说》，卷数不详，宋张君房撰，《直斋书录解题》卷十一著录张君房《乘异记》三卷云"……君房又有《脞说》，家偶无之"；《丽情集》，卷数不详，宋张君房撰；《科名分定录》，卷数不详，宋张君房撰。以上诸书据王铚《默记》卷下所载，均为张君房知钱塘（今杭州）时刊作大字板携归印行于世。

（五）《前汉纪》三十卷，汉荀悦撰《后汉纪》三十卷，晋袁宏撰

王国维《两浙古刊本》卷上引王铚序云："右荀悦《前汉纪》三十卷，袁宏《后汉纪》三十卷，祥符中刊板于钱塘，板废几百年"。

（六）《高氏小史》一百三十卷（《唐书·艺文志》、《文献通考》

作一百二十卷），唐高峻撰

陈振孙云："唐殿中丞高峻撰。本书六十卷，其子迥分为一百二十。盖节抄历代史也。司马温公尝称其书，使学者观之。今案《国史志》凡一百九卷，目录一卷。《中兴书目》一百二十卷，止于文宗。今本多十卷，直至唐末。峻元和人，则其书当止于德、顺之间。迥之所序，但云分六十卷为百二十，取其便易而已，初未尝有所增加也。其止于文宗及唐末者，殆为后人傅益之，非高氏本书。此书旧有杭本，今本用厚纸装褙夹面，写多错误，俟求杭本校之。"（《直斋书录解题》卷四）按：陈氏言"旧有杭本"与"今本"相对而言，旧杭本则指北宋本无疑。

（七）旧杭本《三国志》、《晋书》、《隋书》、《旧唐书》

以上四史见于宋尤袤《遂初堂书目·正史类》。又陈振孙《直斋书录解题》卷八著录《遂初堂书目》云："锡山尤氏尚书袤延之，淳熙名臣，藏书至多，法书尤富。尝烬于火，今其存亡几矣。"

《遂初堂书目》极其简略，书名和作者多用简称，间亦或缺，且不著卷数，但此书一大优点即是首创著录版本的先例。其所著录之"四史"均称"旧杭本"。乔衍琯《宋代书目考》云：

> 所谓旧监本、旧杭本、以及旧本，应都是北宋刻本。因为从尤袤卒年上推到南渡时，也不过六十多年，即使绍兴初年所刊也不应称为旧本。北宋的刻书史料不多，尤目所记很是珍贵。可惜仅说是旧监本，或刊行地。如果能像晁、赵、陈三家，记得详明些，那就更有用了[1]。

我对乔衍琯的观点十分赞同，所谓"旧杭本"当为北宋刊本无疑。另，尤袤《遂初堂书目·经总录》著录有"杭本周易"诸书，于此可见"旧杭本"与"杭本"则为相对而言，"旧"字之义明矣。王国维《两浙古刊本考》列"旧杭本"为"杂刻本"，现姑存其旧。唯王国维著录《唐书》实为《隋书》，可能是传写之误。特标而出之。

（八）旧本《杭州图经》

《遂初堂书目·地理类》著录。当系官板。此书当为北宋所编杭州地方志，今无传本。

（九）《东坡集》四十卷、《后集》二十卷、《内制集》十卷、《外制集》三卷、《奏议》十五卷、《和陶集》四卷，宋苏轼撰

苏轼此书即为著名之"东坡六集"。《直斋书录解题》卷一七云："杭、蜀本同，但杭无《应诏集》。"关于苏轼诗文集，苏辙于苏轼逝世后一年为苏轼所作《墓志铭》中称：至其遇事所为诗骚铭记书檄论撰，率皆过人。有《东坡集》四十卷、《后集》二十卷、《奏议集》十五卷、《内制集》十卷、《外制集》三卷。公诗本似李、杜，晚喜陶渊明，追和之者几遍，凡四卷。此为"东坡六集"。据陈振孙所言，杭本为"六集本"，蜀本则加《应诏集》为七集本，就中可以看出杭本"东坡六集"早于蜀本"东坡七集"。

[1]乔衍琯：《宋代书目考》，台湾文史出版社1987年版，第156页。

陈振孙《直斋书录解题》卷一七著录《东坡别集》四十六卷云："坡之曾孙给事峤季真刊家集于建安，大略与杭本同。盖杭本当坡公无恙时已行于世矣。"按：苏轼卒于宋徽宗建中靖国元年（1101），陈振孙言"盖杭本当坡公无恙时已行于世矣"，是知北宋苏轼在世时杭州已有"东坡六集"本行世。苏轼于熙宁、元祐间曾两度守杭，在杭期间，以法便民、捕蝗救灾，尤其是元祐间二次守杭时逢大旱，饥疫并作，苏轼请免本路上供米三分之一，米不翔贵，并减价粜常平米，民遂免大旱之苦，并以私帑金五十两设置病坊活民甚众，又疏浚西湖，建长堤等，可称政绩卓著，有德于民，故杭人甚感苏轼之德政。苏轼离任之日，杭人家有画像，每饭必祝，并为之建生祠，其得杭人爱戴如此。北宋时杭州为版刻中心，民感苏轼之德，又爱其诗文，为之刊刻"东坡六集"自是可以理解之事。刊者不详。

四、杭州私人刻书

北宋时杭州已有私人刻书的记载，及至南宋时大盛。北宋杭州私人刻书有：

（一）《史记》

陈氏万卷堂于淳化（990—994）刊司马迁《史记》，见张秀民《中国印刷史》。

（二）《文粹》

临安进士孟琪于宝元二年（1039）刻姚铉《文粹》一百卷。据王国维《两浙古刊本考》卷上引吴兴施昌言叙云："故姚右史纂唐贤之文百卷，用意精博，世尤重之。然卷帙繁浩，人欲传录，未易为力。临安进士孟琪代袭儒素，家富文史，爱事摹印，以广流布。观其校之是，写之工，镂之善，勤亦至矣。噫！古之藏书必芟竹铲木弹纸竭毫，盛其蕴、宏其载，乃能有之。今是书也，积之不盈几，秘之不满箧，无烦简札而坐获至宝。士君子有志于学，其将舍诸。若夫述作之旨，悉于前序，此不复云。宝元二年嘉平月殿中侍御史吴兴施昌言叙。"陈振孙《直斋书录解题》卷一五著录书名作《唐文粹》，卷数同。并云："铉，太平兴国八年进士第三人，在杭州与知州薛映不协。映摭其罪状数条，密以闻，当夺一官，特除名，贬连州文学。"按：姚铉时任两浙转运使，性喜藏书（事迹详见顾志兴撰《浙江藏书史》第二章第二节，杭州出版社2006年版）。

（三）《韩诗外传》

李用章于庆历中刻《韩诗外传》。洪迈云：

> 《前汉书·儒林传》叙《诗》云，汉兴，申公作《鲁诗》、后苍作《齐诗》、韩婴作《韩诗》……婴为文帝博士，景帝时至常山太傅，推诗人之意，作《外传》数万言，其语颇与齐、鲁间殊，然归一

也……《艺文志》，《韩家诗经》二十八卷，《韩故》三十六卷，《内传》四卷，《外传》六卷，《韩说》四十一卷。今唯存《外传》十卷。庆历中，将作监主簿李用章序之，命工刊刻于杭，其末又题云："蒙文相公改正三千余字。"予家有其书……[1]

（四）《战国策》十卷

钱唐颜氏刊。王国维《两浙古刊本考》卷上引王觉《题战国策》：《战国策》三十三篇，刘向为之序。世久不传，治平（1064—1067）初始得钱唐颜氏印本，读之爱其文辞之辩博。然此书刻本有字句脱误，是其缺点。

（五）《朱肱重校证活人书》十八卷

宋朱肱撰。朱肱，字翼中，自号大隐子，又号无求子，吴兴（今浙江湖州）人。《直斋书录解题》卷一三著录是书题作《南阳活人书》，并云："以张仲景《伤寒方论》，各以类聚，为之问答。本号《无求子伤寒百问方》，有武夷张藏作序，易此名。仲景，南阳人，而'活人'者，本华陀语也。肱，秘丞临之子，中书舍人服之弟，亦登进士科。"王国维《两浙古刊本考》卷上录朱肱自序云：

> 仆乙未秋以罪去国，明年就领官祠，以归过方城见同年范内翰云："《活人书》详矣，比《百问》十倍。然'证'与'方'分为两卷，仓卒难检耳。"及至睢阳，又见王先生云："《活人书》，京师、成都、湖南、福建、两浙凡五处印行，惜其不曾校勘，错误颇多。"遂取缮本重为参详，改一百余处，及并"证"与"方"为一卷，因命工于杭州大隐坊镂板作中字印行，庶几缓急易以检阅。然方术之士能以此本游诸聚落，悉为改证，使人诵读，广说流布，不为俗医妄投药饵，共为功德，获福无量。[2]

朱肱所言杭州大隐坊，地约在今吴山北麓河坊街一带。此书刻于政和八年（1118）。

五、杭州经坊刻经、刻书

北宋时，杭州继五代遗风，刻经颇盛。五代时刻经，主要为钱氏王家刊刻，但到北宋时则已走向民间。杭州出现一些经坊，专事佛经的刻印，偶尔也有刻书的。

杭州经坊刻经，今知有庆历二年（1042）晏家经坊校勘《妙法华严经》，并于熙宁元年至二年（1068—1069）刊印，据说是广行天下。嘉祐五年（1060）、八年（1063）有杭州钱家经坊刻印《妙法莲华经》。

北宋时，杭州龙兴寺于淳化至咸平间（990—1003）刻印《华严经》，此为杭州最早佛寺刻经。稍后之杭州明教寺于大中祥符二年（1009）刻印唐代文学家韩愈的《韩昌黎集》，此为杭州佛寺刻印文人著作之始。

[1]洪迈：《容斋续笔》卷八《韩婴诗》，《容斋随笔》上册，上海古籍出版社1978年版，第310页。

[2]王国维：《两浙古刊本考》，上海古籍书店1983年印本。

特别值得重视的是宋哲宗时福建泉州商人徐戬受高丽国政府委托，在杭州刻印《华严经》，经版有二千九百多片，刻成后用海船运往高丽国，徐戬得高丽国赏银颇多。苏轼元祐四年（1089）十一月三日《论高丽进奉状》鉴于高丽国"使者所至，图画山川，购买书籍。议者以为所得赐予，大半归之契丹"，从国家安全和利益考虑，兼之徐戬所为，实为走私，故将徐戬扣押，审问。"访闻徐戬，先受高丽钱物，于杭州雕造夹注《华严经》，费用浩汗，印板既成，公然于海舶载去交纳，却受厚赏，官私无一人知觉者，臣谓此风岂可滋长，若致其弊，敌国奸细，何所不至……"（《苏轼文集》卷三《奏议·论高丽进奉状》）。苏轼如此做，是有他的道理，但从此事的侧面，则反映了杭州其时刻书力量的雄厚。

第三节　毕昇发明活版印刷术

一、毕昇发明活版的文献记载

雕版印刷术是我国的一大发明，对于文化发展影响至巨。北宋庆历年间（1041—1048），布衣毕昇又发明活版印刷术，改以往的雕版印刷为活字排印法，这是中国对世界文明的重大贡献。关于毕昇发明活字印刷术，今存世的唯一文献为沈括的《梦溪笔谈》所记：

> 板印书籍，唐人尚未盛为之。自冯瀛王始印五经，已后典籍，皆为板本。庆历中，有布衣毕昇，又为活板。其法用胶泥刻字，薄如钱唇，每字为一印，火烧令坚，先设一铁板，其上以松脂腊和纸灰之类冒之，欲印则以一铁范置铁板上，乃密布字印。满铁范为一板，持就火炀之。药稍熔，则以一平板按其面，则字平如砥。若止印三二本未为简易，若印数十百千本，则极为神速。常作二铁板，一板印刷，一板已自布字，此印者才毕，则第二板已具，更互用之，瞬息可就。每一字皆有数印；如"之"、"也"等字，每字则有二十余印，以备一板内有重复者。不用则以纸贴之，每韵为一贴，木格贮之。有奇字素无备者，旋刻之，以草火烧，瞬息可成。不以木为之者，木理有疏密，沾水则高下不平，兼与药相粘不可取，不若燔土，用讫再火令药熔，以手拂之，其印自落，殊不沾污。昇死，其印为予群从所得，至今宝藏。[1]

此段文字胡道静据各本校勘，文中校语、按语均略。沈括记载毕昇发明活字术可谓十分详细，以至今日我们可以按沈括所记制作活字来进行印刷。但是遗憾的是文中对毕昇的籍贯和在何地发明却一字未提。更重要的是毕昇活字印刷物未见实物传世，以致留下不少疑问。更有人著文说毕昇发明活字术后，杭州的宋版书多用其法印制，因而杭州出版事业大为繁荣云云。这纯属臆断，因为传世的宋版书至今似尚未发现有用活字印刷的。

[1]胡道静：《梦溪笔谈校证》下册，上海人民出版社1987年版，第597—598页。

赵万里在《中国印本书籍发展简史》中说：

> （毕昇的活版印刷）除了沈括的记载，别处谁也找不到一点有关这位大发明家的事迹，而其他宋人用活字印书的史料，也没有任何记载留下来，这是很可惜的。有人说，故宫博物院藏的1259年即宋开庆元年印本《金刚经》就是胶泥活字本，但经仔细鉴定，仍是木板。此外《天禄琳琅书目续编》著录的宋活字本《毛诗》（引者按：《天禄琳琅书目续编》有云："宋本《毛诗·唐风》内，'自'字横置，可证其为活字板。"）和叶德辉《郋园读书志》、《书林清话》里宣传他有宋活字本《韦苏州集》，也都是明铜活字本，宋活字印本大概早就失传了。[1]

[1]《文物参考资料》第28期第14页，1952年10月出版。

张秀民在《中国印刷史》第三章《活字印刷术的发明与发展》中曾对诸多传为宋代活字印本进行过考证和研究，对1965年浙江温州市郊白象塔内发现的《佛说无量寿佛经》残印本，他的看法是"根据上述数点，此《无量寿佛经》是否为活字印本，尚是疑问，更不能说它是12世纪北宋活字印刷的实物见证。"此外，张秀民还对《天禄琳琅书目》著录的三部宋版，缪荃孙、叶德辉均认为是宋活字本及宋开庆本《金刚经》等，皆认为"上述各种活字本，均不尽可信"。

现知宋代用活字印书的实例，则为南宋周必大于绍熙四年(1193)曾用活字印过其所著《玉堂杂记》。1985年1月25日上海《文汇报》发表一则《台湾发现南宋活字印刷史料》的简讯，后张秀民据此线索加以探索，国内史学界曾对此十分关注。周必大的记载，见于《周益公文集》卷一九八，文中有绍熙四年(1193)《与程元成给事札子》，内云：

> ……某素号简拙，老益谬悠，兼心气时作，久置斯事。近用沈存中法（指沈括《梦溪笔谈》所记毕昇发明活板法——作者按），以胶泥铜板，移换摹印，今日偶成《玉堂杂记》二十八事，首愿台览。尚有十数事，俟追记补段绪纳。窃计过目念旧，未免太过岁月之云云也。[2]

[2]周必大：《周益公文集》卷一九八《与程元敬给事札子》，《四库全书》本。

这是一条明确记载用毕昇活版法印书的实例。史料弥足珍贵。从内容看，只是周必大兴会所至，用活字法印自己的著作，惜乎其活字版《玉堂杂记》今未闻有传世实物。

二、宋代活版印刷未能推广的原因探索

综合有关史料，我的看法是宋代用毕昇活字印书至今未见实物流传，如因水火、兵燹等天灾人祸的毁损外，不排除以下两种可能：

（一）毕昇发明的活版在当时缺少实际应用的价值

我们知道古人印书不若今天动辄上万部以至几十万部，一般印数都较少。美国芝加哥大学远东语言文化系荣誉教授钱存训在《中国雕板印刷技术杂谈》作过一些统计和比较，可资参考。他说："虽雕版印数难以确

知，但活字本印数可供参考。活字本因印就拆除，印制者常在书中或其他文献中记载印数。如元大德二年（1298）王桢用其所制木活字排印《旌德县志》，共成一百部；明万历二年（1574）周堂用铜活字印《太平御览》一千卷，也印成一百余部；清道光二十七年至二十八年（1847—1848）翟金生用其自制泥活字所印《仙屏书屋诗集》则多至四百部；清雍正四年（1726）铜活字《古今图书集成》则仅印六十六部；近人卢前谓雕版通常初印三十部。如加算原刻重印、后印，估计雕版印书也和活字印数大致相同，即平均每板印制一百部左右，翻刻重刊当重作写板计算。"（香港《明报》月刊1988年5月号）据此，我认为宋雕本书的印刷不会超过一百部这个平均数，可能更少。当然历书、单叶佛经等例外。同时，就出书而言，雕版印书的速度亦能符合当时社会的需要。

据傅增湘《藏园群书题记》卷一七《洪武本宋学士文粹跋》录有郑济跋：

> 右翰林学士承旨潜溪宋先生《文粹》一十卷，青田刘公伯温丈之所选定也。济及涓约同门之士刘刚、林静、楼琏、方孝孺相与缮写成书，用纸一百五十四番，以字计之一十二万二千有奇，于是命刊工十人锓梓以传。自今年夏五月十七日起手，至七月九日毕工，凡历五十二日云……洪武丁巳七月十日，门人郑济谨记。[1]

从郑济的跋语中我们可以得知，一部十二万五千字著作，六人分写样板，由刻工十人刻梓，仅历时五十二天即可成书，其出书周期并不算长，雕版和活版印书相比关键是在"制版"速度（一为雕版费时，一为排字迅捷），至于上版印刷和装订的速度则大抵相同。而且在印数不大、活字无法制成纸型的情况下，雕版还有其优越性，即是版片可以长期保存，随时加印。这个优点则是当时的活版所没有的。我们可以用后之元明视前之两宋，毕昇的活版印刷术在发明之初不受人们重视、不适应社会需要，这是可以理解的。尽管毕昇的发明对后代在印刷史上和出版史上的影响是那么重大，但历史上一个创造发明在一定时期内不被重视是并不少见的，毕昇的活字印刷遭遇也是如此。沈括记毕昇发明活版，有段话值得注意，他以为活版"若止印三二本，未为简易；若印数十百千本，则极为神速"。请注意文中的两个"若"字，这仅是一个推断。按钱存训的研究，据卢前说雕版印数初印通常三十部，估计活版印数也大抵相同，最高为一百部左右。如此则活版的优越性在当时无法体现出来。

（二）宋人印书，讲究字体优美，活字印书很难为读书人、藏书家接受

在古代文人、藏书家看来，一本书，实际上也是一件艺术品。例如宋代浙江刻本写版多为欧体，字画认真，一丝不苟，笔画挺拔秀丽；福建刻本，字体多为柳体，笔画严谨有力；四川刻本多颜体，字画朴厚肥劲。而这样的字体在泥活字上是很难在胶泥上刻制出来的，在"火烧令坚"的过程中字体又会变形，因而毕昇的泥活字虽然是个了不起的发明，但是客观上不易为讲究书籍整体美的人们所接受。这个传统至后之元明清，甚至到

[1]傅增湘：《藏园群书题记》卷一七，上海古籍出版社1989年版，第825页。

民国时期的文人学者藏书家都十分讲究，我们读过的历代藏书家对宋本书的题跋，无不盛赞其字体秀美以至对用墨、用纸、装订都赞赏有加，原因就在这里。就以上引傅增湘的题跋而言，他还提到："余尝观古来官署及私家摹刻书籍，多选名家工书之人缮写开板，故其笔法体格足为后人楷模。生平所见若宋本《施、顾注东坡先生诗》为傅稚手书，元本《茅山志》为张雨手书，《吴渊颖集》为宋璲手书，故后人珍异尤远胜常刻。今考此书后跋，知全书为当时及门之士分缮而成，其可考者为郑济、郑洧、刘刚、林静、楼琏、方孝孺六人，皆一时知名之士，宜其妙丽之趣腾溢行间，所谓'松风水月未足比其清华，仙露明珠讵能放其朗润'，以此书当之，殆无愧色。"傅氏得到的明刻《宋学士文粹》是个残本，他后来曾请当时名家为其补抄残卷。他不无得意地说："而余幸得当代名笔缀其残帙，既可与前人媲美，更足为古书增重，其欢喜赞叹之情非毫楮所能宣矣。"（傅增湘：《藏园群书题记》卷一七）当年刘承干刻《嘉业堂丛书》等，其中一些精本书专请善于摹写各类字体的湖北人饶星舫摹写纸样，再请以刻工精细著称的湖北黄冈人陶子麟镌刻，从中可以看出前人对书籍讲究字体优美之一斑。

学界公认，北宋庆历年间(1041—1048)毕昇发明活版的地点是在杭州，这和叶梦得在《石林燕语》卷八中所言"今天下印书，以杭州为上"的重要地位是分不开的。及至南宋，杭州成为国都，随着经济、文化事业的发展，杭州的印刷业更发展到一个前所未有的高度，刻书业极为繁盛。其时官刻有国子监、浙西转运使司、浙西提刑司、浙西茶盐司、临安府等官府衙署和学校刻书；皇家内府有德寿殿、左廊司局、修内司等的刻书；书坊刻书有现知以陈起为代表的二十余家著名书坊刻书；私人刻书则有以廖莹中为代表的世彩堂刻书等，可谓盛况空前。然而从传世实物和文献记载来看，南宋时杭州均无活字印书的记载，其原因我认为不出上述两点。

过去有人怀疑，毕昇的活字印刷术可能一度失传，现在看来事实并非如此。毕昇发明的活字，据沈括言："昇死，其印为予群从所得，至今宝藏。"印模的失传是有可能的，但由于沈括这部《梦溪笔谈》撰述于元祐年间(1086—1094)，胡道静认为："《笔谈》在成书以后不久，也许还是在他身前，便已镂板流传了。王闢之在绍圣二年(1095)著成的《渑水燕谈录》，王得臣在元符、崇宁(1098—1106)间所著《麈史》都已引用《笔谈》。"又说："现在见到的二十六卷本的《笔谈》，都是乾道二年(1166)扬州州学刊本出来的。"而据州学教授汤修年的跋语云："寻又斥其余刊沈公《笔谈》为养士亡穷之利……此书公库旧有之，往往贸易以充郡帑，不及学校。今兹及是，盖见薄于己而厚于士，贤前人远矣。"故可判定："在扬州州学刊本之前，已有一个扬州公库刊本。"（胡道静：《梦溪笔谈校证·引言》，上海古籍出版社1987年版）沈括所记毕昇发明活版的记载，当然引起当时读书人的兴趣，周必大读到这段记载，兴之所至加以实验是完全可能的。不过后人往往将毕昇的活版习惯记作"沈存中法"(周必大)，有人则称之为"沈氏恬(活)板"(元姚燧)罢了。毕昇的活版是靠沈括的记载而流传后世的。

南宋杭州的书坊主人陈起和私人刻书家廖莹中都有很高的文化素养，陈起于宁宗时中乡贡第一，人称陈解元，著有《芸居乙稿》。廖莹中为进士出身，后为贾似道门客，极有权势。他们在南宋时为刻书大家，精于此道，对活版印书不可能一无所知，陈、廖刻书以精美著称，他们不用活版印书是可以理解的。

毕昇发明的活字印刷术，是个伟大的发明，在中华以至世界文明史上具有十分巨大的意义，但毕竟由于初创，泥活字还有许多在当时不可克服的缺点，所以在一段时期内未能推广应用，这是可以理解的。元明清以来，尽管铜活字、木活字、瓷活字流行较广，但中国印刷出版物仍以木刻雕版为主流，原因也在于此。

第三章　南宋以杭州为中心的雕版印刷出版业扩展至两浙各府州县

第一节　南宋雕版印刷出版业发展的社会文化背景

南宋高宗建炎三年（1129）升杭州为临安府，绍兴元年（1131）升越州为绍兴府。次年高宗由绍兴迁杭，绍兴八年（1138）正式定都临安，称"行在所"。从此形成了以淮河为界的南北割据局面。

南宋一代，今浙江地域分属浙西、浙东两路。浙西路今浙江地域为临安府、嘉兴府、建德府、安吉州三府一州；浙东路今属浙江地域的有绍兴府、庆元府、瑞安府、婺州、衢州、台州、处州三府四州。雕版印刷出版业自杭州扩展至两浙地区，各府州均有刊书事业，而杭州为全省亦是全国出版事业的中心。

杭州自古繁华，高宗定都于此之后更成为全国政治、经济、文化的中心。南宋时，今凤凰山麓一带，皇宫内府建筑辉煌；城内民居鳞次栉比，商业繁盛。据史载，市内拥有许多手工业作坊，团行、旅店、茶坊、酒楼，昼夜热闹非凡。吴自牧《梦粱录》卷一三《团行》称是时："大抵杭城是行都之处，万物所聚，诸行百市，自和宁门权子外至观桥下，无一家不买卖者。"而从朝天门（今鼓楼）至众安桥一带，则是南宋杭州书坊集中之地，亦是雕版印刷出版发行的中心。

南宋杭州和两浙成为全国出版事业的中心，除了政治、经济的原因外，与当时的教育发达、学术空气浓厚和文学事业繁荣也是分不开的。

南宋建都杭州后，即陆续恢复太学、武学、宗学。吴自牧《梦粱录》卷一五《学校》云："高宗南渡以来，复建太、武、宗三学于杭都：太学在纪家桥东，以岳鄂王第为之，规模宏阔，舍宇壮丽……绍兴年间太学生员额三百人，后增置一千员，今为额一千七百一十有六员，以上舍额三十人，内舍额二百单六人，外舍额一千四百人，国子生员八十人，诸生衫帽出入，规矩森严，朝家所给学廪，动以万计，日供饮膳，为礼甚丰……宗学，在睦亲坊……中兴后，惟睦亲一宅，置诸王宫大小学教授，专以训迪南班子弟……武学，在太学之侧前洋街……"此外，杭州府学和仁和、钱塘两县学都有相当规模，又设医学（一名太医局），有教授四员，学生二百五十人。其时两浙各府、州、县均办有州学、县学等。教育事业的发达，读书人多，对当时必读的经书量亦需求大增，这自然刺激了出版事业的发展。

南宋浙江文学家中陆游较著名，此外温州有"永嘉四灵"之称的徐照、徐玑、翁卷、赵师秀；著名词人有吴文英、王沂孙、张炎、朱淑真等。杭州为全国首都，文人汇集于此，文风之盛超过以往任何一代，南宋后期更有"江湖诗人"驻足于杭，所以刊刻诗文集亦多。例如陆游的《剑南诗稿》即刊刻于建德，杭州的陈起刊刻江湖诗人的《江湖集》就是显著的例子。

这些条件，促成了杭州成为全国出版中心的大繁荣局面。同时也应该看到，北宋末年，由于战乱，公私典籍损失十分惨重，例如宋钦宗靖康二年（1127）夏历三四月间，金人先后掳徽、钦两帝及后妃诸王以及官吏工匠倡优等数千人，同时将北宋立国一百余年来所蓄积的文物宝藏（其中也包括大量珍贵图书）劫掠一空，辇载而去。当时究竟毁损多少图书，史书无明文记载，但据《宋史·艺文志》所载可概见一斑：

> 仁宗既新作崇文院，命翰林学士张观等编四库书，仿开元四部，录为《崇文总目》书凡三万六百六十九卷……徽宗时更《崇文总目》之号为《秘书总目》，诏购求士民藏书。其有所秘未见之书足备观采者仍命以官……尝历考之，始太祖、太宗、真宗三朝三千三百二十七部、三万九千一百四十二卷，次仁、英两朝一千四百七十二部、八千四百四十六卷，次神、哲、徽、钦四朝一千九百六部、二万六千二百八十九卷。三朝所录则二朝不复登载，而录其所未有者，四朝于两朝亦然。最其当时之目，为部六千七百有五，为卷七万三千八百七十有七焉。迨夫"靖康之难"，而宣和馆阁之储，荡然靡遗。[1]

[1]《宋史》卷二二《艺文志·艺文一》。

这是皇家馆阁藏书和靖康之乱的毁损情况，至于民间私家藏书在此役中的损失，李清照《金石录后序》所载颇有代表性。

南宋高宗赵构，对金屈辱求和。但自定都临安后，他对典籍文献却颇重视，据《宋史·艺文志》载："高宗移跸临安，乃建秘书省于国史院之右，搜访遗阙，屡优献书之赏。于是四方之藏，稍稍复出而馆阁编辑日益以富矣。当时类次书目得四万四千四百八十六卷。至宁宗时续书目又得一万四千九百四十三卷，视《崇文总目》又有加焉。"（《宋史》卷二〇二《艺术志》）自五代至北宋浙江素有刻印书籍传统，宋室南渡之初困难甚多，但后来有所好转。加之南宋建都杭州，为全国政治、文化、经济中心，皇家重视文化典籍，对浙江出版印刷事业自是一大促进。加之国子监在杭州，书坊和私人刻书也十分兴盛，使杭州和两浙成为全国出版刻书业的中心。

第二节　南宋杭州雕版印刷业概览

从印刷出版的角度说，南宋印刷业主要是刻印书籍，这是毫无问题的，但由于临安是国都所在，当时印刷业除刻书以外，还有地图、纸币（会子）、报纸的刻印，这是时代需要使然。

一、地图的印刷

南宋时杭州有专门刊印里程地图并在驿站和大街叫卖的，这与南宋既是京城又有西湖游览风景区是分不开的。

据元代李有《古杭杂记》："驿路有白塔桥，印卖《朝京里程图》，士大夫往临安，必买以披阅。有人题于壁曰：'白塔桥边卖地经，长亭短驿更分明。如何只说临安路，不较中原有几程。'"又据吴自牧《梦粱录》卷一《馆驿》载，南宋时城南有樟亭驿，即浙江亭，"在跨浦桥南，凡宰执辞免名，出居此驿待报矣"。过往官员，尤其是进京的士大夫多驻于此。上述那首题壁诗的讽刺对象指向是十分明确的，是批评南宋苟安于杭州江南之地，而不图收复中原。但为我们留下了一个十分可贵的材料，即从中可以得知，南宋时已刊印地经朝京里程图售卖，反映了南宋时印刷业的多样性。

二、纸币的印刷

举世公认，我国最早印制和使用纸币。其始为北宋的交子，至南宋则称为会子。因为会子广泛使用于南宋的东南地区，通称东南会子或行在会子。初为民间发行，称便钱会子，绍兴三十年（1160），改由户部发行，以铜钱作币价本位面额，初以一贯为一会，后增印二百文、三百文及五百文三种。会子在南宋时有专门机构发行和管理。称会子务（所）。吴自牧《梦粱录》卷九《省所》称："茶盐所、会子所、封桩安边所，并在三省大门内。职以都司官兼提领。"又有专设的会子库房，《咸淳临安志》卷九："会子库，在本务。绍兴三十一年，诏临安府置会子务，隶都茶场，悉视川钱法行之……中经省并，以权务门官兼领……以都司官提领，工匠凡二百四人，日印则取纸于左帑，而以会归之……"工匠"二百四人"，这是相当大的一支印刷人员队伍。

南宋杭州印刷的会子，中国历史博物馆藏有铜质会子印版一块，其形制及文字如下：该印版为竖式长方形，长十七点四厘米、宽十一点八厘米。分上下两部分，左边上部镌有"大壹贯文省"字样，右边上部镌有"第壹佰拾料"，上部中界方框内镌有五十六字，文为"敕： 伪造会子犯人处斩。赏钱壹阡贯。如不愿支赏，与补进义校尉。若徒中及寓藏之家能自告首，特与免罪，亦支上件赏钱，或愿补前项名目者听。"上下部分界处镌"行在会子库"五字，下部则为山泉花纹图案。[1]

[1]以上印版形制及版上文字，均据张秀琦《宋代纸币及其现存印板》，见《中国印刷史学术研讨会文集》，印刷工业出版社1996年版，第57页。又，中国印刷博物馆编《印刷之光》（浙江美术出版社2000年版）第42页图3—8为南宋会子实物照片，可参阅。

《宋史》卷一八一《食货志下·会子》："（绍兴）三十年，户部侍郎钱端礼被旨造会子，储见钱于城内外流转。其合发官钱，并许兑会子，输左藏库。明年诏会子务隶都茶场。三十二年，定伪造会子法。"所谓"伪造会子法"，即是防止不法之徒，伪造会子（假钞），其法为："犯人处斩，赏钱十贯。不愿受者，补进义校尉。若徒中及庇匿者能告首，免罪受赏，愿补官者听。"《宋史·食货志》的这段文字与会子印版上的文字，除赏钱"十贯"与"壹阡贯"相差较大外，余则大同小异。

印造会子这种货币纸需要特种纸，据《宋史》卷一八一《食货志下·会子》载："当时会纸，取于徽池，续造于成都，又造于临安。"宋时临安有专门制造会子纸的"造会纸局"这样的专门机构。据《咸淳临安志》卷九"造会纸局"条所载："在赤山湖滨。先是，造纸于徽州，继又于成都。乾道四年三月，以蜀远弗给……始局在九曲池。后徙今处。别有安溪局，咸淳二年九月，亦归并焉……工徒无定额，今在者凡一千二百人。""工徒凡一千二百人"，可见"造会纸局"规模颇大，印制会子任务亦重，这从一个方面反映了当时临安印刷力量之雄厚。

三、报纸的印刷

宋代承汉唐旧例，例有朝报、邸报的印刷与发行。杭州为南宋京城还出现了一种民营的"小报"。关于"邸报"，李心传《建炎以来朝野杂记》乙集卷一载：安同知奉调赴杭。六月二十日安自广安起行赴行在杭州，二十一日至广德军。八月十六日，朝廷任安为观文殿学士知潭州。二十一日安方行至广德军得邸报。二十五日安知新的任命，因上疏为辞不允。由此推算，从杭州至广德的"邸报"传递时间仅花了六天。又，汪应辰《文定集》卷一五《与李运使书》称："垦田之议，顷于邸报中见之，颇讶其首尾不贯串，今得见全文，甚幸。"由此可以证明，邸报有时限于篇幅还刊载一些文件的摘要，故汪应辰说"颇讶其首尾不贯串"。邸报在当时所起的作用，是外地官员了解京师动态、情况的一种手段，例如郑刚中《北山文集》有《与潘义荣书》载"某今年正月十四日，在梅蕲州座上读邸报，见书馆新除，大用欣慰"；《与兵部程侍郎书》"某再拜：某去冬被旨出使，中道读邸报，知执事者将还朝，窃自慰喜"可证。以上所举的一些关于邸报的记载，可以看出宋代邸报是具有一定的新闻性的报纸。

南宋杭州除"邸报"外，还出现了一种名为"新闻"、"小报"。据赵昇《朝野类要》卷四载，当时有种"小报"，"故隐而号之曰'新闻'"。这种"小报"，其消息来源或得之于省院机关的漏泄，或得之于街市的传闻，有的消息则是编报人的杜撰。这种"小报"是每天出版、传报的，具有日报性质。"小报"有专门的经营人。为了获得消息，经办人想方设法在宫廷、各部、官府分别物色"内探、省探、衙探"以探听消息，特别是人事任免方面的动态，常常在正式命令未到之前，而"小报"已先期传报。这些"小报"由于传递较快、新闻性较强，常受到外任官员的欢迎，以了解京师的最新动态和消息等。"小报"的传送面较广，有所谓"传播中外"、"传之四方"等的记载。凡要获得"小报"者，要付出一定报酬，故经营"小报"的人可以"坐获不资之利"。南宋这种"小报"起自南宋初高宗朝，孝宗淳熙、光宗绍熙间仍在流传。

由于这种"小报"要泄漏朝廷机密，有时传布无根之词，所以一直有人主张禁绝"小报"。如周麟之《海陵集》卷四《论禁小报》，其中谈到正当皇帝颁诏书、发布命令、雷厉风行之时，便有小人欺诳之说，眩惑众听，究其由来"此皆私得之'小报'"。他以为"'小报'者，出于进奏院，盖邸吏辈为之也。比年事有疑似，中外不知，邸吏必竟以小纸书之，飞报远近，谓之'小报'。如曰：'今日某人被召，某人罢去，某人迁除。'往往以虚为实，以无为有。朝士闻之，则曰'已有小报矣'，州郡间得之，则曰'小报到矣'。他日验之，其说或然或不然。使其然耶，则事涉不密；其不然耶，则何以取信？"故此周麟之力主"望陛下深诏有司，严立罚赏，痛行禁止"。

南宋早期，虽有周麟之等禁小报之议，但似乎并未禁绝，孝宗淳熙、光宗绍熙朝还正式颁布过法令，如淳熙十五年（1188）正月二十日诏称：近闻有不逞之徒，撰造无根之语，"名曰小报，传播中外，骇惑听闻"，故令"临安府常切觉察禁戢，勿致违戾"。淳熙十六年（1189）闰五月二十日诏则更为严厉：今后有私衷小报，唱说事端，许人告发，赏钱二百贯文，犯人编管五百里。尽管如此雷厉风行严禁"小报"，但"小报"仍在流行，根据史料记载在四五年以后的绍熙四年（1193）朝廷又一次严令禁绝小报。根据南宋杭州的印刷业的发达，这些朝报、邸报、"小报"应都是印刷物。

第三节　中央官署和宫廷刻书机构及出版物

一、国子监

宋承五代后周之制，设国子监，为全国最高学府，招收七品以上官员子弟为学生。北宋庆历四年（1044）建太学，国子监成为掌管全国学校的机构，负责训导学生、荐送学生应举、修建学舍、建阁藏书，并刻印书籍。所刊书籍称"监本"。监本书刻印精美，为全国之冠。南宋初年，太学废（后重建），国子监仍于杭州招收学生数十人。南宋国子监地在杭州纪家桥（今庆春路与延安路交会处的"红楼"一带）。

吴自牧《梦粱录》卷九《诸监》称："国子监在纪家桥太学之侧，设祭酒、司业、丞、簿等官，专掌天子之学校，训导学生之职。总掌国子太学事务，生员出入规矩，考课试尊训导，天子视学，皇太子齿胄，则讲议释奠等礼也。监厅绘《鲁国图》，东西为丞簿位，后有书库官位。中为堂，绘《三礼图》于壁，用至道故事……书板库在中门内。"所谓"书库官"即是负责刻书、藏书之官，"书板库"，即是贮藏刻印完工后书板的库房。

前已言及，北宋"靖康之难"，金人攻入汴京后，将宋室藏书尽掳以北，又从李清照《金石录后序》可以看出，其时民间藏书亦多化为灰烬。南宋高宗在杭州建都后国家无藏书，民间士子无书可读，在此情况下刊刻书籍自是要务，故李心传在《建炎以来朝野杂记》中言：

> 监本书籍者，绍兴末年所刊也。国家艰难以来，固未暇及。九年九月，张彦实待制为尚书郎，始请下诸道州学，取旧监本书籍，镂板颁行。从之。然所取诸事多残缺，故胄监刊《六经》无《礼记》，正史无《汉》、《唐》。二十一年五月，辅臣复以为言，上谓秦益公曰："监中其它缺书，亦令次第镂板，虽重有所费，盖不惜也。"繇是经籍复全。先是，王瞻叔为学官，尝请摹印诸经义疏及《经典释文》，许郡学以赡学或系省钱各市一本，置之于学。上许之。今士大夫仕于朝者，率费纸墨钱千余缗，而得书于监云。[1]

南宋自高宗绍兴后期刊印监本书，但至宋末究竟刊印了多少监本书，很难稽考明白。幸王国维作了开拓性工作，据其《五代两宋监本考》卷下《南宋监本》所考为：

（一）《周易正文》、《尚书正文》、《毛诗正文》、《周礼正文》、《仪礼正文》、《礼记正文》、《春秋正文》、《左传正文》、《公羊正文》、《穀梁正文》、《孝经正文》、《论语正文》等十二经的刻印

王国维考曰：

> 右见《景定建康志·书籍类》，皆冠以"本监"二字，此南宋监本也，然北宋胄监，固已有单经本，《直斋书录解题》载《春秋经》一卷，每事为一行，广德所刊古监本也。古监本谓汴都监本，但兼及他经与否，殊无可考。南宋（"宋"疑为衍字——引者按）渡以后则遍刊诸经，不独国学，即州郡亦然。《建康志》所载"九经"正文，尚有蜀本，婺本，建本。《新定续志》所载书板亦有"六经正文"，则监中有单经本固不足怪也。[2]

[1]李心传：《建炎以来朝野杂记》甲集卷四，中华书局2000年版，第114—115页。

[2]王国维：《五代两宋监本考》卷下，《王国维全书》第11册，上海古籍书店1983年版。

此处文字与王氏《两浙古刊本考》卷上小异，当为书写之误。

（二）《周易传》等《十三经》的刻印

据王国维《五代两宋监本考》卷下引王应麟《玉海》载，南宋高宗时所刊监本书尚有：《周易传》九卷、《略例》一卷王弼注；《尚书传》十三卷孔氏传；《毛诗传》二十卷郑氏笺；《周礼注》二十卷；《仪礼》十七卷；《礼记注》二十卷并郑氏注；《春秋经传集解》三十卷杜氏；《春秋公羊传集解》十二卷何休学；《春秋穀梁传集解》十二卷范宁集解；《孝经注》一卷御制序并注；《论语》十卷何晏集解；《尔雅注》三卷郭璞注；《孟子章句》十四卷赵氏。以上《十三经》据王应麟《玉海》称，是在绍兴九年（1139）九月七日诏下州郡索国子监元颁善本校对镂版的。

王应麟所记与上述李心传《建炎以来朝野杂记》的《监本书籍》条可以互参，足以说明高宗在听取并接受张彦实等的建议后，以行政命令下旨刊刻，故"十三经"得以复全。

这里应该说明的是，南宋的监本书相当部分是由临安府和其他州郡代刻，此种州郡刊版当时尽入国子监，世称"南宋监本"。故王国维《两浙古刊本考》卷上云：

> 按：北宋监本经史既为金人辇之而北，故南渡初即有重刊经疏者，如日本竹添氏所藏《毛诗正义》乃绍兴九年九月十九日绍兴府雕造。此事是否奉行是月七日诏书？抑或先已刊刻，别无可考。又刊经疏者，绍兴之外尚有婺州所刊《春秋左传正义》，温州所刊《尔雅疏》，虽未审在何时，至绍兴十五年令临安府雕造群经义疏未有板者，则高宗末年经疏当尽有印板矣。此种州郡刊板当时即入监中，故魏华父、岳倦翁均谓南渡监本尽取诸江南诸州，盖南渡初监中不自刻书，悉令临安府及他州郡刻之，此即南宋监本也……[1]

王氏此论大抵符合南宋诸经监本的实际情况。

（三）南宋监本书今尚存世者举要

南宋临安国子监所刻书，今尚有传世者，兹举数例于下。

1. 《礼记注》二十卷，汉郑玄撰

此书北京国家图书馆藏有宋刻递修本，南宋初杭州刊本，为南宋监本。据《中国版刻图录》著录，是书框高二十一点四厘米，广十五厘米。十行，行十六字、十七字不等。注文双行，行约二十三字。白口，左右双边。存《月令》、《曾子问》、《文王世子》、《礼运》、《礼器》、《郊特牲》、《内则》、《学记》、《乐记》、《杂记》、《丧大记》、《丧服大记》、《祭法》、《祭义》、《祭统》、《经解》、《哀公问》、《仲尼燕居》、《孔子闲居》、《坊记》二十篇，凡九卷。宋讳缺笔至桓字，不避南宋讳。原刻字迹粗肥，补版则字字如新硎（卷中补版有

[1]王国维：《两浙古刊本考》卷上，上海古籍书店1983年版。

全叶覆刻者，有一叶中仅剜刻数行者）。刻工孙勉等人，皆南宋初年杭州地区名匠。

2. 《周易正义》十三卷，唐孔颖达撰

此书傅增湘曾藏，考订为宋绍兴年间监本。《藏园群书题记》卷一《宋监本〈周易正义〉跋》云："群经注疏以单疏本为最古，八行注疏本次之。顾单疏刊于北宋，覆于南宋，流传乃绝罕。就余所见，《尚书正义》二十卷，藏日本帝国图书寮；《毛诗正义》四十卷，藏日本内藤湖南家；《礼记正义》残本四卷，藏日本身延山居远寺；《公羊疏》残本九卷，藏上海涵芬楼；《尔雅疏》十卷，二部，一藏乌程蒋氏孟家，一藏日本静嘉堂文库，又残本五卷，藏宝应刘氏食旧德斋；《仪礼疏》旧藏汪阆源家，今不知何往，合《周易》计之，存于天壤间者，只此七经而已。《易》单疏本自清初以来，惟传有钱孙保校宋本，然其书藏于谁氏，则不可知。后阅程春海侍郎集，乃知徐星伯家有之。嗣归道州何氏，最后为临清徐监丞梧生所得……旋闻其书业已易主，廉君南湖曾为作缘，以未能谐价而罢。昨岁残腊，闻有人求之甚急，议垂成而中辍，然其悬价高奇，殊骇物听。余诇知怦然心动，遂锐意举债收之，虽古人之割一庄以易《汉书》无此豪举也。双鉴楼中藏书三万卷，宋刊秘籍亦逾百种，一旦异宝来归，遂巍然为群经之弁冕，私衷宠幸，如膺九锡。顾窃自维念，此书自端拱奏进，绍兴覆雕，传世本稀，沿及今兹，更成孤帙……"傅氏旧藏之杭州南宋绍兴间刊监本《周易正义》现藏北京国家图书馆。

3. 《扬子法言注》十三卷，晋李轨撰

钱谦益《绛云楼书目》卷二著录有《扬子法言》六卷，原注云：宋刻十三卷。此书扬子拟《论语》而作。司马温公集东晋祠部郎中李轨、唐柳州刺史柳宗元、著作佐郎宋咸、司封员外郎吴泌，而附以己意，名《集注》，凡十三卷。宋咸《进法言表》中称轨为郁亭。

此书原有北宋监本，南宋中期杭州又有重翻本，傅增湘《藏园群书题记》卷六《宋本扬子法言跋》述之最详，兹节录一二于后：

> 《扬子法言注》十三卷，《音义》一卷，宋刊本，半叶十行，每行十六七至二十字，注双行二十五六七字，亦有少至二十一字者，白口，左右双阑，版心记字数不分大小，下记刊工姓名。卷一第一行题"扬子法言学行卷第一"，次行题"李轨注"，低六七格不等。每卷后空一行标书名卷第几，不附篇名。宋讳玄、弘、殷、匡、敬、贞、勗、恒皆缺末笔。《音义》后列国子监校勘官衔名，自主簿文效至判国子监蔡抗十九人，凡二十六行。下空三行，又列参知政事赵概、欧阳修，同中书门下平章事曾公亮、韩琦四人衔名，凡八行。盖源出汴京国子监刊本也……
>
> ……昔人以后列校勘官衔名有吕夏卿校定一行，断为治平监本。夫监本诚是矣，而以治平所刊则非也。考卷中宋讳缺避惟谨，

然卷五第四叶注中"三桓专鲁"句"桓"字缺末笔，卷三第四叶"君子微慎厥德"句及《音义》第七叶注文"《史记》作慎靓王，《索隐》作顺靓王，或是慎转为顺"各句"慎"字均缺末笔，则已入南渡无疑。且审其字迹雕工，虽格体严整，而朴厚之意寖失，当是浙杭重翻之本[1]。

[1]傅增湘:《藏园群书题记》卷六，上海古籍出版社1989年版，第291—292页。

此书北京国家图书馆有藏本。《中国版刻图录》云："……因知此书迭经宋元两朝修版，此为元时印本。前人因卷末有北宋国子监校勘官衔名三十四行，定为治平监本，绝非事实。元时版送西湖书院，西湖书院重整书目中有《扬子》一目，盖即此本。"此本当系南宋监本。

（四）《西湖书院重整书目碑》所记南宋国子监书版

杭州西湖书院始建于元前至元二十八年（1291）。该地原为南宋名将岳飞故第，岳飞遇难后改为太学，其西则为南宋国子监，南宋亡后，太学废，为元肃政廉访司衙署。后翰林学士承旨徐琰任浙西肃政廉访使，于治所西偏改为西湖书院，祀孔子。并迁西湖锁澜桥三贤堂于此，以白居易、林逋、苏轼三贤附祀。后为讲堂，设东西序为斋舍。又后为尊经阁，阁之北为书库，收藏宋太学旧籍，设司书以掌之。其时宋高宗御书石经，孔门七十二子画像石刻皆在书院。书院有义田，以供祭祀及刻书之用。书院有山长、司存之设，书院地位与官学学宫地位相等。

关于西湖书院藏书，从有关文献所载可知，一是宋国子监所藏旧籍及书板库等与太学藏书，元代一起并入西湖书院。据元陈基《西湖书院书目序》称："又后为尊经阁，阁之北为书库，收拾宋学旧籍"[2]。此处"宋学旧籍"当指原国子监所刊监本书。据元泰定元年（1324）九月陈袤所作《西湖书院重整书目记》称："……西湖精舍因故宋国监为之，凡经史子集无虑二十万余片，皆存焉。其成也，岂易易哉！近岁鼎新栋宇，工役匆遽，东迁西移，书板散失，甚则置诸雨淋日炙中，骎骎漫灭。一日，宪幕长张公昕、同寅赵公植、柴公茂，因奠谒次，顾而惜之，谓兴滞补弊，吾党事也。乃度地于尊经阁后，创屋五楹，为庋藏之所，俾权山长黄裳、教导胡师安、司书王通督□（饬）生作头顾文贵，始自至治癸亥夏，迄于泰定甲子春，以书目编类，揆议补其缺……并见存书目，勒诸坚珉，以传不朽。"（阮元：《两浙金石志》卷一五）此次整理西湖书院书版，由陈袤撰文作记，前教谕张庆孙书并篆，直学朱筠立碑。这里需要作一点简要的说明：宋代国子监刻书以后，有"书板库"专以贮藏书版（包括从外地调集的代国子监刻的监本书版），及至西湖书院建立后，宋国子监书板库由书院接管。至泰定元年（1324）书院重修栋宇时，发现书版不下二十余万片，因为修缮书院，这些书版不得不"东迁西移"，书版有所损失。于是决定"创屋五楹"作为庋藏之所，后来并作了整理和补刻。整理后刻石立碑，"以传不朽"。此碑原立西湖书院，清嘉庆时已移藏杭州府学（今杭州劳动路杭州孔庙），碑文为正书二十二行，行十三字，篆额不存［我撰

[2]陈基:《夷白斋稿》卷二一，影印文渊阁《四库全书》本。

著本书时曾实地查考此碑，知碑现存杭州孔庙，编号为D—02（199），宽106厘米，高185厘米，厚26厘米〕。据碑文所记，凡经部五十一部，史部三十六部，子部十一部，集部二十一部。王国维曾作《西湖书院书板考》详加考订。由于原碑漫漶过甚，无法读清，遂据《两浙金石志》卷一五《元西湖书院重整书目碑》将碑文列于下表之左；复将王国维《西湖书院书板考》（《王国维遗书》第12册）。列于下表之右，两相对照，以求读

原　碑	王国维考
经	
易古注	此即南宋监本之王弼注九卷，略例一卷。明初板亡，故《南雍志·经籍考》不载。
易注疏	此即南宋监本《周易正义》十三卷单疏本。《南雍志》：《周易注疏》一十三卷，好板一百四十二面，坏者十九面，遗失二百一十四面即是也。明南雍别有十行本兼义十卷，卷数与此不同。
易程氏传	此即南宋监本《周易程氏传》六卷。《南雍志》：《周易程氏传》五卷，存好板二十面，坏板八十二面。
书古注	此即南宋监本《尚书孔氏传》十三卷，明初板亡，《南雍志》不载。
复斋易说	此赵彦肃《复斋易说》六卷。宋嘉定辛巳刊于严州，别见严州。后入西湖书院，复归南雍。《南雍志》：《复斋易说》六卷存者三十九面。
书注疏	此南宋监本《尚书正义》二十卷亦单疏本，每半叶十五行，行廿四字。《南雍志》有《尚书》小字注疏二十卷，存好板九十九面，遗失九十五面，即此板也。
诗古注	此南宋监本传笺二十卷。明初板亡，《南雍志》不载。
诗注疏	此即南宋监本《毛诗正义》四十卷即绍兴府刊本取入监者。每半叶十五行，行廿五字。《南雍志》有《毛诗正义》一卷，注云：今亡。
榖梁古注	此南宋监本范宁《集解》十二卷。明初板亡，《南雍志》不载。
榖梁注疏	此即南宋监本《榖梁》单疏十二卷。《南雍志》：《春秋榖梁传疏》十二卷，好板一百十四面，失八十七面，即是板。南雍别有十行本注疏二十卷，与此不同。
埤雅	按：陆农师所著书，大半为其曾孙子遹知严州所刊。此目中《埤雅》与陆氏《礼象》疑亦子遹所刊，宋时取入监中，故《新定续定》书板中不复列入。明初板亡，《南雍志》不载。
论语古注	此南宋监本何晏《论语集注》十卷。明初板亡，《南雍志》不载。
论语注疏	此即南宋监本《论语》单疏十卷。《南雍志》有《论语注疏》十五卷，存者残板九面，殆即此板，而卷数中衍五字。南雍别有十行本《注疏解经》二十卷，与此不同。
论语讲义	未详。
仪礼古注	此宋监本郑注十七卷。明初板亡，《南雍志》不载。
仪礼经传	宋嘉定丁丑朱子刊《仪礼经传通解》二十三卷于南康学官。后十余年张虑又刊《续通解》二十九卷，后入宋监而元西湖书院而明南雍，《南雍志》有此书，好板三百二十面，坏板四百六十四面。
春秋左传注	此即南宋监本之《春秋经传集解》三十卷，《南雍志》有残板三部。
春秋左传疏	此即南宋监本《春秋正义》三十六卷疑即婺州刊本取入监者。《南雍志》：《春秋正义》三十六卷，好板二百四十一面，失四百二十七面，坏板五百四十一面，即此书。南雍别有十行本《左传注疏》六十卷，与此不同。
公羊古注	此即南宋监本何休《公羊传解诂》十二卷。明初板亡，《南雍志》不载。
公羊注疏	此即南宋监本《公羊单疏》三十卷。《南雍志》：《春秋公羊疏》三十卷，存者一百九十七面，即是板也。南雍别有十行本注疏二十八卷，与此不同。
孝经注疏	此亦南宋监本单疏三卷。《南雍志》有《孝经注疏》一卷，存者二十四（面），盖即此板。
孝经古注	此即南宋监本《唐玄宗御注》一卷，明初板亡。
古文孝经注	
语孟集注	按：下有文公《四书》，则此非朱子书。疑即金仁山之《论孟集注考证》也。其书以至元三年刊于婺州路，而此目成于泰定元年，殆后人增入也。《南雍志》：《论孟集注考证》二十卷，好板九十三面，坏板十八面，缺者三十二面。
孟子古注	此即南宋监本赵岐章句十四卷，明初板亡。
孟子注疏	

文公四书	
大学衍义	《南雍志》:《大学衍义》四十三卷,脱者止二面,存者八百五十三面。
国语注补音	此亦南宋监本。《南雍志》:《国语》二十一卷,《补音》三卷,存者三百六十面,破者六面。
春秋高氏解	此恐即《吕氏春秋》高诱注也。至元甲午刊于嘉兴,后入西湖书院转入明南监。《南雍志》:《吕氏春秋》二十六卷,存者三百六十三面半,损十六面,失五面。
礼记古注	此即南宋监本郑注二十卷,明初板亡。
礼记注疏	此即南宋监本单疏七十卷,明初板亡。
周礼古注	此即南宋监本郑注二十卷,明初板亡。
周礼注疏	此即南宋监本单疏五十卷,明初板亡。
仪礼注疏	此即南宋监本单疏五十卷,每半叶十五行,行廿七字。《南雍志》:《仪礼注疏》五十卷,只残板五面。
仪礼集说	有大德辛丑敖继公自序,即此时所刊。《南雍志》:《仪礼集说》十七集,存者七百八十一面,欠者五十九面。
陆氏礼象	《直斋书录解题》:《礼象》十五卷,陆佃以政旧图之失。其尊、爵、彝、舟皆取诸公卿家,与秘府所藏古遗器案与聂图大异。按:此疑严州刊本,宋时取入监中,明初板亡。
政和五礼	此当是南宋监本,明初板亡。文公家礼宋时刊本甚多。此当是宋末监中刊本。《南雍志》:《文公家礼》四卷,存者一百零六面,模糊八面,失者三十四面有余。
经典释文	此即南宋监本,三十卷。《南雍志》有《尚书释文》一卷,《毛诗音义》二卷,皆注云:今亡。
群经音辨	
尔雅古注	此南宋监本郭璞注三卷。《南雍志》:《尔雅》三卷,存者二十余面,余缺。
尔雅注疏	此南宋监本《尔雅单疏》十卷疑即温州刊本,后取入监。《南雍志》:《尔雅注疏》十卷,存者二十九面。南雍别有元刊九行本注疏九卷,与此卷数不同。
葬祭会要	明初板亡。
说文解字	此即南宋监本。《南雍志》:《说文解字》十五卷,脱者五十五面,存者二百十四面,内半模糊。
玉篇广韵	此疑亦南宋监本。
礼部韵略	此亦南宋监本。《南雍志》:《礼部韵》十卷,存者一百零八面,坏者二十四面,欠者五十四面有余。
毛氏增韵	此亦南宋监本,明初板亡。
博古图	此疑大德重刊本。《南雍志》:《博古图》三十卷,存者一千一百十七面,脱者十四面。
孔氏增韵	明初板亡。
文公小学书	宋末刊本甚多,此疑亦监中所刊。《南雍志》:《小学白文》四卷,存者五十八面,脱者三十二面。
史	
大字史记	此绍兴中淮南转运司刊本。每半叶九行,行十九字,《列传》第二十七后有左迪功郎充无为军军学教授潘旦校对、右承直郎充淮南路转运司干办公事石蒙正监雕。《容斋续笔》谓绍兴中分命两淮江东转运司刻三史板。此其一也。宋时取入监中,自是而元西湖书院而明南雍。明之中叶尚有印本。《南雍志》:《史记大字》一百三十卷此袭旧志之文即是板也。注以嘉靖七年新刊当之,非是。
中字史记	此南宋翻北宋监本,每半叶十行,行十九字。明景泰中重修白鹿院本即自此出。《南雍志》:《史记中字》七十卷实只三十卷,以《列传》终于七十,故致此误即此板也。注以元集庆路本实饶州路本当之,非是。
史记正义	明初板亡。
三国志	此南宋监本衢州刊本后取入监。十行十九字。
北齐书 南齐书 宋书 陈书 梁书 周书 后魏书	右南北朝七史皆南宋监本。明南雍印行之九行本即是也。《南雍志》:《宋书》一百卷,存者二千一百七十四面,缺二面。《南齐书》五十九卷,存者一千零八十面,缺三面。《梁书》五十六卷,存者九百六十七面,缺三面。《陈书》三十六卷,存者五百四十八面,缺八面。《魏书》一百二十四卷,存者三千三百八十二面,失者三面。《北齐书》五十卷,存者七百零十四面,缺二面。《后周书》五十卷,存者八百七十二面,缺者五面。

元辅表	直斋云：一卷，龚颐正撰。专录宰相不及执政。明初板亡。
刑统注疏	此即南宋监本《刑统》三十卷，以其载《唐律疏议》故谓之《注疏》。《南雍志》：《唐刑统》三十卷，存者二十八面。
刑统申明	陈直斋云：绍兴《刑统申明》一卷，开宝以来累朝订正，与《刑统》并行者。此亦南宋监本，明初板亡。
刑律文	此即《律文》十二卷，《律音》一卷，疑亦南宋监本，明初板亡。
成宪纲要	明初板亡。
新唐书 五代史并纂误	此三书皆南宋监本（湖州刊，后取入监），南宋（引者按："南宋"疑系"明初"之误，《王国维遗书》误书）板亡。
荀氏前汉记 袁氏后汉记	此疑即绍兴间越州刊本，宋时取入国子监，明初板亡。
通鉴外纪	此疑亦绍兴间越州刊本，宋时取入国子监。《南雍志》：《资治通鉴外纪》十六卷，脱者八十余面，存者三百四十六面，半损十七面。
通 历	明初板亡。
资治通鉴	此南宋监本。《南雍志》：《资治通鉴》二百九十四卷，好板一千二百四十五块，坏板二千九百十一块。又《考异》三十卷，存者四十二面。
武侯传	宋时刊板，《南雍志》：《诸葛武侯传》一卷，存者三面。
通鉴纲目	此亦南宋监本。《南雍志》：《资治通鉴纲目》五十九卷，《凡例》一卷。好板一千零三十七块，坏五十六块，半破五十二块。
仁皇训典	陈直斋云：六卷，翰林侍讲范祖禹撰，元祐八年经筵所上，凡三百十七条，亦如宝训体。按：此亦宋时刊板，明初亡。
唐书直笔	此亦宋时刊板，明初亡。
子由古史	此即衢州刊本，宋时取入国子监。《南雍志》：子由《古史》五十卷，脱者四十七面，存者五百六十五面。
唐六典	此疑即温州刊本，宋时取入国子监，明初板亡。
救荒活民书	《南雍志》所录乃集庆路刊本，非此板。
临安志	此即潜说友《咸淳临安志》，明初板亡。
崇文总目 四库缺书	此疑亦南宋监本，明初板亡。
唐书音训	明初板亡。
子	
颜子	《南雍志》：《颜子》一卷，脱者二十二面，存四十三面。
曾子	《南雍志》：《曾子》二卷，存残板四面，余皆缺。
荀子	此即南宋监本台州刊。《南雍志》：《荀子》十六卷，存者三百五十面，缺者六十四面有余。
列子	此亦南宋监本。《南雍志》：八卷，存者残板八面，余皆缺。
扬子	此亦南宋监本。《南雍志》：《扬子法言》五卷，今亡。
文中子	此亦南宋监本。明初板亡。
太玄温公注 太玄集注	《南雍志》：集注《太玄经》五卷，存者二百一十面。
武经七书	此疑亦南宋监本，明初板亡，故洪武三十年兵部重刊之。
百将传	《南雍志》：《百将传》十卷，只有坏板一百余面。
新序	《南雍志》：刘向《新序》十卷，今亡。
集	
通典	此疑即杭州刊本，宋时取入国子监，明初板亡。
两汉蒙求	陈直斋云：十卷，枢密吴兴刘班希范撰，绍圣中所序，明初板亡。
韵类题选	陈直斋云：一百卷，朝奉大夫知处州袁毂容直撰，以韵类事纂集，颇精要。明初板亡。
回文类聚 声律关键	并明初板亡。
西湖纪逸	陈直斋云：《和靖集》三卷、《西湖纪逸》一卷，处士钱塘林逋君复撰，梅圣俞为之序。《纪逸》者近世桑世昌泽卿所辑遗文逸事也，明初板亡。
农桑辑要	《元史·仁宗本纪》：延祐二年八月，诏江浙省印《农桑辑要》万部，颁降有司遵守劝课。明初板亡。《南雍志》所录者元集庆路刊本也。
韩昌黎文集	此南宋监本，明初板亡。
苏东坡集	明初板亡。
唐诗鼓吹	此至大戊申浙省属儒司刊本，明初板亡。

张南轩文集	此疑即宋严州刊板，后入西湖书院，明初板亡。
曹文贞公集	此书与《救荒活民书》、《农桑辑要》皆元集庆路所刊。《至正金陵新志》具列其目。彼二书有数刊本不足异。此集似不应金陵、杭州有二刻本，岂金陵之板亦取入西湖书院与？
武功录	明初板亡，此恐即《平宋录》。
金陀粹编	此岳倦翁刊于嘉兴之板，未几即亡，故至正间又重刊。
击壤诗集	明初板亡。
林和靖诗	此殆即宋浙右漕司刊本，明初板亡。
吕忠穆公集	陈直斋云：《吕忠穆集》十五卷，丞相济南吕颐浩元直撰。后三卷为《燕魏录》，杂记古今事，末言金人败盟始末甚详。明初板亡。
王魏公集	陈直斋云：二十卷，尚书左丞王安礼和甫撰。明初板亡。
伐檀集	此即宋浙右漕司刊本，明初板亡。
王校理集	陈直斋云：六十卷，秘阁校理王安国平甫撰。明初板亡。
张西岩集	明初板亡。
晦庵大全集	此即杭本一百卷。《南雍志》：《晦庵文集》九十九卷，存好板四千二百二十八面，失四百九十八面。
宋文监（引者按："监"应为"鉴"）	此新安郡斋刊大字本，十行十九字。宋末取入国子监。《南雍志》：《文鉴》大字板缺者半，字亦模糊，难以校次。
文选六臣注	《南雍志》：《文选》六十卷，计好板六百四十八，而外模糊难认字号，坏一千余面。

来明晰简明。

从《元西湖书院重整书目碑》及王国维考证可以看出：元代杭州西湖书院所藏二十余万板片，其中书板除少数几部如《论孟集注》（引者按：应为《论孟集注考证》）、《春秋高氏解》、《仪礼集说》、《博古图》、《农桑辑要》、《唐诗鼓吹》、《曹文贞公集》、《金陀粹编》等为元刻本外，其余大多数为南宋书版。在这些南宋书版中，除少数几部是元集庆路版片外，其余均为南宋国子监及浙江各府所刻书版，这些书版是南宋杭州刻书的重要实物，这是杭州文化的重要"宝藏"。明灭元后，建都南京，朱元璋下令将这二十余万片调到南京国子监。王国维曾十分痛惜地说："吾浙宝藏俄空。"这些书版后在一次火灾中全部焚毁。

二、皇家内府及所属机构

南宋官刻书，国子监实际负担全国的刻书任务，为最高出版机构。官刻书中的"监本"是其大宗。此外皇家内府及所属机构也刻过书，通常称为"宋殿本"或某司某局本，也可视作中央机关刻书。

（一）德寿殿

德寿殿为德寿宫之大殿载忻堂，一称德寿殿。此地原为秦桧府第，后经扩建称德寿宫，为高宗退位后所居。

今知德寿殿曾刻《隶韵》十卷，宋刘球撰。

清阮元《四库未收书目提要》（载《揅经室外集》卷四）云："《隶韵》十卷提要。宋刘球撰……今球此书凡十卷，载入《宋史·艺文

[1] 引文原载《挈经室外集》卷四，后《四库全书总目》刊印时作为《附录》收入该书，中华书局1965年版，第1863页。

志》……第十卷末行又有'御前应奉沈亨刊'七字。董其昌定为德寿殿本，似未真确。然此为当日奏进奉刊之本，无可疑者。"[1]清末版本目录学家叶德辉《书林清话》称：董说是也，沈亨当是御前供奉刻字匠人。

傅增湘于民国20年（1931）曾亲见此本，《藏书群书题记》卷一记其流散甚详，可查阅。

（二）左廊司局

左廊司局为皇家内府服务机构，今知曾刻《春秋经传集解》三十卷等多种。据《天禄琳琅书目后编》卷三载是书后印记云："淳熙三年四月十七日，左廊司局内曹掌典秦王桢等奏闻，壁经《春秋左传》、《国语》、《史记》等书，多为蠹鱼伤牍，不敢备进上览。奉敕用枣木椒纸各造十部，四年九月进览。监造臣曹栋校梓，司局臣郭庆验牍。"据此南宋淳熙三年（1176）左廊司局曾刊书多种，以供宋孝宗御览。以上数书，刻梓精美，清彭元瑞言"枣木刻世尚知用，若印以椒纸，后来无此精工也"（彭元瑞：《天禄琳琅书目后编》卷三）。

（三）修内司

修内司为南宋官署名，属将作监。主要责职为掌宫城、太庙修缮任务。吴自牧《梦粱录》卷九《内储司（奉安）》载修内司系于殿中省下。南宋时刻书今知数种。

1. 《混成集》一百余卷（王国维作《乐府混成集》一百零五卷），修内司刊本

宋周密《齐东野语》称："《混成集》，修内司所刊本，巨帙百余。古今歌词之谱，靡不备具。只大曲一类凡数百解，他可知矣，然有谱无词者居半。《霓裳》一曲共三十六段。尝闻紫霞翁云：'幼日随其祖郡王曲宴禁中，太后令内人歌之，凡用三十人，每番十人，奏音极高妙。翁一日自品象管作数声，真有驻云落木之意，要非人间曲也'。"

2. 《绍兴校定本草》二十二卷，宋王继先等撰

王继先（1098—1181），开封（今属河南）人。建炎初，以医术得幸，后渐贵宠。其为人奸黠善佞。绍兴时为太医局医官。此书《直斋书录解题》卷一三著录称："医官王继先等奉诏撰。绍兴二十九年上之，刻板修内司。每药为数语辨说，浅俚无高论。"

（四）太医局刊书

太医局为宋官署名，以知医事者充任。主管教授生徒，轮治太学、律学、武学生及诸营将士疾病。南宋仍之，乾道八年（1172）罢，绍熙二年（1191）复置。嘉定间曾刻《小儿卫生总微论方》、《脉经》等。

第四节　两浙西路在杭州刻书机构及出版物

南宋时各路政府机构都有刻书惯例，其经费来源主要为公库，所刻之

书，通称"公使库本"。

南宋时，高宗南渡后两浙西路为临安（今杭州）、嘉兴二府，安吉、严州二州（另平江、镇江二府及常州、江阴军今属江苏），治所在临安府（今杭州）。今专述现浙江境域刻书。

一、两浙西路转运使司公使库

两浙西路转运使司简称浙西漕司、浙右漕司。转运使为各路长官，经管一路全部或部分财赋，监察各州官吏，并以官吏违法、民生疾苦情况上报朝廷，长官除转运使外，尚有都转运使、副使、判官等。两浙西路转运使司治所在杭州。今略举所刊书数例。

（一）《中兴馆阁书目》七十卷，《序例》一卷，宋陈骙撰

关于《中兴馆阁书目》的编纂，李心传《建炎以来朝野杂记》云：

> 《中兴馆阁书目》者，孝宗淳熙中所修也。高宗始渡江，书籍散佚。绍兴初，有言贺方回子孙鬻其故书于道者，上命有司悉市之。时洪玉父为少卿，建言芜湖县僧有蔡京所寄书籍，因取之以实三馆。刘季高为宰相掾，又请以重赏访求之。五年九月，大理评事诸葛行仁献书万卷于朝。诏官一子。十三年，初建秘阁，又命即绍兴府借故直秘阁陆寘家缮藏之……十五年，遂以秦伯阳提举秘书省，掌求遗书、图画及先贤墨迹。时朝廷既右文，四方多来献者。至是数十年，秘府所藏益充牣，乃命馆职为《书目》，其纲例皆仿《崇文总目》焉。《书目》凡七十卷。秘书监陈骙领其事，五年六月上之。[1]

于此可见，《中兴馆阁书目》主要反映高宗、孝宗时征集天下遗书和记载其时秘书省藏书情况。

此书浙西漕司刊于淳熙五年（1178）。王应麟《玉海》卷五二称："淳熙四年十月，（秘书）少监陈等言，乞编撰书目。五年六月九日上《中兴馆阁书目》七十卷，《序例》一卷《序例》凡五十五条。凡五十二门，计见在书四万四千四百八十六卷，较《崇文（总目）》所载多一万三千八百十七卷。复参三朝史志多八千二百九十卷，两朝史志多三万五千九百九十二卷。（五年）闰六月十日令浙漕司摹板。"（王应麟：《玉海》卷五二）

（二）《中兴百官题名》五十卷，宋何异撰

陈振孙云："监察御史临川何异同叔撰。首卷为《宰辅拜罢录》，余以次列之，刻板浙漕。其后以时增附。渡江之初，庶务草创，诸司间有不可考者，多阙之。"（陈振孙：《直斋书录解题》卷六）按《宋史·何异传》载：何异于绍兴二十四年（1154）中进士，调石城主簿，历两任，知萍乡。孝宗朝经周必大等举荐，迁国子监主簿，后擢监察御史，《中兴百官题名》当由浙漕司在孝宗时（1163—1189在位）刊于杭州。

[1]李心传：《建炎以来朝野杂记》甲集卷四，中华书局2000年版，第114页。

（三）《活民书》、《寿国脉书》，卷数不详，宋董熠撰

浙漕刊本。张世南《游宦纪闻》卷六记绍定元年（1228）游怀玉寺："……去寺之左里许，下梯径又二里，有亭曰'辅龙'，乃先兄之冰翁董讳熠字季兴所创。季兴向为瑞安邑大夫，有志斯世，所著有《活民书》、《寿国脉书》，尝经乙览（皇帝阅览——引者按），今浙漕有刊本。"（见《笔记小说大观》第7册，江苏广陵古籍刻印社1983年版）除上述外，南宋时浙西转运使司尚刊有林逋的《林和靖先生诗集》、沈与求的《龟溪集》等。

二、两浙西路提点刑狱司公使库

浙西提点刑狱司简称浙西提刑司，负责浙西路司法刑狱、巡检盗贼之事。宋孝宗乾道八年（1172）起，又兼催督经总制钱。所刻书今知有《作邑自箴》十卷，宋李元弼撰。是书《直斋书录解题》卷六著录亦为十卷，云有"政和丁酉（1117）序"。据王国维《两浙古考本考》卷上云："淳熙己亥（六年，1179）中元浙西提刑司刊行。"

三、两浙西路茶盐司公使库

两浙西路茶盐司，主管茶盐榷务专卖等。所刻书有：

《临川先生文集》一百卷，宋王安石撰

绍兴二十一年（1151）王安石之曾孙王珏以朝散大夫、提举两浙西路常平茶盐公事，遂刻王安石著作集。此书有王安石曾孙王珏序，叙刊刻之缘起：

> 曾大父之文旧所刊行率多舛误。政和中，门下侍郎薛公，宣和中，先伯父大资皆被旨编定，后罹兵火，是书不传。比年临川龙舒刊行尚循旧本。珏家藏不备，复求遗稿于薛公家，是正精确，多以曾大父亲笔石刻为据。其间参用众本，取舍尤详。至于断缺，则以旧本补校足之凡百卷，庶广传云。绍兴辛未孟秋旦日，右朝散大夫、提举两浙西路常平茶盐公事王珏谨题。[1]

此书李盛铎《木樨轩藏书题记及书录》、傅增湘《藏园群书题记》皆有所考。李氏明吴草庐序本"其实即以宋板略加修补掩为新刻……（此书）宋刻十存六七。宋讳如竟、讓、縣、懲、完皆缺末笔，'桓'字注'渊圣御名'，盖绍兴中公曾孙珏所刊……此本虽系明印，而宋椠面目具在，良可宝也"（李盛铎：《木犀轩藏书题记及书录》，第39页）。傅增湘《绍兴本临川先生文集残卷跋》与李氏所记略同，其言："荆公文集今世道行者以明嘉靖本为最善，然嘉靖本实源出绍兴十一年所刊，即此本也……其中所存宋刻约十之九，字画颇为清朗……"并云绍兴宋刻"棉纸

[1]参见王国维《两浙古刊本考》卷上，上海古籍书店1983年版。

莹洁，字体方严"，"其纸幅尺寸，墨采浓淡，视兹帙正同"。（傅增湘：《藏园群书题记》卷一三）李、傅两氏所言，略可见宋本风貌。唯傅氏跋中所言绍兴"十一年"恐因排版漏字，应为"二十一年"，是年为辛未年，与王珏序合。

第五节　临安府刻书机构及出版物

南宋时期，浙江官刻书除国子监、皇家内府及所属机构和两浙路转运使衙署公使库等省级机构刻书外，两浙路所属各府、州、县也都刻过不少书籍，刻书形式既有官刻，又有坊刻（杭州、金华尤多），这种上下刻书的局面，使今浙江地域成为全国刻书出版的中心地区。这种局面的出现是和朝廷的提倡、士大夫的努力是分不开的。陆游的"近世士大夫所至喜刻书板"和王明清的"近年所至郡府，多刊文籍"确是道出了当时的实情，举例而言如陆游、陆子遹、洪适、洪迈、沈诜、黄唐、王珏、张澄、刘敏士、岳珂、郑定、黄莘、沈作宾、胡仰、汪纲、王信、钱端礼、颜颐仲、徐琛、陈杞、陈松龙、刘敞、唐仲友、叶筌、沈揆、丁瑺、沈坚、刁骏、卫湜、钱可则、董弅、詹仪民、钱竽、赵淇、施元之、游钧、俞任礼、留元刚、施栻、詹棫、楼钥等，或在两浙路任上，或在地方府州为官时均多有刊书，其中有的书籍成为名刻佳椠，为浙江文化作出了应有的贡献。《建炎以来朝野杂记》载：淳熙十三年（1186）秘书郎莫叔光上言："今承平滋久，四方之人益以典籍为重，凡缙绅私家所藏善本，外之监司郡守搜访得之，往往锓板，以为官书，所在各自板行。"正说明了这种书籍刊刻的繁荣情况。其时今浙江境域书坊刻书极盛，私宅家塾刻书亦多。这样，浙江刻书传遍天下，堪称空前。南宋时两浙刻书以临安（杭州）为最，绍兴、婺州（今金华）、湖州、庆元（今宁波）、严州、衢州亦颇有名。地方政府刊书多称郡斋本，实为衙署。府学、县学刻书，亦为官刻，并列之。以下分别择要言之。由于杭州刊书较多，故以"官刻"、"坊刻"、"私刻"系之，下列重要书目及刊刻简况。其余各府州县则在书目中说明属何种刻本及刊刻简况。

一、临安府郡斋、学校官刻本

（一）《春秋经传》三十卷

北京国家图书馆藏有九卷。据《中国版刻图录》著录称：是书框高二十一点三厘米，广十四点一厘米。八行，行十七字。白口，左右双边。白文无注。刻工刘文、詹周，又刻《分门纂类唐歌诗》，吴孚补刻耿秉本《史记》。耿本《史记》刻于广德郡斋，而刻板工皆出杭州，故推断当亦杭州地区刻工。《春秋经传》一书，开版弘朗，刀法严谨，为宋末浙本之代表。

（二）《说文解字系传》四十卷，南唐徐锴撰

陈振孙评"此书援引精博，小学家未有能及之者"。

南宋杭州官刊本，刻于孝宗朝。北京国家图书馆藏有残本（卷三至四）十一卷。宋讳缺笔至"慎"字，刻工顾祐、许成之等。

（三）《广韵》五卷，宋陈彭年等撰

是书北京国家图书馆有藏本。此书框高二十一点二厘米，广十四点八厘米。十行，注文双行，行二十七字至二十九字不等。白口，左右双边。宋讳缺笔至"構"字。刻工徐昊、余永、余竑、姚臻、徐颜、王珍、丁珪、陈锡、包正、孙勉、阮于、徐茂、徐升、徐高、毛谅、顾忠、梁济、徐政、陈明仲、陈询等，皆南宋初叶杭州地区良工，可证此书为南宋绍兴年间杭州刊本。据《藏园群书经眼录》卷二称：是书为白麻纸，初印精湛，每纸均有程氏朱记，当是造纸者印记。

（四）《群经音辨》七卷，宋贾昌朝撰

《群经音辨》系贾昌朝侍讲天章阁时所上。"凡群经之中，一字异训，音从而异者，汇集为四门。卷一至卷五曰辨字同音异，仿唐张守节《史记正义》发字例，依许慎《说文解字》部目次之。卷六曰辨字音清浊，曰辨彼此异音，曰辨字音疑混，皆即《经典释文》序录所举，分立名目。卷七附辨字训得失一门，所辨论者仅九字。书中沿袭旧文，不免谬误者……"（《四库全书总目》卷四）

《群经音辨》为绍兴九年（1139）临安府府学刊本。卷后有文字为：

> 临安府府学今将
> 国子监旧本重雕逐一校正即无舛误。
> 绍兴九年五月　日
> 左从事郎充临安府府学教授陈之渊
> 左承事郎添差临安府府学教授周孚先
> 右奉议郎权通判临安军府兼管内劝农事蒋延寿
> 右朝奉大夫通判临安军府兼管劝农事赵士初
> 徽猷阁直学士右朝议大夫知临安军府事充两浙西路安抚使马步军都总管张澄。[1]

贾昌朝《群经音辨》宋有三刻，初刻于庆历三年（1043）十月雕造完毕进呈，二刻即为此本，三刻于绍兴十二年（1142）汀州宁化县。杭州府学此刻列入《元西湖书院重整书目碑》，此书宋时已列入国子监本。

（五）《战国策注》三十卷，汉高诱注，宋姚宏校正

宋绍兴间杭州地区刊本《战国策注》，北京国家图书馆有藏本。框高二十二点二厘米，广十四点三厘米。十一行，行二十字。白口，左右双边。宋讳缺笔至"構"字。刻工陈锡等，皆南宋初年杭州地区良工，卷末有绍兴十六年（1146）姚宏后序。

[1]参见王国维《两浙古刊本考》卷上，上海古籍书店1983年版。

（六）《乐府诗集》一百卷，宋郭茂倩撰

此书北京国家图书馆有藏本。框高二十二点九厘米，广十五点七厘米。十三行，行二十三字。白口，左右双边。宋讳缺笔至"構"字。刻工徐杲、徐升、徐颜、陈询、姚臻、余永、余竑、李度、朱明、朱礼、朱祥、周彦、时明、葛珍、包端、胡杏、毛谏等四十余人，皆南宋初期杭州良工。《中国版刻图录》定为绍兴间（1131—1162）杭州地区刻本宋刊《乐府诗集》。傅增湘曾寓目入藏此本，《藏园群书题记》卷一八《宋刊〈乐府诗集〉跋》记之甚详，并对郭茂倩生平亦有所考，兹节录一二于下：

> 《乐府诗集》太原郭茂倩编次，凡一百卷，宋刊本……
>
> 按：此书无序跋，目后无牌记，未知何时何地所刻。然余以版本审之，当为南北宋之际杭州官刊本也。以避讳言之，本书避讳极谨，即同音嫌名亦咸缺笔，若非官刊未必严敬至此。又"桓"字缺末笔，而"構"字多作"搆"，当为始刻时未避而后始铲去下截者。可知其刻于北宋末而成于南宋初者也。以刊本言之，字体方严，而气息朴厚，犹是浙杭风范。且刊工中王珍、徐杲、徐升、徐颜、陈询、姚臻、余永、余竑八人皆见余所藏宋本《广韵》中。考《广韵》监本，刻于杭州，则此书为同时同地所刻又可以断言也。至其余姓名见于他书如八行本《左传》注疏、《仪礼疏》、两《汉书》、《唐书》、《国策》、《通典》、《管子》、《世说新语》、《唐文粹》皆绍兴时所刻。至包端、高彦二人见于绍熙本《礼记正义》，时代太辽，或此书后来补板耳。
>
> 是书见于陈氏《书录解题》，言茂倩为"侍读学士劝仲褒之孙"，"有子曰源中、源明。茂倩，源中之子也。但未详其官位所至。"马端临《经籍考》因之。《四库全书提要》据《系年要录》言茂倩为侍读学士郭褒之孙，源中之子，与直斋所言歧出，盖误以劝之字为名耳。近时陆存斋《仪顾堂续跋》详加考订，言茂倩，字德粲，东平人，通音律，善篆隶，元丰七年为河南府法曹参军。祖劝，父源明，字潜亮，初名元赓，字永叔，嘉祐二年进士，官至职方郎中，知单州军州事。与直斋所言又异。然陆氏所据为苏魏公所撰源明墓志，其为源明之子必不误也。第所不解者，茂倩撰辑是书，综合历代乐府，起唐虞，迄五代，卷帙累百，体大思精，蔚然巨制，《提要》称其解题"征引浩博，援据精审"，可谓振古之伟业，传世之鸿编矣。顾何以易世未几，至作者之生平亦几于浮沉埋晦而莫从稽考?意者靖康之际剞劂方终，即逢丧乱，流传因之不广。其仅存者亦序例缺残，莫从补缀，如此巨著，不应前无序例，当由因乱丧失使然耳。遂使知人论世者有名氏翳如之叹。斯亦文儒之厄运矣，岂不重可慨哉！
>
> 考是书宋刊本自来藏书家未经著录，惟钱牧翁家有之。此外吴郡

钦远游亦藏一帙，见于陆勅先校本跋语，然其后踪迹无闻焉。汲古阁重刊时，据子晋跋言，自大宗伯钱师荣木楼宋刻手自雠正，九阅月而告成。然其后绛云一炬，此书早为六丁取去矣。自毛本行世后，凡至元童万元本之缪失，如目录、小序率意节略，得以补订，推为善本，而宋刊面目举世无由得见焉。

丁巳季冬，余居太平湖醇王旧邸，一日侵晨，乡人白坚甫来谒，时余方领邦教，将赴阁议，膏车待发，门者言客挟书来，亟拨冗延见。坚甫搴帘甫入，余迎语之曰："君所挟必宋版也。"坚甫惊诧殊甚。披卷一视，目眩神移，即是书也。孤本秘籍，欣讶殆出意表。坚甫为言："此阎文介公藏书，其子成叔方索高价。"属与磋商，久之未谐。迄于翌年之春，乃由孙伯恒世兄居间，更媵以李卓吾《焚书》，以千四百金议成，此书遂入余箧，归然为双鉴楼总集之弁冕。其后坚甫讯余曰："吾蓄疑于心久矣，公操何神术，当日未展卷而能决为宋版乎？"余答曰："此易晓耳！方君挟书入门，外无纸裹，余瞥见书衣为藏经纸背，光采烛目，岂有元明本书而忍护以金粟笺者乎？"坚甫艴然曰："信如是乎？吾几疑君能见垣一方矣。"[1]

[1]傅增湘：《藏园群书题记》卷一八，上海古籍出版社1989年版，第911—913页。

（七）《西汉文类》四十卷，宋陶叔献辑

《西汉文类》有宋刊残本五卷（卷三六至四）。傅增湘曾寓目，《藏园群书经眼录》卷一八记其版式云："宋刊本，半叶十三行，行二十四字，白口，左右双阑。版心鱼尾下记西汉文类几，下记刊工姓名。版框高六寸六分，阔四寸八分，卷四十末题：'绍兴十年四月日临安府雕印'"。

（八）《文粹》（《唐文粹》）一百卷，宋姚铉纂

《文粹》一书为姚铉于大中祥符四年（1011）所纂，北宋仁宗宝元二年（1039）临安进士孟琪曾加刊刻。南宋绍兴九年（1139）临安府又加重雕。是书框高二十四点一厘米，广十五点八厘米。十五行，行二十四字至二十七字不等。白口，左右双边。宋讳缺笔至"構"字。刻工为吴邵、陈然、牛实、沈绍、朱礼、何全、胡杏、弓成、王允成、王成、钱皋、董明、王受、王因、蔡通、朱祥、阮于、徐真等，皆南宋绍兴初年杭州地区良工。

（九）《东坡集》卷数不详，宋苏轼撰

《直斋书录解题》卷一七著录《东坡别集》四十六卷云："坡之曾孙给事峤季真刊家集于建安，大略与杭本同。盖杭本当坡公无恙时已行于世矣。"此云"杭本"当指北宋杭刻"东坡六集"本，南宋孝宗朝苏峤在临安又刻一《东坡集》，洪迈《容斋五笔》卷九《擒鬼章祝文》云："东坡在翰林作《擒鬼章奏告永裕陵祝文》云：'大狄获禽，必有指踪之自。丰年多黍，孰知耘籽之劳？'……今苏氏眉山功德寺所刊大小二本，及季真给事在临安所刻，并江州本、麻沙书坊《大全集》，皆只自'耘籽'句下便接'憬彼西戎，古称有臂'，正是好处，却芟去之，岂不可惜？唯成都石本

法帖真迹，独得其全。"据洪迈所记，苏轼集在南宋时杭州亦有其曾孙苏峤季真刻本。

南宋时临安府刻书甚多，以上九种仅为举例性质，余不赘。

二、书坊著名刻书家陈起、陈思

南宋时杭州城内市场繁荣，店铺林立，吴自牧《梦粱录》卷十三《铺席》有详细的记载，当时书铺也很多，例如张官人诸史文籍铺、太庙前尹家文字铺、大树下桔园亭文籍书房等等，实际上当时书铺远不止这一些。这些书铺既卖书，同时也刻书。书籍铺所刻之书，称坊刻书。同时，杭州还有一些不以营利为目的的私人刻书。这就促进了杭州刻书和出版事业的繁荣。宋代的私刻书，有以"赵、韩、陈、岳、廖、余、汪"为最之称，其中的陈指陈起，岳指岳珂，廖指廖莹中，这陈、岳、廖三家的主要刻书活动均在浙江，而陈起实为书坊刻书，又有陈思亦著名。私家刻书，廖莹中虽为闽人，但刻书活动主要在杭州。

（一）陈起生平事迹

陈起，字宗之，一字芸居，钱塘（今杭州）人。丁申《武林藏书录》卷中称："钱塘陈宗之起，事母孝，宁宗时乡贡第一人，称陈解元，居睦亲坊，开肆鬻书，自称陈道人，著《芸居乙稿》，凡江湖诗人皆与之善，取名人小集数十家选为《江湖集》。"宋宁宗时（1195—1224年在位），陈起参加乡贡试，故有陈解元之称，所著有《芸居乙稿》一卷，《芸居遗诗》一卷。《全宋诗》编陈起诗为二卷，以汲古阁影宋抄本《南宋六十家集》为底本，校以《两宋名贤小集》、《南宋群贤小集》为第一卷（《全宋诗》卷三八二）；新辑集外诗编为第二卷（《全宋诗》卷三八三），有北京大学出版社1998年版。

陈起既是诗人，又是藏书家，他同时还是书商兼出版家。陈起自称陈道人，那是因为"道人"是南宋对书商的通称，陈起的书肆，开设在睦亲坊（今弼教坊）。清朱彭《南宋古迹考》卷下《寓居考·陈宗之居》云："在睦亲坊，今弼教坊。方虚谷《瀛奎律髓》注：陈起，字宗之，能诗，著《芸居乙稿》，凡江湖诗人，皆与之善。居睦亲坊，卖书开肆，自称陈道人，余向至行在所，犹识其人，今近四十年，肆毁人亡，不可见矣。"陈起交游颇广，据《芸居乙稿》、《芸居遗诗》等所载，他与郑清之（官至左丞相，进封齐国公致仕）、吴潜（官至参知政事）等高官以及武衍、黄文雷、黄载、许棐、陈鉴之、朱继芳、汪耘业、周端臣、杨幼度、汪起庄、刘克庄、赵师秀、施枢、赵与时、胡仲弓、赵蕃、王琮、喻仲可、叶茵、叶绍翁、危稹、杜耒、张弋、张至龙、吴文英、周文璞、赵汝绩、郑斯立、俞桂、敖陶孙、徐从善、黄顺之、黄简、释斯植等江湖诗人均有较深交往，互有赠诗，这些人的作品陈起亦为之刊入《江湖集》、《江湖续集》等诗集中。陈起所开书铺在睦亲坊（今弼教坊），所售和所刊之书均多，当时之诗人，对此吟咏甚多，如赵师秀《赠卖书陈秀才诗》云：

> 四围皆古今，永日坐中心。
> 门对官河水，檐依柳树阴。
> 每留名士饮，屡索老夫吟。
> 最感春烧尽，时容借检寻。

赵师秀为"永嘉四灵"之首，在江湖诗人中享有盛名，据许棐《梅屋杂著·跋四灵诗选》称：叶适选四灵诗"芸居不私宝，刊遗天下"。据此陈起有可能刊过"永嘉四灵"的诗集，故有人以为赵师秀赠陈起诗"屡索老夫吟"是为了刊刻，用今日的话来说是出版家向作者组稿。又，刘克庄《赠陈起》云：

> 陈侯生长繁华地，却以芸居自沐薰。
> 炼句岂非林处士，鬻书莫是穆参军。
> 雨檐兀坐忘春去，雪屋清谈至夜分。
> 何日我闲君闭肆，扁舟同泛北山云。

从诗中可以看出陈、刘"雪屋清谈至夜分"的友谊，也可能刘无闲日，陈起书肆业务冗繁以至不能扁舟同游北山，故刘引为憾事。又，危稹有诗云："兀坐书林自切磋，阅人应自阅书多。未知买得君书去，不负君诗人几何？"形象地描绘了陈起书肆商人的生活。

陈起和海盐许棐素识，陈起为许刊刻诗集，并赠许梅窠冰玉笺，许棐有诗《陈宗之叠寄书籍，小诗为谢》：

> 江海归来二十春，闭门为学转辛勤。
> 自怜两鬓空成白，犹喜双眸未肯昏。
> 君有新刊须寄我，我逢佳处必思君。
> 城南昨夜闻秋雨，又拜新凉到骨恩。

许棐的诗具体写出了陈起的刊书活动与彼此的深厚友谊。

陈起刊书多唐人专集，他的友人周端臣在《挽芸居》二首之一云：

> 天地英灵在，江湖名姓香。
> 良田书满屋，乐事酒盈觞。
> 字画堪追晋，诗刊欲遍唐。
> 音容今已矣，老我倍凄凉。[1]

[1]以上引诗参见叶德辉《书林清话》卷二《南宋临安陈氏刻书之二》。

从周端臣的"诗刊欲遍唐"句不难看出其刊唐人专集之多。王国维曾断定陈起当时所刊之唐诗"实不可胜计"，他在《两浙古刊本考》卷上中进而论定："今日所传明刊十行十八字本唐人专集、总集大抵皆出陈宅书籍本也。然则唐人诗集得以流传至今，陈氏刊刻之功为多。"陈起还大量刊刻了许多"当代文学"，主要为南宋诗人的《江湖集》、《江湖前集》、《江湖后集》、《江湖续集》等，故有人以为"南渡后诗家姓氏不显者，多赖以传"。他的贡献是突出的，但亦因刊诗而贾祸，这就是自北宋东坡"乌台诗案"以来的南宋又一诗狱，据周密《齐东野语》卷一六《诗道否泰》云：

> 宝庆间，李知孝为言官，与曾极景建有隙，每欲寻衅以报之。适极有《春》诗云："九十日春晴景少，百千年事乱时多。"刊之《江湖集》中；因复改刘子翚《汴京纪事》一联为极诗云："秋雨梧桐皇子宅，春风杨柳相公桥。"初，刘诗云："夜月池台王傅宅，春风杨柳太师桥。"今所改句，以为指巴陵及史丞相。及刘潜夫《黄巢战场》诗云："未必朱三能跋扈，都缘郑五欠经纶。"遂皆指为谤讪，押归听读。同时被累者，如敖陶孙、周文璞、赵师秀及刊诗陈起，皆不得免焉。于是江湖以诗为讳者两年。

据《宋史》卷二四六《宗室传·镇王竑》载：南宋宁宗赵扩（1195—1224年在位）因太子早逝，立宗室赵希瞿之子贵和为皇子，赐名竑。朝野普遍认为赵竑是宁宗的继承人，是未来的皇帝。其时丞相史弥远当权，史对赵竑政治态度不清楚，唯恐赵竑继位后将其罢免。

史侦知赵竑好鼓琴，遂买美人善鼓琴者送给赵竑，实为侦察赵竑举动的"卧底"，史命美人凡赵竑动息必报。此女知书慧黠，得到赵竑的宠爱和信任。赵竑宫壁有地图，一日赵竑指琼厓（今海南岛，宋时为蛮荒之地）曰："吾他日得志，置史弥远于此！"赵竑又尝呼史弥远为"新恩"，即是接位后当置史于新州（今海南新兴）或恩州（今海南阳江）。新恩在南宋也是蛮荒之地。这些不利的消息通过美人之口传入史弥远的耳中，史大为惊惧，又因七月七日史向赵竑进乞巧奇玩以暗中侦伺竑之态度，赵竑假作酒醉将史所进奇玩碎于地。至此史弥远明白赵竑对自己的态度。于是与国子学教授郑清之在净慈寺登惠日阁密谋以宗室沂王养子赵昀取代赵竑，并许以事成后"弥远之坐即君坐也。然言出于弥远之口，入于君之耳。若一语泄者，吾与君皆族矣！"及宁宗崩，赵竑在宫中跂足而待宣召，然此时史弥远已引赵昀入宁宗灵前举哀。礼毕始召赵竑入宁宗灵前行礼，仍命列旧班，赵竑遥见烛影中有一人已在御坐，史弥远导演的这场宫廷政变，以赵昀（理宗）登基，取代赵竑即位当了皇帝，而赵竑则被进封济阳郡王而告终。后湖州人潘壬、潘丙等不满史弥远所为，遂起兵谋立赵竑为帝，史弥远发兵镇压，并乘机逼赵竑自缢而亡。

按理说，这次史弥远一手导演的宫廷政变本与陈起等江湖诗人无涉。但是史弥远为平息反对他的舆论，向两方面的人物开刀：在朝打击不满史之所为的朝臣魏了翁、洪咨夔、真德秀、胡梦昱等直臣；在野则不惜制造文字狱，寻章摘句、捕风捉影、指鹿为马，认定江湖诗人刘克庄的《黄巢战场》中的"未必朱三能跋扈，都缘郑五欠经纶"和《落梅》中的"东风谬掌花权柄，却忌孤高不主张"，曾极《春》诗中的"九十日春晴景少，一千年事乱时多"，陈起的"秋雨梧桐皇子府，春风杨柳相公桥"等诗句是借古讽今，攻击史弥远专横跋扈和惋惜赵竑缺少谋略，对他寄予同情。

史弥远对此原拟兴大狱，后经他的废赵竑立理宗的同谋、又与江湖诗人有交谊的郑清之的斡旋，才算"从宽发落"，将陈起流放远方，《江湖集》劈版，已印行的江湖诗全部销毁，而曾极贬死他乡，这样史弥远才算解了心头之恨。陈起这位刻印宋诗的功臣最后竟落得如此悲惨的下场。也因为这场诗案，《江湖集》遭劈版，所以后人须下大功夫，经搜辑整理，我们到今始能见到《江湖集》的概貌。

（二）陈思生平事迹

陈思旧说为陈起之子续芸，亦有人误为陈起之父，均误。丁申《武林藏书录》卷中《小陈道人思》有记：当时书肆林立，著名者陈起之后，又有陈思。起自称道人，世遂称思为小陈道人，石门顾君修据宋本《群贤小集》重刊，疑思为起子，称起之字芸居，思之字续芸，所居睦亲坊棚北大街，地亦相近，然终不得其据。丁申对此是存疑的。叶德辉《书林清话》卷二于陈思为陈起之子或陈思之父的说法亦持否定态度。陈思生平事迹，史乏记载，现据有关材料钩沉于下。

陈思，钱塘（今杭州）人，见陈思撰《海棠谱》题"钱唐陈思"，一说中都人，见陈思著《书小史》谢愈修序，称陈思为"中都陈道人思"，宋理宗（1225—1264年在位）时在世，其所撰《海棠谱》自序题开庆元年（1259），据此可揣知陈思和陈起生活在同时代，而年纪较陈起略轻。曾官成忠郎、缉熙殿、国史实录院、秘书省搜访，见所著《小字录》前结衔。陈思又是临安书商，魏了翁绍定二年（1229）为陈思所撰《宝刻丛编》作序称："余无他嗜，唯书癖殆不可医。临安陈思多为余收揽，叩其书颠末，辄对如响。一日以所粹《宝刻丛编》见寄，且求一言，盖屡却而请不已，发而视之，地世年行，炯然在目。呜呼！贾人窥书于肆，而善其事若此，可以为士而不如乎！掩卷太息，书而归之。"（见《四库全书》本《宝刻丛编》）又，魏了翁为陈思撰《书苑菁华》所作序称："临安鬻书人陈思集汉魏以来论书者为一编，最为赅博。"

陈振孙为陈思所编《宝刻丛编》所作序亦称："都人陈思，卖书于都市。士之好古博雅，搜遗访猎，以足其所藏，与夫故家之沦坠不振，出其所藏以售者，往往交于其肆。且售且卖，久而所阅滋多，望之辄能别其真赝。"从魏了翁、陈振孙序文可知，陈思所开书肆收购旧书，出售自刻之书，亦卖新旧书籍，陈思对书籍知识颇熟稔，精于鉴别版本真伪。

陈思还是一位学者，所编撰书籍亦多，《四库全书总目》著录有：

《宝刻丛编》二十卷，宋陈思撰。见《史部·目录类》。

《书小史》十卷，宋陈思撰。见《子部·艺术类》。

《书苑精华》二十卷，宋陈思撰。见《子部·艺术类》。

《海棠谱》三卷，宋陈思撰。见《子部·谱录类》。

《小字录》一卷，宋陈思撰。见《子部·类书类》。

《两宋名贤小集》三百八十卷，旧题宋陈思撰、元陈世隆补。见《集部·总集类》。

陈振孙《直斋书录解题》卷八著录有陈思《宝刻丛编》二十卷云："临安书肆陈思者，以诸家集古书录，用《九域志》京、府、县系其名物，而昔人辨证审定之语，具著其下，其不详所在，附末卷。"又《直斋书录解题》卷一四著录《书苑精华》卷二十云："临安书肆陈思者集刻。"

陈思的刻书活动，叶德辉在《书林清话》卷二云："至于陈思，但卖书开肆及自刻所著书，世行宋书棚本各书，于思无与也。"叶氏又言："至道人虽起、思二人之通称，然二人刻书大有分别，且道人为鬻书者之通称，不必专为思，亦不必专为起。"对于叶氏此论，我十分赞同。

三、南宋临安书坊及所刻书

（一）猫儿桥河东岸开笺纸马铺钟家刻《文选五臣注》

此为现知南宋书坊刊书较早者。猫儿桥即平津桥。潜说友《咸淳临安志》卷二一载："小河，平津桥。俗呼猫儿桥，贤福坊内。"又，吴自牧《梦粱录》卷一三《铺席》云："（市肆）自淳祐年有名相传者，如猫儿桥魏大刀熟肉、潘节干熟药铺……平津桥沿河布铺、黄草铺、温州漆器、青白瓷器。"在这个热闹的市肆中，南宋初年就有钟家开过一家笺纸马铺。纸马是一种迷信品，但钟家同时经营着刻书、卖书的营生，钟家所刻书我们现在仅知的是一部《文选五臣注》。此书框高十八点四厘米，广十点八厘米。十二行，行十九字。注文双行，行二十七字。白口，左右双边。现存二卷，卷二十九藏北京大学图书馆，卷三十藏北京国家图书馆。卷三后有"钱唐鲍洵书字"、"杭州猫儿桥河东岸开笺纸马铺钟家印行"两行。据《中国版刻图录》称：绍兴三十年（1160）刻本释延寿《心赋注》卷四后有"钱塘鲍洵书"五字，此鲍洵当是一人。如以鲍洵一生可有三十年左右工作时间计算，则此书当为南宋初年杭州刻本。卷中宋讳桓、"构"等字均不缺笔，则因南宋初年避讳制度未严之故。又，绍兴初湖州思溪王永从以《思溪圆觉藏》余板刻《新唐书》，北宋英宗以下讳均不避，即是一例。

南宋初杭州钟家所刊《文选五臣注》为三十卷本，似未见诸家著述论及。钟家所刊之书估计当不止《文选五臣注》一部，只是文献无征而已。

（二）临安府中瓦南街东开印输经史书籍铺荣六郎家刻葛洪《抱朴子内篇》

中瓦南街地在今中山中路清河坊以北至羊坝头一带。宋灌圃耐得翁《都城纪胜·铺席》云："都城天街，旧自清河坊南则呼南瓦，北谓之界北，中瓦前谓之五花儿中心。"周密《武林旧事》卷六《瓦子勾栏》有

"中瓦，三元楼"记载，又同卷《酒楼》载"熙春楼、三元楼"等酒楼，荣六郎家书铺即开在这商业活动十分繁盛的中瓦。荣六郎书坊原开设在河南开封，南渡后迁杭营业，于绍兴二十二年（1152）刻印晋葛洪《抱朴子内篇》一书，卷二十后附文字五行：旧日东京大相国寺荣六郎家，见寄居临安府中瓦南街东，开印输经史书籍铺，今将京师旧本《抱朴子内篇》校正刊行，的无一字差讹，请四方收书好事君子幸赐藻鉴。绍兴壬申岁六月旦日。这份书后的"广告"，在某种程度上是中原文化南移的一个证据。荣六郎家原是相国寺中众多书铺之一。

荣家迁杭后一定刊刻过多种书籍，《抱朴子·内篇》二十卷仅是其中之一。辽宁省图书馆藏有宋绍兴二十二年（1152）杭州荣六郎家所刊《抱朴子》原刊本十八卷（缺卷十一、十二，该两卷系清钱曾述古堂抄补）。著录书框高十九点四厘米，广十一点九厘米。十五行，行二十八字。白口，左右双边。

中瓦荣六郎书籍铺给我们的启发是，南宋早期从开封迁杭的书铺估计当不止荣六郎一家，这些书籍铺的迁杭，对促进南北文化交流，南北印书发行，对繁荣杭州的版刻事业起到一定的作用。

（三）中瓦子张家及所刊《大唐三藏法师取经记》

中瓦子已见上述。吴自牧《梦粱录》卷一三《铺席》有"保佑坊前孔家头巾店、张卖食面店、张官人诸史子文籍铺……"记载，中瓦子张家疑即张官人诸史子文籍铺。鲁迅《中国小说史略》第十三篇《宋元之拟话本》云：《大唐三藏法师取经记》三卷，旧本在日本，又有一小本曰《大唐三藏取经诗话》，内容悉同，卷尾一行云"中瓦子张家印"，张家为宋时临安书铺，世因以为宋刊，然逮于元朝，张家或无恙，则此书或为元人撰，未可知矣。

（四）太庙前尹家书铺及所刊《北户录》等十种

太庙在瑞石山麓，今太庙巷内。太庙系高宗绍兴间所建。吴自牧《梦粱录》卷一三《铺席》记有"太庙前尹家文字铺"，可见是南宋时一家规模和影响都较大的书铺。尹家书铺所刊之书现知有：

1. 《北户录》三卷，唐段公路撰

此书为地理书，载岭南风土，颇为赅备，而于物产所记尤详。书牌为"临安府太庙前尹家书籍铺刊行"。

2. 《春渚纪闻》十卷，宋何薳撰

傅增湘《藏园群书题记》卷七《明钞〈春渚纪闻〉跋》云："此天一阁旧藏，余昔年得之于上海坊市者。棉纸，蓝格，钞本，半叶九行，行二十字，目录后有'临安府太庙前尹家书籍铺刊行'一行，此即毛斧季所谓宋刻尹氏本也。"傅增湘所得明钞《春渚纪闻》实出毛氏汲古阁所藏宋刻本，毛扆有跋云："《春渚纪闻》姚叔祥止半部，先君购得钞本十卷，欣然付梓。后复得宋刻尹氏本，命德儿校之，九卷中钞本脱一叶，家刻仍之，盖前辈钞书，板心书名数目俱不写，往往致有此失。急影写所缺，并目录八纸，装入家刻，以存宋本之典型如此。"

3. 《却扫编》三卷，宋徐度撰

清丁丙《善本书室藏书志》卷一九著录："《却扫编》三卷，影宋本……卷尾有'临安府尹家书籍铺刊行'一行。陈（引者按：陈字误刊，应为钱）遵王云：'王百谷家藏宋刻，后归谦翁，付之绛云一烬（中矣），存此摹本，犹有中郎虎贲之想。度字仲立，绍兴吏部侍郎，不能苟合于时……'此有汪士钟字春霆号阆园书画记印。"按：检钱曾《读书敏求记》、傅增湘《藏园群书题记》等核查，清初钱谦益有宋临安尹家书籍铺原刊本徐度《却扫编》，清钱曾藏有影宋本《却扫编》。

4. 《钓矶立谈》一卷，不著撰人

据《四库全书总目》卷六六《钓矶立谈》"提要"云："是书世有二本，此本为叶林宗从钱曾家宋刻钞出，后题'临安府太庙前尹家书籍刊行'，不著撰人名氏……别一本为曹寅所刊……"检《述古堂藏书目·附宋板书目》无《钓矶立谈》著录，《述古堂藏书目》卷一《杂史》有"南唐逸叟《钓矶立谈》（抄）"，疑钱氏所藏为影宋抄本。

5. 《渑水燕谈录》十卷，宋王闢之撰

此书《直斋书录解题》卷一一著录。王国维《两浙古刊本考》卷上言题记为"临安太庙前尹家书籍铺刊行。十行，行十八字"。

6. 《曲洧旧闻》十卷，宋朱弁撰

《四库全书》子部著录是书，为浙江汪汝瑮家藏本。《提要》云："《曲洧旧闻》十卷……《文献通考》载弁《曲洧旧闻》一卷，《杂书》一卷，《骩说》一卷，此本独《曲洧旧闻》已十卷。然此本从宋椠影钞，每卷末皆有'临安府太庙前尹家书铺刊'字。又'惇'字避光宗讳，皆阙笔，盖南宋旧刻，不应有误。"

7. 《述异记》二卷，梁任昉撰

丁丙《善本书室藏书志》卷二一著录是书云："《述异记》二卷（依宋钞本），梁记室参军任昉撰……后庆历间宋人序，有'临安府太庙前经籍铺尹家刊行'一条。"又，据傅增湘《藏园群书题记》卷九《影宋本〈述异记〉跋》称：是书"半叶十一行，行二十字。前序无撰人，大字八行。序后有'临安府太庙前经籍铺尹家刊行'一行"。

8. 《续玄怪录》四卷，唐李复言编

傅增湘《藏园群书题记》卷九《明姚舜咨写本〈续玄怪录〉跋》云："《续（玄）怪录》四卷，唐李复言编，凡二十三事，盖续牛僧孺《玄怪录》而作也。《晁志》云十卷，《陈志》云五卷，《述古堂书目》又作三卷，皆与此本不合。此本为隆庆己巳夏六月朔皇山七十五老姚（舜）咨手钞宋本，目录后有'临安府太庙前尹家书籍刊行'一行，与瞿氏恬裕斋藏宋刊同。瞿本余曾见之，镌雕绝精隽，与他棚本不类。《瞿目》谓此四卷本为尹家重编，庶几近之。"《士礼居藏书题跋记》卷四有黄荛圃题跋三则，节录二则于后："嘉庆丙寅孟夏月，杭州书友介其族人陶蕴辉售宋刻李注《文选》于余，以此《续幽怪录》二册为副……"

"此临安府太庙前尹家书籍铺刊行本也。余所得《茅亭客话》亦为尹家刊本，行字多寡，与此正同，然《茅亭》曾经遵王记之，而此书绝未有著于录者，可云奇秘矣。此录续牛僧孺书，本名'玄怪'，见于陈晁两家之书，其云'幽怪'者，殆避宋讳欤？"按：此宋本原刊《续玄怪录》四卷原藏吴县城东郑桐庵秋水轩，后归杭州鲍廷博知不足斋，之后入黄丕烈士礼居，后又归瞿氏铁琴铜剑楼。宋刊本书框高十八点五厘米，广十二点五厘米，九行，行十八字，现藏北京国家图书馆。

9. 《茅亭客话》十卷，宋黄休复撰

清钱曾《述古堂藏书目·附宋版书目》著录"黄休复《茅亭客话》十卷二本"。其《读书敏求记》卷三云："江夏黄休复集，多记西蜀事。元祐癸酉西平清真子石京为后序，募工镂版，以广其传。此则太庙前尹家书籍铺刊行本也。"钱曾所藏为原刊本。黄丕烈《士礼居藏书题跋记》卷四《茅亭客话》十卷，跋云："《茅亭客话》惟毛氏《津逮》中有之，旧本世不多见……余去秋曾得一宋刻，即《读书敏求记》所云'太庙前尹家书籍铺刊行本'也。取校毛刻，多所改正，兼多石京后序一篇，信称善本……"关于此书行款，黄丕烈《士礼居藏书题跋记》卷四题《续幽怪录》有云："……此临安府太庙前尹家书籍铺刊行本也。余所得《茅亭客话》亦为尹家刊本，行字多寡，与此正同。"

10. 《箧中集》一卷，唐元结编

清丁丙《善本书室藏书志》卷三八著录云："《箧中集》一卷（影抄宋本），唐元结次山编……前有乾元三年自序云：'呜呼！自沈公及二三子皆以正直而无禄位，忠信而久贫贱，仁让而至丧亡。异于是者显荣，当世谁为辨士?吾欲问之。天下兵兴于今六岁，人皆务武，斯为谁嗣?已长逝者遗文散失，方阻绝者不见近作。尽箧中所有总编次之，命曰《箧中集》，且欲传之亲故，冀其不忘于今。'末有'临安府太庙前临安太庙前大街尹家书籍铺刊行'一条，实影宋本耳。"

据我所知，南宋杭州尹家书铺所刊书数量仅次于陈起，为刊书最多的几家之一。尹家书铺除刊书外，还出售旧书。周密《癸辛杂识》续集下云："先子向寓杭，收拾奇书。太庙前尹氏书肆中，有彩画《三辅黄图》一部，每一宫殿绘画成图，极精妙可喜，价值不登，竟为衢人柴望号秋堂者得之。"

（五）钱塘王叔边及所刊《汉书》、《后汉书》、《东汉刊误》

王叔边及所开书铺，因文献缺乏，无可考知，今唯知曾刊《汉书》一百卷、《后汉书》一百二十卷。《后汉书》目录后有"今求到刘博士《东汉刊误》续此书后印行"。

据王国维《两浙古刊本考》卷上称是书有墨记云："本家今将前后《汉书》精加校证，并写作大字镂板刊行，的无差错，收书英杰伏望炳察。钱塘王叔边谨咨。"王氏并云是书有"武夷吴骥仲逸校正"字样，"每半叶十三行，行二十四字。何义门所校隆兴二祀麻沙刘仲立本有武夷吴骥仲逸校正款，则此本乃翻刊刘本也"。

（六）临安府众安桥南贾官人经书铺及所刊佛经

众安桥南宋时在小河上，今仅有桥名而河早已不存。南宋时众安桥亦为一热闹去处，贾官人经书铺即开设于此。今知该经书铺所刊有：

1. 《妙法莲华经》七卷

此经卷据王国维《两浙古刊本考》卷上称，"折叠装。板心高营造尺六寸三分强，广二寸六分，半叶十二行，行廿九至三十五字不等"，有"临安府众安桥南贾官人经书铺刊"字样。

2. 《佛国禅师文殊指南图赞》一卷

据王国维《两浙古刊本考》卷上称日本德富氏藏书，"大八行十三字，小廿行廿七字"，有"临安府众安桥南街开经书铺贾官人宅印造"字样。

此临安府众安桥南贾官人经书铺，今知所刊佛经，既称经书铺，当另有刊书。

（七）杭州棚前南钞库相对沈二郎经坊及所刊《妙法莲华经》

沈二郎经坊地在棚桥（今弼教坊一带），南宋时宗学即在其地附近，又有陈氏书籍铺等书铺。据丁丙《武林坊巷志·棚桥》载《妙法莲华经注》云：卷七末页木记："本铺今将古本《莲经》一一点句，请名师校正重刊。选拣地道山场抄造细白上等纸札，志诚印造。见住杭州棚前南钞库相对沈二郎经坊，新雕印行，望四远主顾寻认本铺牌额请赎。谨白。"

（八）李氏书肆及重雕唐李翱《五木经》

《五木经》一书，《直斋书录解题》卷一四著录云："《五木经》一卷并图例。唐李翱撰，元革注。盖古樗蒱之戏也。"清修《四库全书》时"图例"已佚，已非全书（见《四库全书总目》卷一一五）。

（九）行在棚前南街西经坊王念三郎家及所刊《金刚般若波罗密经》

王念三郎经坊称"行在棚前……"其地近今杭州弼教坊棚桥。为南宋杭州一经坊。其所刊书，今知有《金刚般若波罗密经》一卷。据傅增湘《藏园群书题记》卷一云："《金刚般若波罗密经》一卷，宋刊，大字经折本，半叶五行，每行十三字，分目三十二……其第十图左角有牌子两行，文曰：'行在棚前南街西经坊王念三郎家志心刊印'，字细如蚕。余得此于保古斋殷姓手，经坊刻经，亦诸藏家所希见也。"

（十）钱塘俞宅书塾及所刊《乖崖张公语录》

俞宅书塾无可考，唯知绍定庚寅（三年，1230）曾刊《乖崖张公语录》二卷，并云"每半叶九行，行二十字。吴门顾氏藏宋刊本"。见王国维《两浙古刊本考》卷上。傅增湘《藏园群书经眼录》卷一三云"卷末有绍定庚寅刊于钱塘俞宅书塾木记"。

（十一）杭州钱塘门里车桥郭宅纸铺所刊《寒山拾得诗》

钱塘门为宋代杭州城西四门之一。车桥在宋国子监后。《梦粱录》卷七《西河桥道》："国子监前曰纪家桥，监后曰车桥……"车桥即今小车桥。郭宅纸铺既售纸又刊书，且开店肆于国子监后既便读书士子，自亦有其商业上的考虑。

宋本郭宅纸铺《寒山拾得诗》一卷，清黄丕烈藏有影宋抄本，《士礼居藏书题跋记》卷五云："《寒山拾得诗》一卷，载诸《读书敏求记》，此从宋刻摹写。余向收一精钞本，似与遵王藏本相类，当亦宋刻摹写者也，惜首尾略有残缺耳。后五柳主人自都中寄一本示余，楮墨古雅，甚为可爱。细视之，乃系外洋板刻，惜通体覆背俱用字纸，殊不耐观。顷命工重装，知有失去半叶者共四处，以洋纸补之……然《寒山诗》后有一条云'杭州钱塘门里车桥南大街郭宅□铺印行'，则又不知此刻之果为何地本矣，俟与藏书家验之。嘉庆丁卯三月二十有五日，复翁黄丕烈识。"叶德辉《书林清话》卷三有一按语云："瞿目有明刻本，'宅'下是'纸'字，盖即翻此刻也。"

（十二）临安府鞔鼓桥南河西岸陈宅书籍铺所刊《容斋随笔》

鞔鼓桥在井亭桥之北，吴自牧《梦粱录》卷七《西河桥道》："南曰马家桥，次曰鞔鼓桥。清河坊东曰洪桥，次曰井亭，曰施水坊桥。"钟毓龙《说杭州》第七章《说桥》："鞔鼓桥，在洪福桥北。南宋初造太学时，鸣鼓集众……宁宗嘉泰中，鼓坏更鞔之……名其鞔鼓之所曰鞔鼓桥，今俗讹为蒙古，而桥上仍刻鞔鼓桥三字。"于此考知，鞔鼓桥在今邮电路中段。此桥余少时尝见之。

鞔鼓桥陈宅书籍铺所刊书，据知有宋洪迈所撰《容斋三笔》十六卷，是书目录后有"临安府鞔鼓桥南河西岸陈宅书籍铺印"字样。叶德辉以为"五笔当刻全，此仅存三笔耳"。此说是，所刊之书当不止洪迈此书一种。

（十三）临安府洪桥子南河西岸陈宅书铺所刊《李丞相诗集》

洪桥子陈宅书铺当在鞔鼓桥之南、井亭桥之北的洪福桥。此桥一名红桥。杭人语言中常有加"子"习惯，如"三桥"一称"三桥子"就是一例。鞔鼓桥与洪桥子甚近，相距不过数十米至百米距离，疑此为陈起宅院兼刻书工场，因其地与棚北睦亲坊陈氏书铺甚近。洪桥子陈氏所刊书为：

《李丞相诗集》二卷，南唐李建勋撰。此书宋刊本北京国家图书馆有藏本。据《中国版刻图录》著录称：此书框高十七点七厘米，广十二厘米。十行，行十八字。白口，左右双边。书分两卷，卷上后有"临安府洪桥子南河西岸陈宅书籍铺印"一行。

（十四）临安府陈道人书籍铺及所刊《释名》等八种

1. 《释名》八卷，汉刘熙撰

王国维《两浙古刊本考》卷上称此书为临安府陈道人书籍铺刊行。李盛铎《木樨轩藏书题记及书录》称，藏有明仿宋刊本《释名》八卷为"明覆宋临安府陈道人书籍铺本"。

2. 《图画见闻志》六卷，宋郭若虚撰

北京国家图书馆有藏本。前三卷元抄，后三卷宋刊，是书框高十九点六厘米，广十三点九厘米。十一行，行二十字。白口，左右双边。此书原为清黄丕烈藏本，《士礼居藏书题跋记》卷三称："……爰揭去旧时背纸，见原楮皆罗纹阔帘而横印者，始信宋刻宋印。以翻本行款证之，此即所谓临安府陈道人书籍铺刊行本也……"

3. 《画继》五卷，宋邓椿撰

《直斋书录解题》卷一四著录称：是书"以继郭若虚之后。张彦远《记》止会昌元年，若虚《志》止熙宁七年，今书止乾道三年"。据王国维《两浙古刊本考》卷上称，为"临安陈道人书籍铺刊行"。

4. 《湘山野录》三卷，《续》一卷，宋释文莹撰

此书《郡斋读书志》著录为四卷。王国维《两浙古刊考本》卷上著录为"临安府陈道人书籍铺刊行"。

王国维《两浙古刊本考》卷上称有"临安府陈道人书籍铺刊行"本。

5. 《挥麈前录》四卷，《后录》十一卷，《三录》三卷，《余话》二卷，宋王明清撰

是书《直斋书录解题》卷一一著录。王国维《两浙古刊本考》卷上著录有"临安府陈道人书籍铺刊行"本。

6. 《剧谈录》二卷，唐康骈撰

据《四库全书总目》卷一四二称"此本末有'临安府陈道人书籍铺刊行'字，盖犹影宋抄本"。

7. 《灯下闲谈》二卷，无编撰人

王国维《两浙古刊本考》卷上引《馆阁书目》云：《灯下闲谈》载唐及五代异闻。陈道人书籍铺刊行。

（十五）临安府棚前北睦亲坊南陈宅经籍铺及所刊《江文通集》等五种

1. 《江文通集》十卷，梁江淹撰

王国维《两浙古刊本考》卷上称有"临安棚前北睦亲坊南陈宅经籍铺印"本。

2. 《孟东野诗集》十卷，唐孟郊撰

《士礼居藏书题跋记》卷五有嘉庆壬申三月三日香严居士周锡瓒校文云："……又有旧钞，黑格棉纸，首题《孟东野诗集》，结衔题'山南西道节度参谋试大理事平昌孟郊'，亦十卷，无总目，末题'临安府棚前北

睡亲坊南陈宅经籍铺印'……"丁丙《善本书室藏书志》卷二五记明宏治仿宋刊本《孟东野诗集》略同。

3. 《李贺歌诗编》十卷，《集外诗》一卷，唐李贺撰

清钱曾《读书敏求记》卷四云："宋京师本无《后序》。此鲍钦止家本也。临安府棚前北睡亲坊南陈宅经籍铺印行。"

4. 《浣花集》十卷，蜀韦庄撰

王国维《两浙古刊本考》卷上著录有"临安府棚前北睡亲坊南陈宅经籍铺印"本。

5. 《甲乙集》十卷，唐罗隐撰

宋刊杭州《甲乙集》十卷，清黄丕烈曾藏原刻本。据王国维《两浙古刊本考》卷上著录，题记为"临安府棚前北睡亲坊南陈宅经籍铺印"。

（十六）临安府棚北睡亲坊南陈宅书籍铺及所刊《唐求诗》等六种

1. 《唐求诗》一卷，唐唐求撰

清黄丕烈《士礼居藏书题跋记》卷五著录："《唐求诗集》一卷（宋本），泰兴季振宜沧苇氏珍藏。"是书卷末有杨绍和按语一则，云："此本与《韦苏州集》同一行式，皆临安府棚北大街睡亲坊陈宅书籍铺刊行。所谓书棚本是也。"此书现藏北京国家图书馆。框高十六点八厘米，广十二点二厘米。十行，行十八字。白口，左右双边。诗仅八叶三十五首。

2. 《于濆诗集》一卷，唐于濆撰

王国维《两浙古刊本考》卷上著录有"临安府棚北大街睡亲坊南陈宅书籍铺印"本。

3. 《张蠙诗集》一卷，唐张蠙撰

黄丕烈《士礼居藏书题跋记》卷五著录《张蠙集》一卷，云是"书棚本"。王国维《两浙古刊本考》卷上著录有"临安府棚北大街睡亲坊南陈宅书籍铺印"本。

4. 《周贺诗集》一卷，唐周贺撰

黄丕烈《士礼居藏书题跋记》卷五《周贺诗集》（宋刻本）跋云："嘉庆戊辰秋，借濂溪坊蒋氏宋梓《周贺诗》，即王伯谷所藏书棚本，末有义门跋。手校一过，用墨笔识于下方。复翁黄丕烈。""书棚本二十行，行十八字，通十七翻……"又，清丁丙《善本书室藏书志》卷二五《周贺诗》（依宋写本）云："《艺文志》云诗一卷，然未见传本。顾茂伦《唐诗英华》选贺诗七首，有《赠厉玄侍御》一首，此集又不载，未知茂伦从何处录也。此本亦藏茂伦家，末有'临安府棚北睡亲坊南陈宅书籍铺印'细字一行，确是宋版。余遂借归手钞于松风书屋，今以唐百家内周贺诗核之，即是此本，益知百家诗从棚本出也。"宋杭州刊《周贺诗集》今北京国家图书馆有藏本。是书框高十七点三厘米，广十二点二厘米。十行，行十八字，左右双边。卷末有"临安府棚北睡亲坊南陈宅书籍铺印"一行。

5. 《碧云集》三卷，南唐李中撰

王国维《两浙古刊本考》卷上著录有"临安府棚北睦亲坊南陈宅书籍铺印"本，《四部丛刊》有影印宋临安陈宅刊印本。

6. 《唐女郎鱼玄机诗》一卷，唐鱼玄机撰

清丁丙《善本书室藏书志》卷二五著录影宋本《唐女郎鱼玄机诗》云"卷后有临安府棚北睦亲坊南陈宅书籍铺印"。清黄丕烈曾藏原刊本，今藏北京国家图书馆。据《中国版刻图录》称：是书框高十七厘米，广十二点一厘米。十行，行十八字，白口，左右双边。卷末有"临安府棚北睦亲坊南陈宅书籍铺印"一行。此书镌刻秀丽工整，为陈家坊刻本代表作。

（十七）临安睦亲坊陈宅经籍铺及所刊《宾退录》等二种

1. 《宾退录》十卷，宋赵与时撰

傅增湘《藏园群书题记》卷七《校宋本〈宾退录〉跋》云："南宋临安陈宅经籍铺刊本《宾退录》十卷，半叶十行，行十八字，白口，左右双阑，板心鱼尾上记字数，下题书名几……"又云："考临安陈氏、尹氏诸经籍铺刊本传于后者多为唐宋人小集，惟《茅亭客话》、《春渚纪闻》及此书相传有影写本，而宋刊则各家均未著录。今此书忽出厂市，洵惊人秘笈，因以重值为蒋君孟蘋收之，俾与《草窗韵语》并储，以复五百年前乐志斋之旧观……"

2. 《朱庆余诗集》一卷，唐朱庆余撰

傅增湘《藏园群书题记》卷一二《校〈朱庆余诗集〉跋》云："虞山瞿氏藏宋刊《朱庆余诗集》，每叶二十行，行十八字，卷末有'临安府睦亲坊陈宅经籍铺印'一行，即前人所谓书棚本也。"清黄丕烈曾藏宋刊《朱庆余诗集》，《士礼居藏书题跋记》卷五云："此唐人《朱庆余诗集》，目录五叶，诗三十四叶，宋刻之极精者，余以番钱十元，易诸五柳居。初书主人有札来云：'尊藏书棚本《朱庆余集》有否，有人托售，价贵。'……携归与旧藏钞本勘之，虽行款相同，总不及宋刻之真。"宋刊《朱庆余诗集》今北京国家图书馆有藏本，为黄丕烈旧藏，是书框高十六点九厘米，广十二点一厘米。十行，行十八字。白口，左右双边。卷后有"临安府睦亲坊陈宅经籍铺印"一行，《四部丛刊》本，即据此帙影印。

清黄丕烈《士礼居藏书题跋记》卷五载，黄氏曾入藏是书有跋云："此唐人《朱庆余诗集》，目录五叶，诗三十四叶，宋刻之极精者，余以番钱十元，易诸五柳居。初书主人有札来云：'尊藏书棚本《朱庆余集》有否？有人托售，价贵。'余即订其往观。是日肩舆出金阊，过而访焉，见案头有红绸包，知必书在其中，故郑重若斯。携归与旧藏钞本对勘之，虽行款相同，总不如宋刻之真……嘉庆癸亥闰二月，荛翁记。"

（十八）临安府棚北大街睦亲坊南陈宅及所刊《常建诗集》等两种

1. 《常建诗集》二卷，唐常建撰

《常建诗集》二卷，《直斋书录解题》卷一九著录为《常建集》一卷。王国维《两浙古刊本考》卷上著录有"临安府棚北大街睦亲坊南陈宅刊印"本。

2. 《韦苏州集》十卷，唐韦应物撰

丁丙《善本书室藏书志》卷二四著录有《韦苏州集》十卷、《拾遗》一卷（宋刊配元本）云："……此前四卷宋刊本每半叶十行，行十八字，当即棚本，乃项氏、席氏翻雕祖本。"

李盛铎《木樨轩藏书题记及书录》著录有《韦苏州集》十卷、《拾遗》一卷，为明仿宋刊本，李氏云："是书有南宋书棚本，十行，十八字。此刻即从彼翻刻，颇为神似。但无'陈家书籍'一行及每叶刻工人名耳……"

（十九）临安府棚前睦亲坊南陈宅书籍铺及所刊《李群玉诗集》等两种

《李群玉诗集》三卷，《后集》五卷，唐李群玉撰

1. 王国维《两浙古刊本考》卷上有"临安府棚前睦亲坊南陈宅书籍铺刊行"字。《四部丛刊》有影印本。

2. 《李推官披沙集》六卷，唐李咸用撰

傅增湘《藏园群书题记》卷一二《影宋本〈披沙集〉跋》称：

"此李推官集六卷，杨惺吾先生据所藏南宋书棚本所摹写者也。半叶十行，行十八字，前有绍熙四年诚斋野客杨万里序，序后有'临安府棚北大街陈宅书籍刊行'一行，原本盖陈思所刻。余壬子夏得之琉璃厂肆，因取席刻对勘一过，席刻板式行格与此悉同，知即从棚本覆木……"

"宋刊原本，余壬子春旅居申江，访惺吾于虹口寓楼，曾出以相示，惺吾以余爱不忍释，后乃割以见让。洎余离申之日，以资斧不继，遂转以归张君菊生，储入涵芬楼。嗣返津沽，偶与同年邓孝先太史话及，孝先夙有佞宋之癖，坚欲得之，挽余商之菊生，驰书往还，慨然相许。孝先旧藏李文山之《群玉集》、李中之《碧云集》，皆临安书棚本，常以'群碧楼'榜其居，及《披沙集》来归，又改署为'三李庵'，曾嘱为之题识。嗟夫！区区一书，一岁之中南北回旋，遍历三氏，而卒为孝先所有，然自临安开板以来，沿至今日，已七百余年，三家之集一旦忽得合并，亦书林中一佳话也。"

（二十）临安府棚北睦亲坊巷口陈解元宅所刊《王建集》等七种

1. 《王建集》十卷，唐王建撰

南宋杭州陈起刻书之一《王建集》，现藏上海图书馆。

《中国版刻图录》著录上海图书馆藏宋原刊本云："初印精湛，近年出碛石镇某旧家。"是书框高十七点二厘米，广十二点二厘米。十行，行十八字。白口，左右双边。卷后有"临安府棚北睦亲坊巷口陈解元宅刊印"一行。

2. 《唐僧弘秀集》十卷，宋李龏编

此诗集选唐代诗僧自皎然以下五十二人作品五百诗，前有李龏宝祐六年（1258）序。傅增湘《藏园群书题记》卷一九《校宋本〈唐僧弘秀集〉跋》云：此书为南宋陈宅书籍铺刊本，十行十八字……文友堂本为内府旧藏，李序后牌子尚存，文曰"临安府棚北大街睦亲坊南陈解元宅书籍铺刊行"。

按：《木樨轩藏书题记及书录》著录有《唐僧弘秀集》残本八卷（存卷一至八）李氏云："半叶十行，行十字。白口，左右双边。板心题唐僧几，下有刊工姓名。刊工为翁天祐，或题翁字，或天祐字，或天祐刊。每卷标题《唐僧弘秀集》卷第几，次行低七格题'菏泽李'，空一格题'龏'，又空一格题'和父编'，三行低一格题某某若干首，四行低三格为诗题。玄、弦、树、構、匡均缺笔。卷一前缺一叶半，自'何人省识此情远'起。上有'士礼居'朱文小方印……"。

《木樨轩藏书题记及书录》附袁克文跋文一则，对我们判别临安书棚本有一定帮助，姑录之："《唐僧弘秀集》残本，存一至八卷，陈氏书棚本也。唐人小集盛于棚本，明时覆刻尤夥，精者几可乱真，而真本之存于今者不过聊聊知名数种，此其一也。木老夫子以克文近得棚本《韦苏州集》，因无题识，未敢自信，遂出此见示。其刻工与此书板心有姓名之叶若出一书，始知真棚本亦未必定有陈解元刊记一行也。"（李盛铎：《木樨轩藏书题记及书录》，北京大学出版社1985年版，第353页）

3. 《江湖集》九卷

《直斋书录解题》卷一五著录云："临安书坊所刻本。取中兴以来江湖之士以诗驰誉者……然而士之不能自暴白于世者，或赖此以传。书坊巧为射利，未可以责备也。"按：据陈振孙所言，他曾见到过《江湖集》，但非复陈起初刊《江湖集》之原貌。

据王国维《两浙古刊本考》卷上云："按：《江湖集》以钱唐吴氏瓶花斋所集者为最多，凡六十四家，即阁本之九十五卷是也。石门顾氏所刊又有增加凡九十九卷。而宋人专集如郑清之《安晚堂集》十二卷，题'临安府棚北睦亲坊陈解元书籍刊行'；岳珂《棠湖诗稿》一卷题'临安府棚北大街陈宅书籍铺刊行'，乃出吴、顾二本之外。《永乐大典》所载有《江湖前集》、《后集》、《续集》、《中兴江湖集》诸名，不知究有若干种。"

关于陈起刊刻江湖诗人集子，大约最早者称《江湖集》，刊于宋理宗宝庆间（1225—1227），后因诗祸起而书版遭劈，其书后世无传。后陈起得郑清之的关照，流配放归杭州后仍操旧业，以刻书为营生，所刻江湖诗人作品有《江湖前集》、《江湖后集》、《江湖续集》、《中兴江湖集》。陈起所刊南宋江湖诗人作品，有的被收入陈起同时代人、杭州书商陈思编、元陈世隆补编的《两宋名贤小集》；有的则有流传，如明毛晋汲古阁影宋本《南宋六十家小集》、清初曹寅所藏《南宋群贤小集》（清嘉庆间顾修有刻本）等均属陈起所刊江湖诗集系统。据李盛铎《木樨轩藏书题记及书录》著录有《南宋群贤小集》（宋陈起编，清仁和赵氏小山堂传抄宋临安府陈宅书籍刻本），详见李盛铎《木樨轩藏书题记及书录》。

据李盛铎言："以上各集均黑格抄本。半叶十行，行十八字，左栏外下方有'小山堂钞本'五字，书中间有朱墨笔点校。《端平诗隽》四卷末有墨迹一行云：'雍正丁未（五年，1727）三月清明后三日校此卷于桃花坞中，亦顾氏本也。'"又，李盛铎《木樨轩藏书题记及书录》著录有"《群贤小集》四十二种┊《江湖小集》四三种，宋陈起辑┊旧抄本（清初抄本）"。详见李盛铎《木樨轩藏书题记及书录》。

清乾隆时修《四库全书》，曾将传世本《江湖小集》，并检《永乐大典》所载《江湖集》、《江湖前集》、《江湖后集》、《江湖续集》、《中兴江湖集》诸书，编为《江湖小集》九十五卷、《江湖后集》二十四卷，列出诸家卷次，并加"提要"说明，颇能反映出宋时陈起刊江湖诗集之一斑。

4.《江湖小集》九十五卷，宋陈起编

《四库全书总目》卷一八七著录是书称："旧本题宋陈起编。起字宗之，钱塘人，开书肆于睦亲坊，亦号陈道人。今所传宋本诸书称临安陈道人家开雕者，皆所刻也。"《四库全书》所收录《江湖小集》九十五卷本所录有六十二家，其目详见《四库全书总目》卷一八七。《四库全书总目》以为："洪迈、姜夔皆孝宗时人，而迈及吴渊位皆通显，尤不应列之江湖。疑原本残缺，后人掇拾补缀，已非陈起之旧矣。宋末诗格卑靡，所录不必尽工，然南渡后诗家姓氏，不显者多，赖是书以传，其撷拾之功不可没也。"

5.《江湖后集》二十四卷，宋陈起编

《四库全书总目》以为陈起以刻《江湖集》得名，但其书刻非一时，故版非一律，诸家所藏如黄俞邰、朱彝尊、曹栋、吴焯及花溪徐氏、花山马氏诸本，少则二十八家，多至六十四家，由于辗转传抄，真赝错杂，莫详孰为原本。今检《永乐大典》所载，有《江湖集》，有《江湖前集》，有《江湖后集》，有《江湖续集》，有《中兴江湖集》诸名，其接次刊刻之迹，略可考见。以世传《江湖集》本互校，其人为《前集》所未有者，为巩丰、周弼、刘子澄、林逢吉、林表民、周端臣、赵汝、郑清之、赵汝绩、赵汝回、赵庚夫、葛起文、赵崇嶓、张榘、姚宽、罗椅、林昉、戴埴、林希逸、张炜、万俟绍之、储泳、朱复之、李时可、盛烈、史卫卿、胡仲弓、曾由基、王谌、李自中、董祀、陈宗远、黄敏求、程炎子、刘植、张绍文、章采、章粲、盛世宗、程垓、王志道、萧、萧元之、邓允端、徐从善、高吉、释圆悟、释永颐凡四十八人。按：林逢吉即林表民之字，因前后刊版所题偶异，实得四十七人。又诗余二家，为吴仲方、张辑，共四十九人。有其人已见《前集》，而诗为《前集》未载者，则有敖陶孙、李龏、黄文雷、周文璞、叶茵、张蕴、俞桂、武衍、胡仲参、姚镛、戴复古、危稹、徐集孙、朱继芳、陈必复、释斯植及（陈）起所自作，共十七人。《四库全书总目》认为："是当时所分诸集，大抵皆同时之人，随得随刊，稍成卷帙，即别列一名以售，其分隶本无义例，故往往一人之诗而散见于数集之内，如一一复其旧次，转嫌割裂参差，难于寻检。谨校验《前集》，删除重复，其余诸集，悉以人标目，以诗系人，合为一编，统名之曰《江湖后集》。庶条理分明，篇什完具，俾宋季诗人，姓名篇什湮没不彰者，一一复显于此，亦谈艺之家，见所未见者矣。"（《四库全书总目》卷一八七）馆臣所言，大抵符合当时刊刻的实际情况。

6.《分门纂类唐歌诗》一百卷，宋赵孟奎编

阮元《揅经室外集》著录。此书残卷十卷现藏北京国家图书馆。是书框高十八点一厘米，广十三点九厘米。十行，行十八字，白口，左右双边。纸帘细薄，极似陈氏刻本《江湖小集》。

7.《金壶记》三卷，宋释适之撰

傅增湘《藏园群书题记》卷六《校金壶记跋》称此书乃剌取群书所述文字书法之事，标举二字于上，而注其原文于下。《四库全书总目》讥其芜杂，且不著出处，作《存目》。傅氏以为：……然古来奇文逸事不见于他书者，赖此以传，是亦未可废也。关于《金壶记》的宋刻本，傅增湘定其为"临安书棚本"。

（二十一）临安鬻书人陈思书肆所刊《宝刻丛编》等

1.《宝刻丛编》二十卷，宋陈思撰

此书搜录古碑，以《元丰九域志》京府州县为纲，按各路编纂，未详所在者则附于卷末。《直斋书录解题》卷八著录称"临安书肆陈思"撰著。此书当为陈思自撰、自刻、自售之书。

2.《书小史》十卷，宋陈思撰

3.《书苑精华》二十卷，宋陈思撰

关于《书苑精华》，《直斋书录解题》卷十四著录称"临安书肆陈思者集"。《四库全书总目》著录是书称："是编集古人论书之语，与《书小史》相辅而并行……其裒录诸家绪言，荟粹编排以资考证，实始于是编。"（《四库全书总目》卷一一二）

北京国家图书馆藏有《书苑精华》原刻本。是书框高十九点七厘米，广十三点七厘米。十一行，行二十字。白口，左右双边，宋讳缺笔至敦字，首有魏了翁序文。为陈思自撰、自刻、自售本。

4.《海棠谱》三卷，宋陈思撰

此书分上、中、下三卷。前有开庆元年陈思自序。上卷录海棠故实，

中、下两卷则录唐宋诸家题咏。海棠栽种之法、品类之别散见于上卷。其刊刻年代、情况不详。

5、《两宋名贤小集》三百八十卷，宋陈思编，元陈思隆补

此集所录宋人诗集始自杨亿，终于潘音，共一百五十七家，有绍定三年（1230）魏了翁序。刊刻年代情况不详。

（二十二）杭州净戒院所刊《长短经》

《长短经》九卷，唐赵蕤撰。《四库全书总目》卷一一七称："每卷之末皆题'杭州净戒院新印'七字，犹南宋旧刻……然仅存九卷。"叶德辉《书林清话》卷三系杭州净戒院于《宋私宅家塾刻书》之下，张秀民《中国印刷史》列杭州净戒院刻《长短经》为"寺院"刻书，并称《长短经》存美国。我认为叶德辉说法较妥。又，检王重民《中国善本书提要》著录北京图书馆有《长短经》抄本九卷，其行款为八行十九字，高十九点三厘米，广十三厘米，云："各卷后有'杭州净戒院新印'一行。"于此略可窥见宋刊版式。

（二十三）桔园亭文籍书房

桔园亭文籍书房见吴自牧《梦粱录》卷一三《铺席》："住大树下桔园亭文籍书房"，周密《武林旧事》卷六《诸市》有"药市"、"花市"、"珠子市"、"米市"、"肉市"、"菜市"、"鲜鱼行"等市、行，下皆注地名，于此可揣测诸市、行皆为贸易市场集中之地，下有"书房"，注"桔园亭"，可能为南宋时书肆集中之地。检《淳祐临安志》卷六《楼观》有载云："桔园亭，在盐桥之南，乾道五年，府尹周公淙重修。"又《乾道临安志》卷二所记同，系之《亭》之下，于此可推测实有桔园亭为南宋时一名亭，宋时景观之一。又，丁申《武林藏书录》引《行都记事》："桔园亭在丰乐桥北。"桔园亭地近棚桥睦亲坊，其时今鼓楼一带起至今弼教坊一带书肆甚多，张秀民《中国印刷史》以为桔园亭文籍书房"可能不只是一家书铺，而是类似近代北京琉璃厂的一条书坊街，成为书坊市"，此说甚是，这一带实际上可说是南宋杭州书籍和出版的中心地，许多至今人们艳称的宋板书，即出之于此。

（二十四）临安失名书坊刊刻《圣宋文海》、《圣宋文鉴》

丁丙《善本书室藏书志》卷三八《新雕〈宋朝文鉴〉》一百五十卷（明天顺严州翻宋本，拜经楼藏书）云："先是，临安书肆有江钿所编《圣宋文海》。孝宗得之命校正刊板。"

李心传《建炎以来朝野杂记》乙集卷五《文鉴》云："先是，临安书坊有所谓《圣宋文海》者，近岁江钿所编……"

（二十五）临安又一失名书坊刊刻《宋文鉴》

《宋文鉴》一百五十卷，宋吕祖谦编。是书《直斋书录解题》卷一五题为《皇朝文鉴》，并云："初淳熙丁酉孝庙因观《文海》（引者按：即《圣宋文海》），下临安府校正刊行，翰苑周必大夜直，宣引偶及之，因

奏：'此书江佃（一作钿）类编，殊无伦理，书坊板行可耳，恐难传后，莫若委馆阁别加铨次。'遂以命祖谦。既成，赐名《文鉴》，诏必大为之序。时祖谦已得末疾，遂除直中秘，且赉银绢各三百。中书舍人陈骙驳之，论皆不行。继有近臣密启，云其所取之诗，多言田里疾苦。乃借旧作以刺今；又所载章疏，皆指祖宗过举，尤非所宜。于是锓板之议亦寝。周益公序既成，封以遗吕一读，命藏之。盖亦未当乎吕之意也。张南轩以为无补治道，何益后学？而朱晦庵晚岁尝语学者曰：'此书编次，篇篇有意，每卷首必取一大文字作压卷，如赋取《五凤楼》之类，其所载奏议，亦系一时政治大节，祖宗二百年规模与后来中变之意，尽在其中，非《选》、《粹》比也。"

据此，吕祖谦编定《宋文鉴》（《皇朝文鉴》）以后，因众议不一，而未刻官板。《四库全书总目》卷一八七称孝宗得"近臣密启"后乃命直院崔敦诗更定，崔敦诗"增删去留凡数十篇，然讫不果刻也"。清修《四库全书》所采用本为内府藏本近于吕祖谦原编本而非崔敦诗改本，故《四库全书总目》称此书"盖官未刻而其后坊间私刻之，故仍从原本耳"。此虽推断之论，但较符合实情，故《宋文鉴》亦为临安一失名书坊所刻。

南宋杭州书坊今知尚有赵氏书籍铺，曾刻《重编详备碎金》等。应该说明的是，南宋杭州书坊远不止上述数家，只是历时久远，多数无考而已。

以上所列南宋临安书坊刻书，因书牌所署略有小异，如（十四）署"临安府陈道人书籍铺"；（二十）署"临安府棚北睦亲坊口陈解元宅"及（十五）、（十六）、（十七）、（十八）、（十九）所署凡有临安府睦亲坊陈起等字样者皆在一地为陈起所刊印之书，即世所谓之"书棚本"；唯（十二）所署"临安府鞔鼓桥南……"（十三）所署"临安府洪桥子南……"两地相近，但与棚桥有一定的距离，然其所刊书亦为陈起所刊，风格如一，何以易地，文献乏征，俟再考。

四、著名刻书家廖莹中及世彩堂刻书

廖莹中（？—1275），字群玉，号药洲，邵武（今属福建）人。廖中进士后，初为权相贾似道门客。开庆元年（1259）蒙古军攻鄂州时，贾似道领兵出援，私向忽必烈乞称臣纳币，北兵引还，贾似道诈称大捷，廖莹中撰《福华编》以颂贾之"功德"。度宗时贾似道封为太师，擅朝政，居西湖葛岭，大小政事皆决于廖莹中手。德祐元年（1275）贾似道革职居家待罪，贾之门客皆散去，独廖莹中仍朝夕追随。一夕与贾似道饮酒至晓，归舍后服冰脑自尽。故终其一生，廖莹中诣事贾似道，在政治上无足取，然其在南宋私家刻书中却以精美取胜，为诸家之冠。周密《癸辛杂识》后集云：

……廖群玉诸书，则始《开景福华编》，备载江上之功，事虽夸

[1] 周密：《癸辛杂识》，中华书局1988年版，第84—85页。

而文可采。江子远、李祥父诸公皆有跋。《九经》本最佳，凡以数十种比校，百余人校正而后成，以抚州草抄纸（引者按：周密《志雅堂杂抄》记同一事，作"抚州单抄清江纸"）、油烟墨印造，其装褙至泥金为签，然或者惜其删落诸经注为可惜耳，反不若《韩》、《柳》文为精妙。[1]

廖氏所刻书颇多，其所刻碑帖亦佳，有盛名。宋代私家刻书，廖为重要一家，所刻最负盛名者以《昌黎先生集》、《河东先生集》最为精妙，但亦并非一无可指瑕处，如廖氏注《韩集》是合并删节五百家注并取朱熹《考异》散入正文句下，颇有疏舛，不若南宋魏仲举所辑《五百家注音辨昌黎先生文集》为善，但从版刻角度而论，廖莹中是有一定地位的。

廖莹中世彩堂刻书与陈起有所不同，陈氏书坊刻书，有其营利上的考虑，而廖氏则不然，以其权势之大、资财之雄，故所刻书皆不惜工本，务求精美。

（一）《昌黎先生集》四十卷，《外集》十卷，《遗文》一卷，唐韩愈撰，宋廖莹中校正

《昌黎先生集》为著名之廖氏世彩堂本，刻于宋末咸淳间（1265—1274）。据《中国版刻图录》著录：是书框高十九点八厘米，广十二点八厘米，九行，行十七字。注文双行，行字同。细黑口，四周双边。各卷后镌篆书"世彩堂廖氏刻梓家塾"八字。此书与《河东先生集》齐名，两集字体版式悉同。书法在褚柳间，秀雅无比。

（二）《河东先生集》四十五卷，《外集》二卷，唐柳宗元撰，宋廖莹中校正

此书为宋咸淳廖氏世彩堂刻本。框高二十厘米，广十二点七厘米。九行，行十七字，注文双行，行字同。细黑口，四周双边。各卷后镌篆书"世彩廖氏刻梓家塾"八字。写刻精美，与上述《昌黎先生集》齐名。纸润墨香，在宋版书中被称"世无二峡"之"无上神品"。以上两书皆为廖莹中私刻本，刻地杭州。以上两书笔者有幸目睹拜手读之。其精妙确如前人所言，今为北京国家图书馆镇库之宝之一。

廖莹中所刊书有木记"世彩堂廖氏刻梓家塾"，世彩堂为其家堂名。所刻书据周密《癸辛杂识》、《志雅堂杂钞》，叶德辉《书林清话》等所载，尚有《三礼节》、《左传节》、《诸史要略》、《文选》等，《春秋经传集解》卷末记为"世彩堂刻梓家塾"；另《论语》二十卷、《孟子》十四卷卷末有"盱郡廖氏重刻善本"八字方形印，或"亚"字印有"廖氏"两字记。又有《龙城录》二卷、附录二卷等。廖莹中因南宋濒亡，贾似道势败放逐，所手定之书未及刊印的有：《十三经注疏》（廖氏手节）、《战国策》（姚氏注本）、《苏东坡诗》（以海陵顾氏注为祖，而益以他注）。

另外，贾似道所刊书有《奇奇集》（荟萃古人用兵以寡胜众之例，如赤壁之战、淝水之战之类，以自夸其援鄂之功）、《全唐诗话》（以计有功《唐诗纪事》改窜而成）诸书，多出廖莹中手而假贾似道名刊之。

廖莹中喜好书法，所刻碑帖甚多，且有盛名于世，周密《志雅堂杂钞》卷上云："廖莹中群玉，号药洲，邵武人。登科，为贾师宪平章之客。尝为大府丞，知某州，皆以在翘馆不赴。于咸淳间，尝命善工翻刻《淳化阁帖》十卷、《绛帖》二十卷，皆逼真。仍用北纸佳墨摸拓，几与真本并行。又刻《小字帖》十卷，王所作，《贾氏家庙记》，卢方春所作，《秋壑记》九。又刻陈简斋去非、姜尧章、任希夷、卢柳南四家遗墨十二卷，皆精妙。先是，贾师宪用婺州碑工王用和翻刻定武《兰亭》，凡三年而后成，至酬之以勇爵，丝发无遗恨，几与定武相乱。又缩为小字，刻之于灵璧石板，于是群玉《兰亭》遂冠诸帖。世彩堂盖其家堂名也。其石后为泉州蒲寿庚(引者按：蒲寿庚，宋末阿剌伯人，一说占城人，与兄蒲寿晟来泉州贸易，拥有大量海舶，提举泉州市舶司达三十年之久)航海载归闽中，途次风坠江中，或谓尚在，特不全耳。"

五、佛寺刻经

今浙江地域自五代吴越以来，历代统治者崇信佛教，广建佛寺，刊刻佛经颇多，这在浙江刻书史上是一特色，对推进浙江刻书出版事业影响至巨，南宋时杭州寺院刻经亦多。

（一）杭州净慈寺刻《嘉泰普灯录》

傅增湘《藏园群书题记》卷一《宋刊残本〈嘉泰普灯录〉六卷跋》云：

> 《嘉泰普灯录》三十卷……后有嘉泰四年陆游跋。又卷端嘉定辛未授法弟子武德郎敬庵黄汝霖所撰雷庵受禅师行业，则在正受示寂之后，书当刊于是时。缺笔至廓字，避宁宗嫌名。三十卷后有木记二行，曰"此板见在净慈寺长生库印行"白文十二字，乃后来所增。半叶十行，行二十字，逐卷后附音释，写刻精整。放翁一跋似出手书，黄汝霖效襄阳体，亦极流目悦目。版心有"钱塘李师正刊"六字，他书罕见。余有李信、李倚、李亿、李惊、阮祐、张枢、宋瑜、方至、吴志、何升、李思忠等名。当日行都匠作犹有典型，李师正殆董其役欤？

按：是经当刊于嘉泰四年（1204）或稍后，为佛经刊本精品之一。

（二）临安府菩提教院等刊《四分律比丘尼钞》

王国维《两浙古刊本考》卷上著录杭州诸寺刊有《四分律比丘尼钞》六卷，为开禧三年（1207）所刊，其捐资、刊者为：

> 临安府南山开化院住持、赐紫妙智大师慧信施长财二十贯，徒弟比丘尼道海施财二十贯，妙宗、妙莹、妙明各施财五贯。
>
> 临安府管内临坛尼和尚、住持涌泉山无尽庵如月施长财五十贯、徒弟比丘尼法明施钱五贯、比丘尼法显施钱五贯、比丘尼法兴施钱五贯、比丘

尼了定施钱五贯，刊经皆为追荐其先人。

临安府南山极乐院住持、赐紫慈济大师宗如施长财七十贯开此抄版。

临安府菩提教院知客习律、赐紫圆证大师善思干缘重开。

临安府菩提教院传律、管内临坛比丘道谏同干开版。

临安府管内临坛宗主住持、菩提教院传南山祖教劝缘重开。

卷下之上有"大宋开禧三年岁在丁卯，岁除日毕工，武林雕字严信刊，武林经生王德明造"字样。

（三）杭州南山慧因院刊《华严经随疏演义抄》

慧因院在三台山，今名高丽寺。

王国维《两浙古刊本考》卷上录有郑俣跋文，按此经前三十卷刊于嘉定十一年（1218），该经卷三十后有郑俣跋文曰：

> 右《华严经疏抄》六十卷……刻梓于南山慧因院。岁月滋久，其板散乱。涸杂于积壤中，朽蠹断缺，略无一全。予暇日亲与其徒求遗访失，仅得前三十卷粗备，发心就散庵整校再写重刊，三月而成。复使藏之亢爽，无俾遗逸，庶几教说流行，学徒悟解，方广之真谛，清凉之实语，与斯世相为无穷，皇恩、佛恩以是普报。嘉定戊寅八月癸亥荥阳正庵俣识。

该经后三十卷，刊于嘉定十五年（1222），郑俣跋文云：

> 予于《华严疏钞》再写重刊著语板尾道其大略矣，久未有续成后三十卷者。念囊日事丛业巨，独任之难，欲舍不为，然前功可惜。方始全之事，已流闻中殿降赐钱帛，首佐其费，于是捐资募众，莫不乐施。相距五载亦遂毕工，实壬午季春也。全编自此复传……而其功则发端于宫闱，辅成于众善，斯佛祖亲授也……

按：郑俣，字正庵，荥阳人，官拱卫大夫保康军承宣使，入内侍省押班提点、皇城司专切提举、皇城所景灵宫主管、禁卫所主管、海巡八厢、祥符县开国伯，食邑七百户。

（四）余杭径山明月堂刊《大慧普觉禅师年谱》等

径山在今杭州余杭区境内。南宋宝祐元年(1253)曾刊刻《大慧普觉禅师年谱》一卷、《宗门武库》一卷、《语录》三十卷、《遗录》一卷等。王国维《两浙古刊本考》卷上称："宝祐癸丑（一年，1253）天台比丘德潜募缘重刊于径山明月堂。"

南宋杭州佛寺刊经据张秀民《中国印刷史》所载尚有：寺院有临安府南山慧因讲院释义和刻《华严经旨归》(绍兴十二年)。临安府北关接待妙行院比丘行拱募缘，重开智觉禅师《心赋注》(绍兴三十年)西湖净慈寺长生库有《嘉泰普灯录板》(嘉泰四年)，可以印行。临安府菩提教院释道谏刻《净心戒观发真修》(嘉定三年)。杭州净戒院新印唐赵蕤《长短经》，后者存美国。

张秀民所述可资参考。唯杭州净戒院刻《长短经》非佛经，乃子部书，故疑净戒院似恐非寺院，已见上述，不赘。

第六节　建德府刻书机构及出版物

南宋咸淳元年（1265），升严州为建德府，属两浙西路，治所建德梅城镇，辖建德、寿昌、桐庐、分水、淳安、遂安六县。自唐至清，建德梅城镇一直是睦州和严州的州治，故历史上习惯于将建德称作严州或睦州，所刻书有"严州本"之称。今建德及南宋时所属县均划入杭州市行政区域内。

一、著名刻书家陆游等

南宋建德刊书主要为陆游及其子陆子遹。陆游父子按其籍贯而论，属山阴（今浙江绍兴），但其主要刻书事迹皆在建德。所梓多为官刻本。

（一）陆游

陆游（1125—1210），字务观，号放翁，南宋著名爱国诗人，与尤袤、杨万里、范成大并称为南宋四大诗人。陆游同时也是一位藏书家。陆游除藏书外，刻书亦多。乾道九年（1173）春季权通判蜀州（即唐安，今四川崇庆），夏季又摄知嘉州事，在此其间，他刻孟郊、欧阳询等画像于嘉州官舍月榭。此际，陆游又刻家藏前辈笔札于荔枝楼下，当时诗人如赵蕃、韩淲皆有咏作。陆游平生爱读唐边塞诗人岑参诗作，在嘉州公事之暇，他利用四川良好的出版刻书条件，刊刻了《岑嘉州集》。

淳熙七年（1180），陆游以朝请郎提举江南西路常平茶盐公事，治所在江西抚州。抚州在南宋亦是一著名刻书地。陆游于此刊刻了他所收集的医药验方《陆氏续集验方》。

建德素有刻书传统，陆游于淳熙十三年（1186）初，除朝请大夫知严州，时年六十二岁。陛辞之日，宋孝宗因其年高，故谕："严陵山水胜处，职事之暇，可以赋咏自适。"（《宋史》卷三九五《陆游传》）作诗撰文自是陆游本色，他于政事之暇，即从事刻书，例如《江谏议奏议》一书即是他到任四月时刻的第一部书。此外，在建德府所刻的书有《剑南诗稿》二十卷、《南史》八十卷、《大字刘宾客集》三十卷、《世说新语》十卷等，尤其是《剑南诗稿》的刊刻，在当时文坛引起轰动，著名诗人张镃、杨万里、楼钥、戴复古、刘应时、姜特立、韩淲皆有诗作咏《剑南诗稿》的出版。

（二）陆子遹

陆子遹，一作子聿，又作子，字怀祖，陆游第六子。陆游诸子中，子遹最得其父钟爱，陆游诗中屡屡提及。陆子遹也是南宋浙江著名藏书家。

陆子遹曾先后官溧阳令和知严州。为官期间，刻书是其主要内容之一。

陆子遹于嘉定十一年（1218）官江苏溧阳令。《溧阳县志》称："陆子遹，山阴人，游子。嘉定十一年知溧阳。"《景定建康志》卷二七

《溧阳县题名》称："陆子遹，嘉定十一年（1218）正月到任，十四年（1221）四月满替。"陆子遹在溧阳知县任内，《溧阳县志》卷九《职官志·名宦》称其"时县雕敝，子遹下车求治，锄暴植良，威惠兼济。革差役和买之弊，除淫祠巫觋之妖。有白云教者，横据民业，悉追还其主，境内肃然。仍兴起学校，士风丕变。至于官署学舍，邮传桥梁之属，罔不以次完缮。盖李衡以后为循吏之最云"。以是观之，治绩颇著。唯据俞文豹《吹剑录外集》、刘宰《漫塘文集》皆记陆子遹知溧阳颇多秽政恶迹。《吹剑录外集》有诗讥之："寄语金囷（囷，古渊字，金渊，即溧阳）陆大夫，归田相府意何如？加兵杀戮非仁矣，纵火焚烧岂义欤？万口衔冤皆怨汝，千金酬价信欺予。放翁自有闲田地，何不归家理故书。"其为人究竟若何，俟再考。

陆子遹在溧阳任内曾将其父陆游遗著《渭南文集》送交杭州刊版。

又据《景定严州续志》卷二《知州题名》：陆子遹，奉议郎。宝庆二年（1226）十一月十五日到任，绍定二年（1229）三月二十二日赴召。祖佃、父游皆出守，列于州学之世美祠，始创钓台书院。关于陆子遹守严州日，应以《景定严州续志》为准。

陆子遹知严州时，刻书颇多，据知有：

《尔雅新义》二十卷宋陆佃撰

《鹖冠子》三卷 宋陆佃解

《鹖子》十五篇 宋陆佃校

《陶山集》二十卷 宋陆佃撰

《徂徕集》二十卷 宋石介撰

《剑南续稿》六十七卷 宋陆游撰

《开元天宝遗事》二卷 五代王定保撰

《高宗圣政草》一卷 宋陆游撰

《老学庵笔记》十卷 宋陆游撰

《西昆酬唱集》二卷 宋杨亿编

《唐御览诗》一卷 唐令狐楚编

《巨鹿东观集》十卷 宋魏野编

《潘逍遥集》一卷 宋潘阆撰

《东里杨聘君集》一卷 宋杨朴撰

《二典义》一卷宋陆佃撰

此外尚有《皇甫持正集》、《春秋后传》、《春秋后传补遗》三书或为陆游淳熙间（1174—1189）守严时所刊，或为陆子遹宝庆、绍定间守严时所刊，待考。

（三）袁枢

袁枢（1131—1205），宋建州建安（今福建建瓯）人。十七岁入太学，孝宗隆兴元年（1163）中进士，历任温州判官、礼部试官、严州教授、国史院编修、工部郎官、吏部员外郎，后提举太平兴国宫。

（四）钱可则

钱可则，生卒年不详，天台（今属浙江）人。《景定新定续志》卷二："承议郎，以直宝章阁，于景定元年（1260）六月十八日至任。二年（1261）十二月，准省札，升直华文阁权任。三年（1262）四月初八日，升直敷文阁，知嘉兴府。五月初一日，除尚左郎官，十一日升直徽猷阁、除浙东提举，六月十八日替。"

二、严州郡斋、学校官刻本

据《景定严州续志》（一名《新定续志》）卷四《书籍》载："郡有经史诗文方书凡八十种，今志其目。"所载八十种书籍，为郡之藏书，经考有相当数量为严州衙署所刊。

（一）《礼记集说》一百六十卷，宋卫湜撰

卫湜，字正叔，学者称栎斋先生。尝集《礼记》诸家集注，名曰《集说》，宝庆（1225—1227）中上于朝，擢直秘阁，终宝谟阁直学士，知袁州。嘉熙间知严州。

《礼记集说》初刻于江东漕院，时在绍定四年（1231），经卫湜再耗九年之心力，于嘉熙四年（1240）再刻于严州，是为定本，卫湜曰：

> 绍定辛卯岁，湜备员江东漕笔。大资政赵公善湘以制帅摄漕事，见余《集说》，欣然捐资锓木，以广其传。次年秋，予秩满而归，迨嘉熙己亥首尾阅九载矣，中虽倅金陵，叨纶院，仅食一年之禄。余悉里居需次，因得徜徉于书林艺圃，披阅旧帙，搜访新闻。遇有可采，随笔添入，视前所刊增十之三，间亦删去重复。揭来严濑，适继郡计空竭之后，廉勤自力，补葺培植，粗可支吾，乃撙节浮费，别刊此本，期与学者共之。[1]

据此可知是书为嘉熙四年（1240）卫湜知严州时刻于新定郡斋（严州古名新定），此书框高二十一点三厘米，广十五点一厘米。十三行，行二十五字，白口，左右双边。为官刻本。

（二）《通鉴纪事本末》四十二卷，宋袁枢撰

袁枢的《通鉴纪事本末》约撰于孝宗隆兴元年（1163）中进士之后，完稿于孝宗乾道九年（1173）。是年袁枢四十三岁，由太学录调任严州教授，在任四年，书稿成后，杨万里为作《通鉴纪事本末叙》、吕祖谦为作《跋通鉴纪事本末》、朱熹为作《跋通鉴纪事本末》。刊于淳熙二年（1175）严陵郡庠，为官刻初刊本。此书出后，世称"严州本"，颇受朝野重视，王应麟《玉海》称：淳熙三年（1176）十一月二十四日参政龚茂良言：袁枢编《通鉴纪事》有补治道，或取以赐东宫增益见闻。诏严州摹

[1]参见王国维《两浙古刊本考》卷下，上海古籍书店1983年版。

印十部，仍先以卿（"卿"一作"缮"）本上之。又《玉海》卷五五《淳熙赐太子〈资治通鉴纪事〉》条云："三年十一月戊辰诏取袁枢《资治通鉴纪事》赐皇太子与陆贽奏议熟读以求治道。"《玉海》谓"摹印"，当指就原版重印。

《通鉴纪事本末》初刻本由待省进士、州学直学兼钓台书院讲书胡自得掌工，承直郎差充严州州学教授章元士董局。又据章大醇跋语称："是书刻于淳熙乙未（1175），修于端平甲午（1234），重修于淳祐丙午（1246）。"（见王国维《两浙古刊本考》卷下）章大醇此处谓"修"、"重修"当是重刻之意。端平、淳祐时严陵重刻《通鉴纪事本末》时，袁枢已下世多年。

据此，我们可以初步作出如下的推断，《通鉴纪事本末》从淳熙二年（1175）至宝祐五年（1257）的八十年间在浙江至少刻印了四次，平均二十年一次，印数虽不详，但重版的频率之高，在古书刊刻中可算是多的了。

又，傅增湘《藏园群书题记》卷三《宋淳熙刊小字本通鉴纪事本末跋》对此书考订甚详，兹移录片断以供参考：

> 《通鉴纪事本末》四十二卷，宋淳熙刻本……前有淳熙元年杨万里序，后有淳熙二年朱熹及吕祖谦后序，笔迹朴厚，似以手书上版者。卷前又补抄章大醇序，序后衔名两行，文曰："待省进士州学直学兼钓台书院讲书胡自得掌工，承直郎差承严州州学教授章士亢董局。"然章序及衔名均非此本所应有，后人内淳祐本录出附此以备考矣。卷中避宋帝讳极严谨……

> 考此书版刻，世人只知小字者为淳熙本，不知其后一再翻刻，其迁变正多。余既得此本，乃取家藏残本及刘氏两本摊卷详观，乃恍然余所新收者确为淳熙初刻，其余三本皆翻刻也……今以各本考之，新收本字体方严，摹印清朗，决无挖补之痕，其中缝刊工人名逐叶咸具，而字数记在下鱼尾下刊工之上，尤为宋版所稀见。且以宋讳证之："构"字注"太上御名"……"慎"字缺末笔，则为孝宗时开版决无疑义……

除严州初刻本《通鉴纪事本末》（通称严州小字本）外，后又有赵与在湖州所刊此书大字本。傅增湘《藏园群书题记》卷三曾将两本进行比较研究云：

> 又，考此本刻于淳熙元年，其时枢方教授严州，即就地开版。杨万里出守临漳，过严陵，为序行之，故世称为严州本。参知政事龚茂良得而奏之，言其书有裨治道，宜取以赐示东宫，增益见闻。孝宗读而嘉之，因诏严州摹印十本，赐皇太子及江上诸帅。事具《宋史》及《玉海》，距刊成方二年也。逮后八十四年，赵与居湖州，出私钱重刻之。序言"严陵旧本字小且讹，乃易为大书，精加雠校"云云，即诸家常见之大字本也。顾大字本既行世，人喜其庄严阔整、豁目悦

心，争相赞美。又以严陵本世不多觏，更深信赵氏"字小且讹"之言，几与麻沙板狭行陋体相提并论，朱少河因有"当下奉诏摹印，急就将事，未能尽善"之说。今得此本反复展玩，书法劲整，有颜筋柳骨之风，且核对颇审，余前略举订正诸条，实出大字之上。《仪顾堂续跋》跋湖州本云："严州所刻写刊精良，校雠细密，远胜此本。德渊因其字小而改为大字重刊可也，必欲诬之为讹，岂公论乎！今两本具在，孰精孰讹，必有能辨之者。"据存斋所言，于赵序深为不平，与余所怀吻合。[1]

[1]以上所引傅增湘文分别见《藏园群书题记》卷三，上海古籍出版社1989年版，第127—131页。

（三）《江谏议奏议》卷数不详，宋江公望撰

此书系陆游守严州时所刊。江公望，字民表，睦州人。建中靖国初由太常博士拜左司谏，抗疏极论时政。蔡京柄政，编管南安军，遇赦还，卒。陆游《渭南文集》卷二七《跋钓台江公奏议》云："某乾道庚寅夏，得此书于临安。后十有七年，蒙恩守桐庐，访其家，复得三表及赠告墓志，因并刻之，以致平生尊仰之意。淳熙十三年十一月十有六日，笠泽陆某书。"此书为陆游到任后刻的第一部书。

（四）《新刊剑南诗稿》二十卷，宋陆游撰

知建德县事眉山苏林编次，括苍郑师尹作序。陈振孙《直斋书录解题》卷二云："初为严州，刻前集稿，止淳熙丁未。"

此书刻成于淳熙十四年（1187）秋冬之间，是陆游守严时所刻的第二部书。框高十九点四厘米，广十三点二厘米。十行，行二十字，白口，左右双边。同时又刻严州小字本《通鉴纪事本末》与《古文苑》、《酒经》等书。

《新刊剑南诗稿》括苍郑师尹所作《剑南诗稿序》略见其刊刻大致经过："太守山阴陆先生剑南之作传天下，眉山苏君林收拾尤富。适官属邑，欲锓本，为此邦盛事，乃以纂次属师尹；亦既敛衽肃观，则浩渺闳肆，莫测津涯，掩卷太息者久之。独念吾侪日从事先生之门，间有疑阙，自公余可以从容质正，幸来者见斯文大全，用是不敢辞。"

又，陆子虡《剑南诗稿跋》称："尝为子虡等言，蜀风俗厚，古今类多名人，苟居之，后世子孙宜有兴者。宿留殆十载。戊戌春正月，孝宗念其久外，趣召东下，然心固未尝一日忘蜀也。其形于歌诗，盖可考矣。是以题其平生所为诗卷曰《剑南诗稿》，以见其志焉，盖不独谓蜀道所赋诗也。后守新定，门人请以锓梓，遂行于世。"

陆游《新刊剑南诗稿》严州郡斋刻本于淳熙十四年（1187）问世后，引起海内诗坛轰动。这是对陆游的诗作，也是对浙江刻书的赞赏，时人都以一睹为快。兹录诗数首以存浙江刻书文献。

张镃《南湖集》卷四《觅放翁剑南诗集》：

见说诗并赋，严陵已尽刊。

未能亲去觅，犹喜借来看。

纸上春云涌，灯前夜雨阑。

　　莫先朝路送，政好遗闲官。

杨万里《诚斋集》卷二二《朝天集·跋陆务观剑南诗稿二首》（录其一）：

　　今代诗人后陆云，天将诗本借诗人。

　　重寻子美行程旧，尽拾灵均怨句新。

　　鬼啸狱啼巴峡雨，花红玉白剑南春。

　　锦囊繙罢清风起，吹仄西窗月半轮。

楼钥《攻媿集》卷九《题陆放翁诗卷》：

　　妙画初惊渴骥奔，新诗熟读叹微言。

　　四明知我岂相属，一水思君谁与论？

　　茶灶笔床怀甫里，青鞋布袜想云门。

　　何当一棹访深雪，夜语同倾老瓦盆。

戴复古《石屏集》卷六《读放翁先生剑南诗草》：

　　茶山衣钵放翁诗，南渡百年无此奇。

　　入妙文章本平淡，等闲言语变瑰琦。

　　三春花柳天裁剪，历代兴衰世转移。

　　李杜陈黄题不尽，先生摹写一无遗。

姜特立《梅山续稿》卷二《陆严州惠剑外集》：

　　不蹑江西篱下踪，远追李杜与翱翔。

　　流传何止三千首，开阖无疑万丈光。

　　句到桐江剩深隐，气含玉垒旧飘扬。

　　未须料理林间计，蚤晚明堂要雅章。

韩淲《涧泉集》卷六《陆丈剑南诗斯远约各赋一首》：

　　镜湖湖上凉风起，枫叶芦花照窗几。

　　笔床茶灶连酒壶，炯然目光动秋水。

　　平生北固与西江，赢得蚍蜉事訾毁。

　　青城山觜散关头，岂是甘心放豪侈。

　　归来玉阶仅方寸，两路又出将使指。

　　几回诏节去徘徊，愠色何曾为三已。

　　桐庐潇洒非小垒，更向南宫擅词美。

　　轩渠肯受尘鞅羁，汉庭公卿未知己。

　　我闲访友于溪居，三叹共读公之书。

　　清诗句句律有余，爱而不见今何如！

　　此外刘应时等均有诗作，不赘录。一本诗集的出版，能得如此社会效
应，这在今日亦少见，宋时浙版书广传天下，除刻书之精美外，好的作品
是其根本原因所在。

　　（五）《南史》八十卷，唐李延寿撰

　　是书起宋迄陈，据《宋》、《齐》、《梁》、《陈》诸史删繁补缺而

成，较旧史为简明。此书严州有旧刻（疑南宋绍兴八年刻），书版存严州郡斋。后毁于火。陆游守严州第三年（淳熙十五年，1188）重刻，经过详下《世说新语》陆游跋文。

（六）《大字刘宾客集》三十卷，唐刘禹锡撰

原集四十卷，宋初佚其十卷，存三十卷。凡诗八卷，乐府二卷，赋一卷，文十九卷。北宋宋敏求辑遗诗四百零七首，杂文二十二篇，为外集十卷。据傅增湘云："宋绍兴八年严州刊本，半叶十三行，行二十二字，白口，左右双阑，版心上鱼尾下记'禹一'等，下记叶数……及绍兴八年严州太守广川董弅校雠刻梓识语。"（傅增湘：《藏园群书经眼录》卷一二）此书后毁于火。淳熙十四年（1187）陆游守严时重刻，详下陆游《世说新语》跋文。

（七）《世说新语》十卷，刘宋刘义庆撰

此书绍兴初年严州有刻本。

以上《南史》、《刘宾客集》、《世说新语》皆为陆游淳熙年间守严时重刻，《世说新语》刻成后，陆游有跋文记此事："郡中旧有《南史》、《刘宾客集》，版皆废于火。《世说》亦不复在。游到官始重刻之，以存故事。《世说》最后成，因并识于卷。淳熙戊申重五日新定郡守笠泽陆游书。"陆游守严不足三年，刻书颇多，为浙江和建德宋时刻书事业增光添彩，此亦浙江出版史之一盛事。

（八）《春秋后传》二十卷，宋陆佃撰

陆佃为陆游之祖。王应麟《玉海》卷四《宋朝春秋传》条著录有"陆佃《后传》二十卷"。

（九）《春秋后传补遗》一卷，宋陆宰撰

陆宰，字元钧，陆游之父。是书为陆宰对其父陆佃《春秋后传》"补遗"之作。

以上两书王国维《两浙古刊本考》卷下以为"盖放翁父子守严时所刊"，所论极是。

（十）《尔雅新义》二十卷，宋陆佃撰

关于《尔雅新义》，陈振孙《直斋书录解题》卷三云：陆佃撰。其于是书，用力勤矣。自序以为虽使郭璞拥帚清道，跂望尘躅可也。以愚观之，大率不出王氏之学与刘贡父所谓不彻姜食、三牛三鹿戏笑之语，殆无以大相过也。《书》云玩物丧志，斯其为丧志也宏矣。顷在南城传写凡十八卷，其曾孙子遹刻于严州为二十卷。据此，是书系子遹于宝庆、绍定守严时刻于郡斋，为初刻本。

（十一）《鹖冠子》三卷，宋陆佃解

陆佃《鹖冠子》一书由其曾孙陆子遹守严时所刊，疑为初刊本。

（十二）《鬻子》十五篇，宋陆佃校

陆佃校《鬻子》为陆子遹守严时所刊，疑初刻本。

（十三）《皇甫持正集》六卷，唐皇甫湜撰

清人以为《皇甫持正集》六卷本为宋人重编。陆游曾两跋其文集，《渭南文集》卷二八《跋皇甫先生文集》云："右一诗，在浯溪《中兴颂》傍石间，《持正集》中无诗，诗见于世者，此一篇耳。然自是杰作。近时有《容斋随笔》亦载此诗，乃云风格殊无可采。人之所见，恐不应如此，或是传写误尔。庆元六年五月十七日，龟堂书。"

又《渭南文集》卷三《再跋皇甫先生文集后》云：

司空表圣论诗有曰："愚尝览韩吏部诗，其驱驾气势，掀雷决电，撑抉于天地之垠，物状其变，不得鼓舞而徇其呼吸也。其次，皇甫祠部文集外所作，亦为遒逸，非无意于深密，盖或未遑尔。"据此，则持正自有诗集孤行，故文集中无诗，非不作也。正如张文昌集无一篇文，李习之集无一篇诗，皆是诗文各为集耳。表圣直以持正诗配退之，可谓知之。然犹云未遑深密，非笃论也。予读之，盖累叹云。开禧丁卯四月二十一日，某再书。"

王国维《两浙古刊本考》卷下言："《皇甫集》。此即《皇甫持正集》六卷，放翁《渭南文集》曾三（"三"疑"二"之误）跋此集。此集亦放翁父子守严时所刊欤？"

（十四）《陶山集》二十卷，宋陆佃撰

此书《直斋书录解题》著录。清时已散佚，乾隆修《四库全书》时馆臣从《永乐大典》中辑为十四卷。王国维《两浙古刊本考》卷下以为："此书殆亦其曾孙子遹所刊。"录以备考。

（十五）《徂徕集》二十集，宋石介撰

《直斋书录解题》卷一七著录此书云："国子监直讲鲁国石介守道撰。集中有《南京夏尚书启》及《夫子庙上梁文》，皆为夏竦作。此介所谓"大奸之去如距斯脱"者也。岂当是时，竦之奸犹未著耶？陆子遹刻于新定（严州古名——引者按），述其父放翁之言，曰："老苏之文不能及"，然世自有公论也。欧公所以重介者，非缘其文也。"

陆子遹于守严时刊刻《徂徕集》为秉承陆游意也。赵希弁《郡斋读书志·附志》称《徂徕集》二十卷，陆子遹刊于新定（严州）。

（十六）《剑南续稿》六十七卷，宋陆游撰

陆游淳熙间守严，曾刻《新刊剑南诗稿》二十卷，其收诗止于淳熙十四年（1187），约二千五百余首。然自淳熙十五年（1188）至嘉定二年（1209）陆游逝世前的二十余年间，陆游作诗益多，前后约共万首左右。陆子遹守严时加以续刻。详见《直斋书录解题》卷二。

（十七）《开元天宝遗事》二卷（《文献通考》作四卷），五代王仁裕撰

是书系王仁裕采集民间传说中的唐明皇时期遗事笔录而成，颇多宫廷琐闻。绍定元年（1228）陆子遹守严时刊于桐江学宫。

（十八）《高宗圣政草》一卷，宋陆游修

《直斋书录解题》云："陆游在隆兴初奉诏修《高宗圣政》，草创凡例多出其手，未成而去，私箧不敢留稿。他日追记得此，录之而书其后，凡二十条。"据此，《高宗圣政草》当系陆游遗稿之一，由陆子遹守严时所刻。

（十九）《老学庵笔记》十卷，宋陆游撰

老学庵为陆游淳熙末年（1190）退居故乡山阴镜湖之后的读书室，取师旷"老而学如秉烛夜行"之语而命名，《剑南诗稿》卷五有诗云：

> 老学衡茅底，秋毫敢自欺？
> 开编常默识，闭户有余师。
> 大节艰危见，真心梦寐知。
> 唐虞元在眼，生世未为迟。

《老学庵笔记》为陆游遗稿，其子陆子遹守严时所刊。瞿镛《铁琴铜剑楼藏书目录》卷一六云："《老学庵笔记》十卷，校宋本，宋陆游撰。毛氏刻本有脱讹处。刊成后，子晋子奏叔借得萧瑶彩藏旧钞本校正，已不及追改矣。卷末录旧跋数行，云：'《老学庵笔记》，先太史淳熙、绍熙间所著也。绍定戊子刻之桐江郡庠。幼子奉议郎权知严州军事兼管内劝农事借紫子遹谨书。'"终宋之世，严州刊《老学庵笔记》为唯一之刊本。

（二十）《西昆酬唱集》二卷，宋杨亿编

此集为宋杨亿、刘筠、钱惟演和李宗谔等十七人在宋真宗景德年间的唱和集。陆游《渭南文集》有两跋，王国维《两浙古刊本考》卷下认为："此书有放翁二跋。乃放翁校本，当是陆子遹守严时所刊。"

（二十一）《唐御览诗》（一名《唐歌诗》）一卷，唐令狐楚编

陆游《渭南文集》卷二六《跋唐御览诗》云："右《唐御览诗》一卷，凡三十人，二百八十九首，元和学士令狐楚所集也……姑校定讹谬，以俟完本。《御览》一名《唐新诗》，一名《选集》，一名《元和御览》云。绍兴乙亥（1155）十一月八日，吴郡陆某记。"陆游于跋文中明言"姑校定讹谬，以俟完本"，王国维《两浙古刊本考》卷下言"当是陆子遹守严时所刊"，此论甚是。

（二十二）《钜鹿东观集》十卷，宋魏野撰

此书为陆子遹绍定元年（1228）守严时所刊，《集》中"游"字缺笔凡十余处，乃避其父陆游家讳可证，《潘逍遥集》陆子遹有序文（详下）更是直接证据。此严州刻本，今尚有残帙存北京国家图书馆。书框高十九厘米，广十三点二厘米。十行，行二十字。白口，左右双边。

（二十三）《潘逍遥集》一卷，宋潘阆撰

《直斋书录解题》卷二与别本比较，认为又有严陵刻本同，但少卷末三首。

《潘逍遥集》陆子遹绍定元年（1228）守严州时与魏野《钜鹿东观集》、杨朴《东里集》三书同刊，其对魏、潘、杨之诗推崇备至，跋云：

[1]参见王国维《两浙古刊本考》卷下，上海古籍书店1983年版。

子通窃惟此邦以严名州，为子陵也；以桐庐名郡，为桐君也。二君之所立，可以廉贪立懦，有不容称赞者。皇朝所以作风俗亦未尝不在是。方削平僭伪，平定戎虏，告成岱宗时，则有若潘先生阆、杨先生朴、魏先生野以高节简知圣心，师表一世，而句法清古，语带烟霞，近时罕及。妄意以为可袭二公之风，谨刻梓于郡斋，以与有志世道者共之。绍定之元冬十一月山阴陆子通书。[1]

（二十四）《东里杨聘君集》一卷，宋杨朴撰

此书为陆子通守严时绍定元年（1228）刊，详见《潘逍遥集》陆子通跋文。

（二十五）《二典义》一卷，宋陆佃撰

此书《直斋书录解题》著录。王国维疑此书亦陆子通守严时所刊。

（二十六）《艺文类聚》一百卷，唐欧阳询撰

《艺文类聚》成书于唐武德间(618—626)。此书为我国编纂较早而又较完整保存至今的大型类书之一。在雕版印刷术发明以前，书籍流传，仅靠手抄，至五代、宋时，才有巨帙刻印问世。《艺文类聚》在南宋以前有否刊刻过，史乏记载，现存最古之本则为南宋绍兴年间(1131—1162)建德刻本。此书现存九十一卷，框高二十二点八厘米，广十五点六厘米。十四行，行二十七字，二十八字不等。白口，左右双边。宋讳缺笔至"構"字。刻工方逵、叶明、王华、潘俊、徐宗、郑敏、严定、陈荣、陈盛、葛珍、陈暹等，又刻严州本《仪礼》、《世说新语》、《刘梦得集》，故可推知此书当是绍兴间(1131—1162)严州地区刻本。

《艺文类聚》一书引用唐以前古籍约一千四百三十一种以上，而这些古籍现存者不足百分之十，其中有百分之九十为今不传之书。《艺文类聚》对北宋大型类书《太平御览》的编纂有直接提供资料的作用。陈振孙《直斋书录解题》卷一四言："《艺文类聚》一百卷。唐弘文馆学士长沙欧阳询信本撰。案：《唐志》，令狐德棻、赵弘智等同修。其所载诗文赋颂之属，多今世所无之文集。"元代八十年间未曾重印《艺文类聚》。明有正德十年(1515)锡山华坚兰雪堂铜活字本、嘉靖六年(1527)天水胡缵宗在苏州刊小字本、嘉靖七年(1528)陆采加跋本、嘉靖九年(1530)宗文堂本、嘉靖二十八年(1549)知山西平阳府事洛阳张松重刻小字本、万历十五年(1587)王元贞刊于南京的大字本。明崇祯十年(1637)校书家屠守老人冯舒借到南宋绍兴年间严州的"宋刻本"，花一百天时间，细校一遍，加在明嘉靖七年(1528)陆采加跋本上，此本遂成为清代《艺文类聚》的最好本子，清代学者以"代宋本"称之(冯舒所据校勘的宋绍兴本约毁于1650年的火灾)。1959年上海图书馆发现宋绍兴严州本《艺文类聚》九十一卷，余卷配以明嘉靖本影印问世，使"严州本"得以重见天日，为学术研究服务。了解这段因缘，可以想见宋时"严州本"对后世学术研究之贡献确是巨大的。

（二十七）《唐柳先生集》，卷数不详，唐柳宗元撰

张秀民《中国印刷史》云：淳熙十三年（1186）有"严州州学刻《唐柳先生集》"，嘉定改元(1208)重刻。是为州学官刻本，刊刻情况不详。

（二十八）《南轩先生文集》，朱熹所定本为四十四卷，《宋史·艺文志》著录为四十八卷，《直斋书录解题》卷一八著录为三十卷，称《南轩集》。《四库全书》卷一六一著录为四十四卷本，宋张栻撰

张栻(1132—1180)为南宋著名理学家，与朱熹、吕祖谦有"东南三贤"之称。张栻逝世后，其弟张杓哀其故稿四巨编，嘱朱熹为之编定。朱熹编张书未竣而有其别本流传，朱熹因见所刻之本多早年未定之论，而张栻晚岁谈经论事，发明道要之事反多所遗佚。乃取前所蒐辑，参与相校，增以张栻晚年讲学文章，编定为四十四卷本，于淳熙十一年（1184）刊刻。据朱熹年谱所载：淳熙十年（1183）癸卯春正月，朱熹差主管台州崇道观，次年办浙学，疑此《南轩先生文集》即刻于此时。又，张栻乾道五年曾守严州，曾刊《阃范》于严。当然也有可能，此书为《直斋书录解题》著录之三十卷本《南轩集》，为张栻守严时所刊。

（二十九）《融堂四书管见》十三卷，宋钱时撰

《融堂四书管见》十三卷，为《论语》十卷，《孝经》一卷、《大学》一卷、《中庸》一卷。此"四书"与朱熹所编《四书》(《论语》、《孟子》、《大学》、《中庸》)有异。书之"卷首有绍兴己丑（绍兴无己丑，疑为乙丑之误——引者按）时自序，末有景定辛酉(1261)钱可则刊书跋。《宋史·艺文志》、马端临《文献通考·经籍考》皆不著录，独张萱《内阁书目》有之"（《四库全书总目》卷三三）。据此，是书为景定二年(1261)钱可则知严州时所刊。据《景定严州续志》卷四《书籍》载，钱可则在其任内所刊书有《近思录》、《近思续录》、《融堂四书管见》、《新定续志》，均为"知郡华文钱寺丞任内刊"。

（三十）《近思录》十四卷，宋朱熹、吕祖谦同撰

陈振孙《直斋书录解题》卷九著录是书。是书编成于淳熙二年（1175），《四库全书总目》卷九二引朱熹言：淳熙乙未之夏，东莱吕伯恭来自东阳，过余寒泉精舍，留止旬日。相与读周子、程子、张子之书，叹其广大宏博，若无津涯，而惧夫初学者不知所入也。因共掇取其关于大体，而切于日用者，以为此编。

（三十一）《近思续录》十四卷，宋蔡谟纂

赵希弁《郡斋读书志·附志》：《续近思录》十四卷。右宝庆丁亥(1227)蔡谟纂晦庵(朱熹)先生之语以续之。

（三十二）《严陵集》九卷，宋董弅编

南宋绍兴九年(1139)董弅知严州时修《新定志》后所编刊。《严陵集》有董弅自序称：尝与僚属修严州图经，搜求碑版，稽考载籍，所得逸文甚多，又得郡人喻彦先家所藏书，与教授沈愫广求备录而编成。所收严州诗文自六朝谢灵运、沈约以下迄于南宋之初。前五卷为诗，第六卷诗后附赋

二篇，七至九卷皆碑铭题记等杂文。

《严陵集》，晁公武《郡斋读书志》、陈振孙《直斋书录解题》等宋人书目未见著录。《四库全书》著录，谓为"浙江范懋柱家天一阁藏本"，《四库全书总目》卷一八七评其书云：

> 是集中如司马光《独乐园钓鱼庵诗》本作于洛中，以首句用严子陵事，因牵而入于此集，未免假借附会，沿地志之陋习。然所录诗文，唐以前人虽尚多习见，至于宋人诸作，自有专集者数人外，他如曹辅、吕希纯、陈瓘、朱彦、江公望、江公著、蔡肇、张伯玉、钱勰、李昉、扈蒙、刘昌言、丁谓、范师道、张保雕、章岷、阮逸、关咏、李师中、庞籍、孙沔、王存、冯京、习约、元绛、张景修、岑象求、邵亢、马存、陈轩、吴可几、叶裴恭、刘泾、贾青、王达、张绶、余辟、习桁、倪天隐、周邦彦、罗汝楫、詹亢宗、陈公亮、钱闻诗诸人，今有不知其名者，有知名而不见其集者，藉兹是编，尚存梗概。是亦谈艺者所取资矣。

据此可见董弅《严陵集》之价值。董弅编《严陵集》作序于绍兴九年(1139)，第九卷中有钱闻诗《浚西湖记》，作于淳熙十六年(1189)，距绍兴九年已有五十一年；又陈公亮《重修严先生祠堂记》及《书瑞粟图》两文作于淳熙乙巳(1185)、《重修贡院记》作于淳熙丙午(1186)，上距董弅作序时已四十七八年，对此《四库全书总目》以为此乃"后人又有所附益，已非弅之本书，要亦宋人所续也"。

（三十三）《严陵别集》，卷数、编撰人与刊布时间不详

《钓台诗》、《钓台续集》、《钓台别集》，卷数不详。

陈振孙《直斋书录解题》卷一五著录有：《钓台新集》六卷、《续集》十卷，郡人王勇集。续者郡守谢德舆子上也。

（三十四）《闺范》十卷，宋吕祖谦撰

陈振孙《直斋书录解题》卷九云：集经、史、子、传，发明人伦之道，见于父子、兄弟之间为一篇。时教授严州，张南轩守郡，寔为之序。《闺范》一书，《宋史·艺文志》著录为三卷，与严州刊本卷数不符。按：吕祖谦(1137—1181)，字伯恭，人称东莱先生，婺州金华（今浙江金华）人。官至直秘阁著作郎，国史院编修。一生著述甚富，《宋史》有传。《闺范》为吕祖谦任严州教授时所刊。又严州人詹义民《欧公本末跋》称：观史类编，其门有六。曩南轩先生既刊《闺范》于乡郡，今所刊者止五门。《闺范》当刻于孝宗朝。

（三十五）《复斋易说》六卷，宋赵彦肃撰

《复斋易说》初刊于嘉定十四年（1221），王国维《两浙古刊本考》卷下有许兴裔序称："余闻复斋先生赵公之言久矣。假守严陵既逾年，公之门人喻仲可始携其所著《易说》六卷见过。余肃观之，其体察也精，其推研也审，其措辞不苟，其析理不浮。盖深窥于爻象之变而洞达乎阴阳之

情者也。呜呼！如公之贤而无后，余惧其久而或泯。因嘱喻君校勘，刊置公之祠堂，与志学者共之，并以公之行实大概刊附于后，俾来者有考焉。嘉定辛巳六月望莆阳许兴裔谨识。"此书书版后藏宋国子监，元时整理存版片三十九面。元《西湖书院重整书目碑》载其目。

（三十六）《仪礼注》十七卷，汉郑玄注

《仪礼》汉世所传有戴德水、戴圣本和刘向《别录》本。各本篇第先后皆不同。后世所传十七篇为郑玄注刘向《别录》本，唐贾公彦疏，称《仪礼注疏》。严州本《仪礼注》疑即《仪礼注疏》。

王国维《两浙古刊本考》卷下引宋张淳撰《仪礼识误》序称："此书(指《仪礼注》)初刊于周广顺之三年复校于显德之六年，本朝因之，所谓监本者也。而后在京则有巾箱本，在杭则有细字本。渡江以来严人取巾箱本刻之。虽咸有得失，视后来者为善，此皆淳之所见者也。淳首得严本，故以为据。"据此，严州本《仪礼注》乃南宋初叶据北宋汴京巾箱本覆刻。王国维云："案前吴门黄氏藏宋刊本，每半叶十四行，行大二十四字，小三十一字。其字往往与《仪礼识误》所引严本合，世即以是为严州本。"

（三十七）《七里先生自然庵诗》七卷，宋江端友撰

此书《直斋书录解题》卷二著录作《七里先生自然集》。江端友，字子我。靖康(1126—1127)初以吴敏推荐，受到钦宗召见，为承务郎，赐进士出身，任诸王宫教授。渡江寓居桐庐之鸬鹚源，后出任太常少卿。

（三十八）《桐江集》六十五卷，宋方回撰

阮元《揅经室外集》卷三云："《桐江集》八卷提要。元方回撰。回《桐江续集》，《四库全书》已著录，皆其元时罢官后所作。其前集名《虚谷集》，见黄虞稷《千顷堂书目》，疑即是编。"阮元之说，可资参考。戴表元《桐江续集·序》略云："放翁(陆游)晚起家得严州。为诗几千首，翁去后而州人爱其诗，版传之于今。使君垂老亦守严多为诗。州人为刻其《桐江集》六十五卷。"据此记载，方回《桐江集》当刻于宋末。唯戴表元序称六十五卷，阮元所记为八卷，恐已失原貌。

（三十九）《清真诗余》，卷数不详，宋周邦彦撰

陈振孙《直斋书录解题》著录《清真词》二卷、《后集》二卷，与《清真诗余》疑即一书。盖"诗余"即词也。严州本刊年不详。

（四十）《产宝方》（《产宝诸方》）一卷，撰人不详

《直斋书录解题》卷一三著录是书称：集诸家方，而以《十二月产图》冠之。张秀民《中国印刷史》云"有严州刻本"。此为插图本。

（四十一）《史氏指南方》二卷，宋史堪撰

此书《直斋书录解题》卷一三著录，书名称《指南方》，"凡三十一门，各一论"。

（四十二）《史载之方》二卷，宋史载之撰

史载之，即史堪。《史载之方》据阮元《揅经室外集》卷三载："宋史载之撰。载之字里未详。是编传本甚希，此从北宋刊本依样过录。上卷之末附载跋语，其文不全。《宋史新编》作《史戢之方》，乃形近之讹。施彦执《北窗炙录》称其治蔡元长疾，以此得名。案所作为医总伦，阐发甚明。各推其因证主治之法，精核无遗，较诸空谈医理者固有别焉。"据说此书与《史氏指南方》为同一作者，内容则异。王国维云："归安陆氏有宋刊本，半叶十一行，行十七字。"以上史氏两方书，或南宋严州有刊本。

（四十三）《卫济方》一卷，宋东轩居士撰

《直斋书录解题》卷一三著录是书名为《卫济宝书》，"治痈疽方也"。《宋史·艺文志》亦著录为一卷。此书久无传本，唯《永乐大典》内尚有其文并原序一篇，清乾隆修《四库全书》时加以辑出，列入"医家类"。其序略称：予家藏《痈疽方论》二十二篇，图证悉具，可传无穷，故记之曰家传《卫济宝书》。序中具述方论之所自来，而复言凭文注解，片言只字，皆不妄发。故知该书所载，本以经验旧方裒集而成，注语乃东轩居士所增入。又别有董琏序一篇，纪其得此书于妻汪氏家始末，中有乾道(1165—1173)纪年，故可知东轩居士为孝宗以前人。以之推论《卫济方》(《卫济宝书》)当或为南宋孝宗时严州刊本。

（四十四）《本事方》十卷，宋许叔微撰

《本事方》一书，《直斋书录解题》卷一三著录称："(许叔微)以药饵阴功见于梦寐，事载《夷坚志》。晚岁，取平生已试验之方，并记其事实，以为此书，取"本事诗词"之例以名之。"许叔微所著除《本事方》、《伤寒歌》陈振孙著录外，其书宋时已佚。清乾隆修《四库全书》时，从"宋椠钞出"，《本事方》收入"医家类"，其书全称为《类证普济本事方》，其书亦佚，推其原因，当是"其书属词简雅，不谐于俗，故明以来不甚传布"之故。此书为南宋严州刊本。

（四十五）《绍兴新定志》八卷，宋知州东平董弅修，严州喻彦先检订

《直斋书录解题》卷八著录，题《新定志》八卷，《舆地纪胜》卷八、景定《新定续志》卷四著录同《直斋书录解题》。《宋史·艺文志》、嘉靖《浙江通志》卷五四并作《严州图经》。

本志书由董弅主修。董弅，字令升，东平(今属山东)人。绍兴七年(1137)知严州。本志修于绍兴九年(1139)，洪焕椿《浙江方志考》卷一言"刊本久佚"，其引董弅序云："绍兴七年，弅来承乏。尝访求历代沿革，国朝典章，前贤遗范，率汗漫莫可取正。询之故老，则曰：是邦当宣和庚子之后，图籍散亡，视他州尤难稽考……于是因通判军州事孙傅有请，乃属僚属知建德县事熊遹、州学教授朱良弼、主建德县簿汪勃，主桐庐县簿贾廷佐及郡人前汉阳军教授喻彦先，相与检订事实，各以类从。因旧经而补辑，广新闻而附见，凡是邦之遗事略具矣。"

（四十六）《淳熙严州图经》八卷，首一卷，宋知州武义陈公亮重修，刘文富订正

陈公亮子淳熙十一年(1184)权知严州，以旧板不存，十二年(1185)俞州学教授刘文富订正重刻。次年刊成。南京图书馆今藏有影写宋刊本。通行本有光绪二十二年(1896)桐庐袁氏渐西村舍刻本。清陆心源《皕宋楼藏书志》云："是书原本八卷，今存卷一至卷三，每叶二十行，每行二十字，板心大黑口。《直斋书录解题》所云：《新定志》八卷，郡守东平董弅令升撰，绍兴己未也。淳熙甲辰，武义陈公亮重修者，即此书也。"

（四十七）《景定新定(严州)续志》十卷，宋知州临海钱可则修，郑瑶、方仁荣纂

是志修于南宋理宗景定三年(1262)。宋刊原本左右双栏，大黑口，双鱼尾。上鱼尾下题书名及卷数，下鱼尾上题叶数。每半叶八行，行十八字。字大如钱，墨浓于漆，为宋椠中异品。书中知州题名补至咸淳六年(1270)，教授题名补至咸淳八年(1272)。上距景定三年(1262)已逾十年。而各门类末，时或留有空白，以备增补之用，可以证验为咸淳时补刊本。台北成文出版社据文澜阁钞景定三年原刊本影印，编入《中国方志丛书》。通行本为光绪二十二年(1896)桐庐袁氏渐西村舍刻本。

此书《宋史·艺文志》失载。《四库全书总目》卷六八云："宋郑瑶、方仁荣同撰。瑶时官严州教授，仁荣时官严州学录，其始末则均未详也。所记始于淳熙，迄于咸淳，标题唯曰《新定续志》，不著地名，盖刊附绍兴旧志之后，而旧志今佚也。严州于宋为遂安军，度宗尝领节度使。即位之后，升为建德府，故卷首载立太子诏及升府省札。体裁视他志稍殊。惟物产之外别增瑞产一门，但纪景定麦秀四岐一条；乡饮之外别增乡会一门，但纪杨王主会一条，则皆乖义例耳。然叙述简洁，犹舆记中之有古法者。其户口门中，载宁宗杨皇后为严人，而乡会门中亦载主集者为新安郡王、永宁郡王。新安者杨谷，永宁者杨石，皆后兄杨次山之子也。而《宋史》乃云后会稽人，当必有误，此可订史传之讹矣。"《新定续志》卷四《书籍》详列严郡经史诗文方书八十种，为浙江图书史中弥足珍贵资料。此志为钱可则任内景定二年(1261)所刊。

第四章　杭州雕版印刷出版业在元代得到持续发展

　　元代浙江的出版事业若与两宋、尤其是南宋作个简单的对比，除了杭州优势仍在，其余各州府则无复当时盛况。

　　其原因是很明显的。一是元亡宋时浙江不同程度地遭受了战乱，尽管据现有史料看，杭州等地没有遭到大规模的破坏，但损失仍是难免的，在图书和出版方面尤其如此。据史料所载，元军破临安（今杭州），元世祖命焦友直括宋秘书省禁书图籍。至元十三年（1276）三月丁卯，伯颜入临安，遣郎中孟祺将南宋秘书省、国子监、国史院、学士院的所有图书囊括一空，由海道运往大都（今北京）。同时，又接受许衡的建议，派遣使臣前往杭州取在官书籍版片及江西诸郡书版，立兴文署以掌之。[1]不过后一点似乎未彻底做到，因为事实证明，元代在杭州西湖书院还保留着大批南宋国子监书版。二是政治中心的北移，元朝建都于大都（今北京），杭州的地位显然下降，同时由于经济、文化上的种种原因，元代浙江出版事业总体不若南宋之盛是可以理解的。

　　元代的浙江雕版刻书事业，以地区而论，杭州、嘉兴、宁波三地在出版物的数量、质量上说还有相当优势，只能说"稍逊"于南宋。至于像严州（今建德）、婺州（今金华）、绍兴等其他一些南宋浙江刊书要地而言，则是不可同日而语了。尽管如此，由于杭州出版事业有深厚的基础，加之元代总体上出版事业要落后宋代，杭州仍是全国出版业的中心之一（余为大都、平阳、建宁等地），在质量方面，杭州还是居于首位的。

　　南宋德祐二年，亦即至元十三年（1276）一月，元军伯颜部前锋抵达临安皋亭山（今半山），其时文天祥虽曾建议组织临安城内外二十万军民背城一战，但由于南宋朝廷无心抵抗，文天祥的主张未被采纳。一月十八日宋朝派监察御史杨应奎等携带传国玉玺及降表赴元部，二月，恭宗率百官拜表祥曦殿，诏谕郡县降元。伯颜率部入临安（今杭州），封府库收图书符印告敕等，掳全太后（度宗之后）及恭帝赵等北去，至此南宋正式宣告亡国。

元灭南宋后，命中书省通告中外：江南既平，宋宜曰亡宋，行在宜曰杭州。遂改临安为杭州路，其上设置两浙大都督府，不久改立行省。同年十月，以平章政事阿里等行省事于扬州，统两淮、两浙及江东西地，称江淮行省。至元二十一年（1284）徙江淮行省于杭州。二十八年（1291），割江北诸州郡改隶河南行省，遂改名称江浙等处行省。大德三年（1299），罢福建行省，所属地区划归江浙行省，辖三十路、一府、二州，辖境为今江苏南部、浙江、福建两省及江西省部分地区。其时属于现浙江省境的有十一路，路下另设州、县。

根据文献材料，元代立国八十余年间浙江仍是全国刻书和出版事业的重要地区，其中心则在杭州。杭州为全国五大刻书地之一，其他为大都（今北京）、平阳（今山西临汾）、建宁（今福建建瓯）、吐鲁番。最明显的是建德已衰落，无复南宋时的盛况了。

第一节 元代杭州仍为全国雕版印刷出版业重要地区的原因

一、杭州为全国富庶地区之一，具备刻书的物质条件

元灭南宋后，杭州已不是国都，所以政治、文化的地位已远不如南宋，但是由于仍为行省的省会，经济上由于宋之降元，是在兵临城下投降的，故未遭战火破坏。兼之杭州地处杭嘉湖平原，货物往来交通方便，仍是全国最大的商业城市和手工业的中心，也是重要的港口城市，所以杭州在元代一度仍保持繁华景象。据元初意大利人马可·波罗在其所著《马可·波罗游记》中所载，其时杭州有大市场十所，每星期内有三日为市集，贸易十分发达。市场周围，遍布高楼，楼下则为商店，出售各种商品。据载元代杭州手工业发达，工匠有十二种行业，手工作坊均雇用工人生产。当时杭州所征税收占全国的九分之一，主要有盐税、糖税、酒税以及十二行工匠制造的货物税及输入和销出杭州的大宗货物税。元朝廷从杭州征收这样大量的税收，一方面反映了元朝统治者对杭州人民剥削之重，但从一个侧面也反映了杭州经济上的繁荣。

二、教育事业发达，客观上对书籍需求较大

南宋灭亡后，蒙古贵族统治全国。元朝立国之初，统治者不重视教

育，读书人地位特低，故有"九儒十丐"之说。其先，宪宗即位，西夏人高智耀入见，以儒者所学尧舜禹汤文武之道可以有助治国，而任用知识分子国家则可以治，不用则否，以此对宪宗进言。宪宗问高智耀："儒者何如巫医？"这反映了当时统治者对儒人的看法。元世祖统一全国称帝后，在高智耀的建议和影响下开始重视教育，主要措施是在大都（今北京）先后建立国子学、蒙古国子学和回回国子学。在地方办学方面，元政府在各路设立医学和阴阳学（天文、数学），又设各路蒙古字学和儒学。至元二十三年（1286），元政府又下令规定各县所属村庄五十家为一社，每社立学校，称社学，主要对农民进行封建道德教化和农桑耕作技术教育。至元二十八年（1291），又令江南诸路儒学和各县县学内设立小学，诏令学田养士，训诲成才。从元政府所采取的一些教育行政措施和官学的兴办，可以看到元代的教育事业是有所发展的，杭州兴办教育事业代有传统，故而发展更快。

这里应该特别指出的是，元代诸路及州县的官学和书院，政府都拨给学田，主要供师生伙食，若有丰余则可用来刻印书籍。由于这些教育机构刊刻书籍的目的主要或为教学需要，或为保存文献，并非为了出售，所以所刻之书一般比较注意质量，多有精者，历来为人所重视，谈版本的常以宋元版本相提并论。明杭州著名藏书家高濂在《遵生八笺》中说："宋元刻书，雕镂不苟，校阅不讹，书写肥细有则，印刷清朗。"（高濂：《遵生八笺》卷一九《论藏书》），确是真知灼见，公允之论。

三、刻书传统的影响

浙江尤其是杭州自五代吴越国起历北宋、南宋为全国出版事业的中心，北宋时朝廷监本书有下杭州刻印的传统，其主要原因是浙江纸张质量较佳，同时由于刻工文化素质普遍较高，技艺精良，所刻之书质量自然较高。元代全国产纸又以浙、赣两省为上，例如浙江的常山纸、上虞纸均甚有名；绍兴所出蜡笺、黄笺、花笺等皆是印书佳纸，故此元政府的有些重要官书也往往交杭州刊刻，这就为杭州刻书、出版事业得以长盛不衰创造了极为有利的条件。

南宋时浙江刻书出现官私竞相繁荣的局面，尤其是杭州出现了以陈起为代表的书坊刻书，在中国出版史上占有重要的一页。及至元代，尽管兴文署、广成局等国家出版机构在北京，但杭州所刻官书仍较其他省份为多，这是个值得注意的现象。

据现在所知，元刻浙江官书有多种形式：

一是由中书省奉圣旨直接命令杭州刊刻的，例如至正五年（1345）刻《辽史》、《金史》，以及次年刊刻《宋史》均是。辽、金两史前有牒文称：准中书省至正五年四月十三日……右丞相等奏："去岁教纂修辽、金、宋三史书。即日辽、金史书修纂了有，如今将这部书令江浙、江西二省开板……"类似的情况还有《大德重校圣济总录》，是"江浙等处行中书省大德三年九月内钦奉圣旨刊造《大德重校圣济总录》"。延祐元年，元仁宗因嫌《农桑辑要》初刻本字样不好，故命江浙行省在杭州重印，此书并一再重印，共印万部之多。

二是由国子监呈本监牒呈中书省行浙东道宣慰使司都元帅府分派本路儒学召工开雕的，例如至元三年（1337）浙东宣慰使也乞里不花为刊印王应麟《玉海》，由于卷帙过于浩繁，非一地经费所能解决，故"征费于浙东郡县学及书院岁入之羡有"而加以刊刻的。同样的例子，还有嘉兴路刊行王恽《秋涧先生大全集》，此书由御史台呈中书省，据监察御史呈行礼部议准行江浙或江西行省刊行，但由于此前江西行省已承担郝文公《文集》的刊刻，最终由江浙行省指定嘉兴路儒学刊刻。这样的刊书带有行政命令性质，这从王秉彝的序中可以看出："庚申冬檄送本路，俾会学廪之赢，以给其用，命出省府，奉命惟谨。"所以尽管有人以为"禾庠廪粟有限，议欲均派诸学"，但地方长官还是坚持"刊印文集出于上命，学校当委曲之，以副朝廷崇尚文雅，嘉惠后学之意，虽重费庸何伤！"类似的情况还有由翰林国史院待制应奉编修各官呈本院详准呈中书省札付礼部议准，仍由中书省行江浙等处行中书省下杭州西湖书院刊刻苏天爵《国朝文类》等。

综上简述，大致可以看出元代浙江刊刻官书的途径，一是由中央政府以皇帝圣旨直接下令（也有的是皇帝亲自下令）命浙江刊刻，然后由江浙行省安排学粮富足刊刻，或自己承担（经费来源则大多来自儒学、书院的学粮）；二是由某部门或某人建议，呈报中央有关部门，再由中央下达给某路刊刻。据现在所知，元时浙江承担这类任务特重，其主要原因是浙江经济比较富庶，刊刻书籍经费有保证。另外的原因则是因为浙江刻书质量高，这里突出一例是《农桑辑要》的刊刻。延祐元年（1314），"仁宗皇帝以旧板弗称，诏江浙省臣端楷大书，更锓诸梓……"正因如此，所以元代浙江承担官刊书也多于他省。元代浙江私刻书较少，远逊于福建。南宋时浙江公私刊书均称得上繁盛，尤其是杭州、婺州（今金华）两地，元时杭州书坊可稽者仅四五家，且刻书甚少，这标志着浙江私家刊书的优势正在衰落。值得注意的是元时杭州书坊刊印元杂剧颇多，这对元杂剧的传播是起了重要作用的。

第二节　杭州路出版机构及出版物

一、杭州西湖书院藏版与修版

元代杭州刻书，以杭州西湖书院为最有名。要谈西湖书院刊书，首先是谈其所藏书版。西湖书院，又称西湖精舍，其址原为南宋太学。南宋灭亡，太学废，为肃政廉访司治所。元世祖至元二十八年（1291），翰林学士承旨徐琰任浙西行部使者，遂于治所西偏地开辟书院，称西湖书院，名为书院，实官学性质十分明显。西湖书院虽是个教育机构，但与浙江刻书、出版事业关系至为密切，主要原因是：南宋时太学之西为国子监，据吴自牧《梦粱录》卷九《诸监》云："国子监，在纪家桥太学之侧，设祭酒、司业、丞、簿等官，专掌天子之学校，训导生员之职。总掌国子太学事务，生员出入规矩，考课试遵训导，天子视学，皇太子齿胄，则讲义释奠等礼也。监厅绘《鲁国图》，东西为丞、簿位，后有书库官位，中为堂，绘《三礼图》于壁，用至道故事。有圃亭，匾曰'芳润'，丞钱闻诗匾以隶古。书板库在中门内。"

按宋制国子监既是全国最高教育领导机构，同时又具有全国最高出版管理机构的职能，所以国子监内有丞、簿专管刊书事宜，设有印文字所（印书工场），并有书版库以藏书籍、书版等。元时西湖书院，祀孔子及白居易、苏轼、林逋三位先贤。有讲堂，为教学之所，又分东西序，并设斋舍为教师员工学生宿舍。讲堂后为尊经阁。由于西湖书院所处正在南宋国子监故地，书版皆在，故于尊经阁之北设书库，贮藏南宋太学书籍、书版，并将宋高宗及吴皇后御书石经（今藏杭州孔庙）及孔门七十二弟子画像石刻皆藏于此。

由上所述，可见元时西湖书院及书库颇具规模。西湖书院初建时，元政府还规定拨给义田，每年收入供师生生活及祭祀外，余资用来刻书。关于西湖书院义田情况，元黄溍《西湖义田记》尚载有郡人捐献义田以供书库之用："西湖书院实宋之太学，规制尤甚旧，所刻经史群书，有专官以掌之，号书库官。宋亡学废，而版库具在，至元二十八年承旨徐文贞公治杭，以其建置之详，达于中书，俾书院额立山长，书库之所掌悉隶焉。郡人朱庆宗捐宜兴州田二百七十五亩归于书院，别储以待书库之用。"以此观之，西湖书院书库有常年经费得以保证，故后西湖书院得以继续刻书，并非无因。

关于西湖书院当时所藏书版，泰定元年（1324）九月西湖书院山长（相当于今之校长）陈袤有《西湖书院重整书目记》言之甚详：

> 文者贯道之器。爰自竹简更为梓刻，文始极盛，而道益彰。西湖精舍因故宋国监为之，凡经史子集，无虑二十余万，皆在焉。其成也，岂易易哉！近岁鼎新栋宇，工役匆遽，东迁西移，书板散失。甚则置诸雨淋日炙中，漫灭。一日，宪幕长张公昕、同寅赵公植、柴公茂，因奠谒次，顾而惜之。谓兴滞补弊，吾党事也。乃度地于尊经阁后，创屋五楹，为庋藏之所。俾权山长黄裳、教导胡师安、司书王通，督□（饬）生作头顾文贵等，始自至治癸亥夏，迄于泰定甲子春，以书目编类揆议补其缺。噫！昔人勤于经始，张公长贰善于继

述，此志良可嘉也。是用纪其实情，并见存书目，勒诸坚珉，以传不朽。非独为来者劝，抑亦斯文之幸也欤！山长陈衷纪，前教谕张庆孙书并篆，泰定元年九月直学朱钧立。[1]

[1]阮元:《两浙金石志》卷一五。

此次重整西湖书院南宋书版，除创屋五楹为书库，以藏版片外，经黄裳编定《西湖书院重整书目》，并刻石。原碑今藏杭州孔庙，篆额已不存，碑宽一百零六厘米，高一百八十五厘米，厚二十六厘米。碑文漫漶，几不可读。

从《西湖书院重整书目》可以看出：元代杭州西湖书院所藏二十余万版片，其中书版除少数几部如《论孟集注》（引者按：应为《论孟集注考证》）、《春秋高氏解》、《仪礼集说》、《博古图》、《农桑辑要》、《唐诗鼓吹》、《曹文贞公集》、《金佗粹编》等为元刻本外，其余均为南宋书版。在这些南宋书版中，除少数几部是元集庆路版片外，其余均为南宋国子监及浙江各府所刻书版，这些书版是浙江杭州刻书、出版事业的重要实物，这是浙江文化的重要"宝藏"。

西湖书院虽经至治末、泰定初于尊经阁后创屋五楹以作为藏版之所，并重整书目，但据陈基于至正二十二年（1362）所作《西湖书院书目序》称已发现"书库屋圮版缺，或有所未备。杭之有志者，间以私力补葺之，而事不克继"。此前至正十七年（1357）九月间尊经阁倒坍，随之书库亦倾圮。至正十八年（1358）张士诚部控制杭州，西湖书院一度成为军队屯驻之所，时任江浙行中书平章政事兼同知行枢密院的张士信命撤出军队并加修理，经整理，其时书版或散失，或埋没，从瓦砾堆中所寻找出来的书版，有的字迹毁损，有的书版甚至已腐朽破败。至正二十一年（1361），张士信发起补刻整理书版，责成左右司员外郎陈基负责其事。此次整理、补刻计为：

重刻经史子集四部书所缺者，以书版计共刻七千八百九十三块，以字数计则为三百四十三万六千三百五十二字。

修补字迹损毁漫灭的书版一千六百七十一块，以字数计为二十万一千一百六十二字。

此次补刻、修缮书版所耗经费用粟一千三百余石，用去木料以株计为九百三十株。共有书手、刊工九十二人任其事。在重刻和修补书版过程中余姚州判官宇文桂、山长沈裕、广德路学正马盛、绍兴路兰亭书院山长凌云翰、布衣张庸、斋长宋良、陈景贤负责对读校正。此次补刻、修缮书版之役，约始自至正二十一年（1361），毕工于次年七月二十三日，工成之日由秋德桂、周羽分类编出书目，藏之尊经阁书库，工程结束，由陈基作序其端并刻石存于书库中。陈序云：

夫经史所载，皆历古圣贤建中立极修己治人之道。后之为天下国家者，必于是取法焉。传曰：文武之道，布在方策，不可诬也。下至百家诸子之书必有裨世教者，然后与圣经贤传并存不朽。秦汉而降，迄唐至于五季，上下千数百年，治道有得失，享国有久促，君子皆以为书籍之存亡，岂斯也哉！宋三百年来，大儒彬彬辈出，务因先王旧章推而明之，其道大著。中更靖康之变，凡百王诗书礼乐相沿以为轨则者，随宋播越，流落东南。国初收拾散佚，仅存十一于千百，斯文之绪，不绝如线，西湖书院版库乃其一也。承平日久，士大夫家诵而人习之，非一日矣。海内兵兴，四方驿骚，天下简册，所在或存或亡，盖亦可考也。杭以崎岖百战之余，而宋学旧版，赖公以不亡。基等不敏，亦辱与执事者手订而目校之惟谨，可谓幸矣。嗟夫！徐公整辑于北南宁谧之时，今公完缮于兵戈抢攘之际，天之未丧斯文也，或尚在兹乎？序而传之，以告来者，不敢让也。[1]

[1]陈基：《夷白斋稿》卷二一。

以上所述，概见西湖书院南宋书版在元代先经陈袤等重整书目，后又经陈基等补刻，此后至元末时书版保存大体完整。明代初年朱元璋建都南京，以行政命令尽数将西湖书院书版征调至南京国子监，备整理重印，王国维在《两浙古刊本考》中不无感慨地称：书版"明初移入南京国子监，吾浙之宝藏俄空焉"。这些书版后毁于火，确实是中国文化史上的一大损失。

元朝灭宋后建都大都（今北京），中央刻书机构有秘书监的兴文署、艺文监的广成局、太史院的印历局、太医院的广惠局、医学提举司。其大宗刻书则是通过中央机构下各路儒学和书院印造，而杭州的西湖书院、江浙行省、江浙儒学则承担了史书等重要典籍的刻印，这客观上造成了杭州刻书的长盛不衰。

二、西湖书院官刻本

元代杭州西湖书院除整理、修补南宋国子监书版这样一项大工程外，同时也刊刻了一些重要的学术著作，兹举一二以说明之。

（一）《国朝文类》七十卷，《目录》三卷，元苏天爵辑

苏天爵（1294—1352），字伯修，真定（今河北正定）人。出身国子学生，曾从安熙、吴澄、虞集诸学者游。历任监察御史、肃政廉访使、集贤侍讲学士、江浙行省参知政事等职。编纂《国朝名臣事略》、《国朝文类》。著有《滋溪文稿》。

《国朝文类》为元代诗文总集。明清时称《元文类》。明叶盛《水东日记》卷二五《苏天爵〈元文类〉》称：

> 苏天爵为右司都事时，所类元诗文，名曰《国朝文类》，凡七十卷……元统中监察御史南郑王理序之。夫有元名人文集，如王百一、阎高唐、姚牧庵、元清河、马祖常、元好问之焯焯者，今皆无传，则所以考胜国一代文章之盛，独赖是编而已。尝见至正初浙省元刻大字体，有陈旅序。

关于苏天爵《国朝文类》一书，《四库全书总目》卷一八八评价亦较

高，其称："是编刊于元统二年……而终元之世，未有人续其书者，可以见其难能矣。叶盛《水东日记》曰：'尝见至正初浙省元刻大字本，有陈旅序。此本则有书坊自增《考亭书院记》、《建阳县江源复一堂记》并高昌《偰氏家传》云云。'今此本无此三篇，而有陈旅序，盖犹从至正元刻翻雕也。"

关于叶盛《水东日记》所称《国朝文类》"尝见至正初浙省元刻大字本，有陈旅序"及《四库全书总目》所称《四库全书》副都御史黄登贤家藏本"盖犹从至正元刻翻雕"的至正刻本，为杭州西湖书院刻本。

王国维《两浙古刊本考》卷上录有刊刻牒文：

皇帝圣旨里。江浙等处儒学提举司，至元二年十二月初六日，承奉江浙等处行中书省椽史崔适承行札付准中书省咨礼部呈奉省判翰林国史院呈。据待制谢端、修撰王文煜、应奉黄清老、编修吕思诚、王沂、杨俊民等呈：窃惟一代之兴，斯有一代之制作，文字虽出于众手，而纂述当备于一家。故秦汉魏晋之文，则有《文选》拔其萃；而李唐、赵宋之作，则有《文粹》、《文鉴》撮其英。矧在国朝，文章尤盛，宜有纂述以传于时，于以敷宣政治之宏休，辅翼史官之放失，其于典册不为无补。伏睹奎章阁授经郎苏天爵，自为国子诸生，历官翰林僚属，前后搜辑殆二十年，今已成书，凡七十卷……其文各以类分，号曰《国朝文类》。虽文字固富于网罗，而去取多关于政治。若于江南学校钱粮内刊板印行，岂惟四方之士广其见闻，实使一代之文焕然可述矣。具呈照详。得此，本院看详授经郎苏天爵所纂《文类》去取精详，有神治道，如准所言，移咨江南行省，于赡学钱粮内锓梓印行，相应呈详。奉此。本部议得翰林待制谢端等官建言：一代之兴，斯有一代之制作。参详上项《国朝文类》七十卷，以一人之力，搜访固甚久，而天下之广，著述方无穷，虽非大成，可为张本。若准所言，锓梓刊行，不惟黼黻太平，有裨于昭代，抑亦铅椠相继，可望于后人。如蒙准呈，宜从都省移知江浙行省于钱粮众多学校内委官提调，刊勒流布……省府今将上项《文类》随此发去，合下仰照验，依照都省咨文内事理施行。奉此，及申奉江南浙西道肃政廉访使书吏冯谅承行旨挥看详上项《文类》纪录著述，实关治体。既已委自西湖书院山长计料工物价钱，所需赡学钱遵依省准明文，已行分派各处，已移牒福建江东两道廉访使司催促疾早支拨起发外，其于刊雕誊写之时，若有差讹，恐误文献之考，宪司合下仰照验，委自本司副提举陈登仕不妨本职校勘缮写施行。本此，又奉省府札付委自本司副提举陈登仕不妨本职校勘缮写、监督刊雕，疾早印造完备，更为催取各各工物价钞，就便从实销用，具实用过数目开申。奉此。至元四年八月十八日承奉江浙等处行中书省札付准中书省咨礼部及太常礼仪院书籍损缺，差太祝陈承事赍咨到来于江南行省所辖学校、书院有板籍去处印造，装褙起解，以便检查，无复缺文之意，数内坐到《国朝文类》二部，仰依上施行。奉此。照得近据西湖书院申文札到，《国朝文类》书板于本院安顿点视得内有补嵌板，而虑恐日后板木干燥脱落，卒难修理，有妨印造。况中间文字刊写差讹，如蒙规划刊修，可以传久不误观览，申乞施行。续奉省府札付照勘得西湖书院典故书籍数内《国朝文类》见行修补，拟合委令师儒之官，校勘明白，事为便益。奉此。除已委令本院山长方员、儒士叶森将刊写差讹字样比对校勘明白，修理完备，印造起解外，至正元年十一月二十二日准本司提举黄奉政关伏。见今中书省苏参议昨任奎章阁授经郎编集《国朝文类》一部，已蒙中书省移咨江浙等处行中书省札付本司刊板印行……儒司今将上项《文类》板本刊补改正一切完备，随此发去，合下仰照验收管施行，须至指挥。右下杭州路西湖书院。准此。至正二年二月　日施行。

据牒文可知，《国朝文类》乃由翰林国史院待制应奉编修各官呈本院详准呈中书省札付礼部允准，仍由中书省行江浙等处行中书省下杭州路西湖书院开雕。

傅增湘《藏园群书经眼录》卷一八录有目验《国朝文类》记载两则，以见其版式、行款，其一云："元至正间西湖书院刊、明成化补修本，十行十九字，黑口，左右双阑……前有至正二年公文二篇，王理、陈旅二序，目后有'儒士叶森点□'六字。（戊午上海蟫隐庐见）"其二曰："元至正二年西湖书院刊、明成化十八年补修本，十行十九字，黑口，左右双阑，版心记字数。补版板心有'成化十八年'字。句中语涉元帝空一格。前有至正二年牒文，后有元统三年太原王守成跋。（戊午）"。

（二）《文献通考》三百四十八卷，元马端临撰

《文献通考》为史学名著。这是一部继唐杜佑《通典》、宋郑樵《通志》二十略之后又一部专门论述历代典章制度的专著。所载自上古起至南宋宁宗嘉定末年止，其中以宋代制度最为详细。

《文献通考》一书完成于大德十一年（1307），泰定元年（1324）杭州西湖书院刊板刷印。余谦有序称："鄱人宋相子马端临述《文献通考》于家，泰定元年江浙省雕于西湖书院。越十有一年，予由太史氏出统学南邦，因莅杭究阅，其文或讹或逸板咸有焉。时端临既没，厥婿杨元长教于东湖，乃俾造厥嗣志仁，询取先文，用正斯失。至则就俾元偕西湖长方员率学者正之，逾年而迄，将图正梓未谐。又逾年中书遣太常陈氏来，访求典籍于兹，行中书以其事惟予是任，乃克遂旧图，俾儒士叶森董正，梓工且足于不逮，必予复省功乃已，幸获底于备可观。乌呼！考之述继世而成，历代而行，逾十年而征，又三年而明，匪易匪轻，可戒于德之不恒。至元又五年三月朔。江浙等处儒学提举余谦叙记。"（参见王国维《两浙古刊本考》卷上）

余谦生平不详，据序文元惠宗至元间（1335—1340）曾任江浙行省儒学提举司提举。从余谦序文可知：一是《文献通考》于泰定元年（1324）

刊于西湖书院，是为初刊本。二是元惠宗至元五年（1339）余谦又重为订正补刊。这样西湖书院印《文献通考》至少有两版。

西湖书院初刊《文献通考》时在泰定元年（1324），其时西湖书院正重整书目，估计此书为新版或尚未刻完，故《重整书目碑》未列入刻石。

傅增湘曾藏有元泰定元年（1324）西湖书院刊元明递修本《文献通考》，据《藏园群书经眼录》卷六所记此书版式为："大版心，十三行二十六字，细黑口，左右双阑。"又，北京国家图书馆藏有元西湖书院泰定元年《文献通考》，据《中国版刻图录》著录：框高十八点三厘米，广二十五点一厘米。版式其余与傅增湘所记同。又云："泰定元年江浙行省刻置杭州西湖书院，至元间又经修补。"据此可以断定北京国家图书馆藏本即为余谦任江浙行省儒学提举时所主持的补修本。

三、江浙等处行中书省官刻本

江浙等处行中书省元时为江浙等处最早行政机关，治所在杭州，辖今江苏南部、浙江、福建两省及江西部分地区。元时奉朝廷之命刊官书甚多，兹举数例于下。

（一）《大德重校圣济总录》二百卷，题宋赵佶撰

此书为医家类著作。宋时崇尚医书，宋徽宗赵佶制《圣济经》十卷四十二章成，下诏集全国名医于京城，尽出皇家内府馆阁所藏禁方、秘论纂辑成编，称《圣济总录》，共二百卷。初刊于政和年间（1111—1118），重刊于金大定年间（1161—1189）。宋晁公武《郡斋读书记》、陈振孙《直斋书录解题》著录仅有宋徽宗《圣济经》十卷，而未见《圣济总录》一书。

元大德四年（1300）元政府命重校《圣济总录》，称此书为《大德重校圣济总录》，并下旨江浙行省刊印。王国维《两浙古刊本考》卷上录有该书卷末所刊文字：

> 江浙等处行中书省大德三年九月内钦奉圣旨刊造《大德重校圣济总录》，至大德四年二月内毕工。今具在局提调于后：
> 正议大夫、杭州路总管兼管内劝农事臣梁曾
> 中顺大夫、江南浙西道肃政廉访副使臣商晔
> 嘉议大夫、江南浙西道肃政廉访使臣田滋
> 中奉大夫、前江南浙西道肃政廉访使臣徐琰
> 嘉议大夫、签江浙等处行中书省事臣夺儿只哥
> 正奉大夫、江浙等处行中书省参知政事臣安祚[1]

元杭州刊《大德重校圣济总录》一书，傅增湘在《藏园群书经眼录》卷七曾载庚申（民国9年，即1920年）四月于宝应刘翰臣家见是书残本四卷（152—153，183—184），著录云："元刊本，八行十七字，大版心，

[1]王国维：《两浙古刊本考》卷上，见《王国维遗书》本，上海古籍书店1983年据手写本影印。

细黑口，四周双阑，版心上记字数，下记刊工姓名，字体疏朗劲挺，不类通常元本。"（傅增湘：《藏园群书经眼录》卷七）《中国版刻图录》载，北京国家图书馆藏有残本十三卷。卷末题江浙等处行中书省大德三年（1299）九月刊造，至四年（1300）二月毕工，又有提调官衔名六行，知此书实系大德间杭州官版。纸墨莹洁，字划方正，颇似宋时浙本风格。由此可见元初离宋未远，刻书特色未变及浙江刊书质量之高。

（二）《农桑辑要》七卷，元大司农司修纂

大司农司为元朝专管农业的事务机构，《农桑辑要》为大司农司所修的农书。关于《农桑辑要》一书的修纂、刊刻经过，《永乐大典》所载《农桑辑要》有至元十年（1273）翰林学士王磐序称："圣天子诏立大司农司，不治他事，而专以功课农桑为务，行之五六年，功效大著，民间垦辟种艺之业，增前数倍。司农诸公，又虑夫田里之人虽能勤身从事，而播殖之宜，蚕缫之节，或未得其术，则力劳而功寡，获约而不丰矣。于是遍求古今所有农家之书，披阅参考，删其繁重，撮其切要，纂成一书，目曰《农桑辑要》，凡七卷，镂为版本。进呈毕，将以颁布天下，属予题其卷首。"从王磐序文中可以看出，此为元代大司农司所修《农桑辑要》的初刊本，估计此本刊于大都（今北京）。至元二十三年（1286）可能有经过修订的又一版问世。

延祐元年（1314），元仁宗因嫌初刻本字样不好，故命江浙行省在杭州重行开版印刷。钱曾云：

> 延祐元年，皇帝圣旨里"这农桑册子字样不好，教真谨大字书写开板"。盖元朝以此书为劝民要务，故郑重不苟如此。序后次行结衔皆江浙等处行中书省事官。则知是板刊于江南，当时流布必广。今所行惟小字本，而此刻绝不多见，何耶？[1]

又据《元史》卷二六《仁宗本纪》载，延祐二年（1315）"诏江浙行省印《农桑辑要》万部，颁降有司遵守劝课"。

延祐元年（1314）江浙行省奉圣旨初刊本《农桑辑要》，原未闻有传世之本，但此本曾印过多次，猜想天壤间当有流传？后据胡道静师告知上海图书馆在"文化大革命"期间曾入藏一部国宝级的元延祐元年（1314）刻的大字本、后至元五年（1339）印的《农桑辑要》详情，胡道静师曾著专文《秘籍之精英，农史之新证——述上海图书馆藏元刊大字本〈农桑辑要〉》，并扼要向我介绍了此书的刊印过程，为保存浙江出版文献，介绍于次：

元延祐本《农桑辑要》框高二十五点五厘米，广二十一点二厘米，九行十五字。行格疏朗，字为赵孟𫖯体。延祐元年（1314）刻本有元仁宗"皇帝圣旨"一道，后至元五年（1339）印本换上了一道元惠宗的"皇帝圣旨"，这道《咨文》约一千五百字，共刻印五页，详细记录了《农桑辑要》大字本（即延祐元年本）刻版以及历次印刷、印数情况："始自延祐

[1] 钱曾：《读书敏求记》卷三，上海古籍出版社2007年版，第259页。

元年奉圣旨，江浙行省开版印造《农桑辑要》，给散随朝并各道廉访使劝农正官。"此次初印为一千五百部。据蔡文渊《农桑辑要·序》称："仁宗皇帝以旧板弗称，诏江浙省臣端楷大书，要锓诸梓，仍印千五百帙，颁赐朝臣及诸牧守令。"

延祐三年（1316），第二次在杭州又就原版添印一千五百部。《咨文》称："照得先于延祐三年十月二十八日准中书省咨，该奏过事内一件，印造农书一千五百部行。据杭州路申：印造装褙，打角定备，差宣使布伯管押赴中书省交割去讫。"

至治二年（1322），第三次在杭州又就原版复印了一千五百部。蔡文渊《农桑辑要·序》称："圣天子嗣大历服，祗遹先猷，特命中书左丞相拜住领大司农司事。越至治改元之明年，丞相暨大司农臣协谋奉旨，复印千五百帙。凡昔之未沾赐者，制悉与之。且敕翰林臣文渊序诸卷首。"

天历二年（1329），第四次又在杭州就原版印刷了三千部。《咨文》称："天历二年，江浙行省又行印造到《农桑辑要》三千部、《栽桑图》三百部。"又云："（大司农司）先于天历二年差委本司管勾周元亨前赴江浙省印造。"又云："准中书省礼部呈，大司农司经历司呈，天历二年二月十三日奉过事内一件，在先领奉普颜笃皇帝圣旨，教江浙省两遍印了《农桑辑要》三千部、《栽桑图》三百部有来。"又据《元史·文宗本纪》载："天历二年，颁行《农桑辑要》及《栽桑图》。"

至顺三年（1332），第五次在杭州就原版再印一千五百部，凑成万部。《咨文》称："领奏普颜笃皇帝圣旨，英宗皇帝圣旨教江浙省两遍印了《农桑辑要》三千部、《栽桑图》三百部有来。这几年各道廉访使家、有司家节续都散了。俺商量来，如今呈与省家文书，依先例，交江浙省印造《农桑辑要》、《栽桑图》呵，怎生奏呵。奉圣旨，这文书是百姓有益的勾当，教省家印造了将来，各道廉访使、有司关了的《农桑辑要》著交割。么道圣旨了也……从至元二十三年逐旋印了八千五百部，给散了来。如今凑一万册交印造，与他每一千五百部，怎生？奏呵，那般者，么道圣旨了也。钦此……奉此，于至顺三年三月二十一日行下大司农司经历司依例施行。"

据《四库全书总目》卷一二载：明《永乐大典》载《农桑辑要》，有至元十年（1273）王磐序及至顺三年（1332）印行万部官牒，此可确证自延祐元年至至顺三年江浙行省在杭州开版印了九千部《农桑辑要》，加上至元二十三年（1286）的修订本一千部，合计数为一万部。

杭州印《农桑辑要》实不止九千部之数。元惠宗至元五年（1339）又加印一次，唯印数不详。此次印本为印满一万部以后的又一次加印本，前述上海图书馆本即此次印本。《咨文》云："皇帝圣旨里：江浙等处行中书省准中书省咨，礼部呈，奉制大司农司据承发架库呈，照得本库收掌《农桑辑要》三千部、《栽桑图》三百部，本库收贮，节次蒙各处官员并各道廉访司关支，将欲尽绝，若不具呈预为印造，诚恐缺误支付，参详即系奉圣旨，事理宜从都省移咨江浙行省钦依印造。据差去提控掾使周文郁，合骑铺马札付合干部分，依例应付。相应具呈照详。得此，除以都省，咨请依上施行。准此。至元五年日。”（以上引文等据胡道静《秘籍之精英，农史之新证——述上海图书馆藏元刊大字本〈农桑辑要〉》，载《图书馆杂志》1982年第1期）

《农桑辑要》是我国现存最早的官颁农书，确实可以作为当时农业生产的技术指导书来看待。有些资料是总结当时经验，写出的第一手材料，价值很高，日本农史学家天野原之助博士将它列为“中国五大农书”之一。延祐元年（1314）杭州刻本及以后各次加印本清初已难见到，清乾隆修《四库全书》时系从《永乐大典》中辑出。上海图书馆入藏的这部元至元五年（1339）印本在清代中期为成亲王永瑆怡府藏书，上钤有“明善堂珍藏书画印记”及“安乐堂藏书记”印章。此书清末为仁和藏书家朱学勤所得。朱学勤，仁和塘栖（今杭州余杭区塘栖镇）人，有藏书楼结一庐。据丁申《武林藏书录》卷下记朱学勤入直军机章京时说：“当驾幸木兰之后，怡邸散书之时，供职偶暇，日至厂肆搜获古籍，日增月盛，编为《结一庐书目》。”故此书除有怡府藏书印章外，尚有“结一庐藏书印”、“修伯（朱学勤字）秘藏”、“仁和朱澂”、“子清真赏”（朱澂，字子清，为朱学勤之子）。元延祐本初刻及重印于杭州，有记载最后入藏者亦为仁和人，事关浙江文化佳话，故附而记之。

延祐本《农桑辑要》后版藏元杭州西湖书院，《西湖书院重整书目碑》有《农桑辑要》一目，明初版亡。

据我所知，中国古代刻书，印数不多，通常初刻部印本约为六十至一百部左右，而《农桑辑要》因系农书，关乎国计民生，要赏赐朝廷及地方官员等，所以印数特多，估计在印刷过程中曾多次重刻或补版修版。

（三）《栽桑图》，卷数、撰人不详

上述《农桑辑要》后至元五年（1339）印本《咨文》云：“天历二年，江浙行省又行印造到《农桑辑要》三千部、《栽桑图》三百部。”可证杭州曾刻《栽桑图》。此书未见各家著录。

（四）《大学衍义》四十三卷，宋真德秀撰

此书于延祐五年（1318）由江浙行省刊刻于杭州。《元史·仁宗本纪》载：延祐五年“以江浙省所印《大学衍义》五十部赐朝臣”。

（五）《辽史》一百十六卷，元脱脱等撰

（六）《金史》一百三十五卷，元脱脱等撰

元至正三年（1343）右相脱脱奏请设局修史，定立义例，据原有底本重修辽、金、宋三史，至正四年（1344）三月《辽史》成。不久，《金史》亦成。至正五年（1345）九月奉旨下江浙儒司，委提举班惟志校正字画，杭州路委文资正官首领官提调锓梓，印造装褙。《辽史》、《金史》

前有牒文称：

> 皇帝圣旨里。江浙等处行中书省，至正五年六月二十六日准中书省，至正五年四月十三日笃怜帖木儿怯薛、第二日沙岭纳钵斡脱里、有时分阿鲁秃右丞相等奏：去岁教纂修辽、金、宋三史书。即日辽、金史书修纂了有。如今将这部书令江浙、江西二省开板，就彼有的学校钱内就用，疾早教印造一百部来呵。怎生奏呵。奉圣旨：那般者，钦此。准此，本省咨委参知政事奏、左右司都事秦繁钦依提调反下江浙儒司委自提举班惟志校正字画，杭州路委文资正官首领官提调镂梓印造装褙。至正五年九月　日。[1]

按：据牒文辽、金两史乃中书省奏旨下江浙行省刊版。至正五年（1345）杭州刊《辽史》未闻有传世本。与《辽史》同时刊刻之《金史》，北京国家图书馆藏有元至正五年（1345）江浙等处行中书省所刻原本八十卷，《中国版刻图录》著录称："匡高二一点四厘米，广一五厘米。十行，行二十二字。细黑口，四周双边。至正初辽、金、宋三史修成，朝命江浙等处行中书省刻版，版式仿大德间九路本史书。明初三史官版亡佚，世传《金史》元刻本，实是明初建本。此为元至正官版初印本，纸墨精湛，世无其匹。存八十卷。百衲本《二十四史》印本，即据此帙影印。"

（七）《宋史》四百九十六卷，元脱脱等撰

《宋史》修成于至正五年（1345）四月，至正六年（1346）下江浙行省刊印。王国维《两浙古刊本考》卷上录有《宋史》前面的牒文：

> 皇帝圣旨里。中书省据辽、金、宋三史总裁官呈，照得近奉都堂钧旨，委自提调缮写《宋史》刻板，正本今已毕工，理合比依辽、金二史从都省闻奏定本，指定行省去处刊刻印造，传之方来。窃照元修史官翰林编修张翥、国子助教吴当二人，深知《宋史》事理，如蒙差委赍书前往所指去处监临刊刻。至于镂梓之际，倘或工匠笔画差讹，就便正是，似为便宜。宜具呈照详。得此省除差史官翰林应奉张翥驰驿赍《宋史》净稿前去，委自本省文资正官首领官儒学提举各一员，不妨本职。提调与差去官精选高手人匠就用，赍去净稿依式镂板，不致差讹。所用工物，本省贡士庄钱内应付。如果不敷，不拘是何钱内支放，年终照算。仍禁约各属，毋得因而一概动扰违错。工毕用上色高纸印造一百部，装潢完毕，差官赴都解纳外，合行移咨请照验依上施行。先具依准咨来须至咨者。右咨江浙等处行中书省。至正六年　月　日。

> 行省提调官

> 光禄大夫江浙等处行中书省平章政事臣达世贴睦迩江、江浙等处行中书省平章政事臣忽都不花、资善大夫江浙等处行中书省参知政事臣撒马等、江浙等处行中书省参知政事臣杨惟恭、朝列大夫江浙等处行中书省左右司郎中臣崔敬、奉训大夫江浙等处行中书省左右司员外

[1] 参见王国维《两浙古刊本考》卷上。

郎臣赫德尔、奉政大夫江浙等处行中书省左右司员外郎臣郑璠、承德郎江浙等处行中书省左右司都事臣徐檠、承务郎江浙等处行中书省左右司都事臣马黑麻、承务郎江浙等处行中书省左右司都事臣李琰、掾史臣许恒敬、宣使臣堵简。

杭州路提调官

中议大夫杭州路总管兼管内劝农事知渠堰事臣赵琏。

儒司提调官

承务郎江浙等处儒学副提举臣李祁。

监督儒官

温州路永嘉书院山长臣钱惟演、嘉兴路儒学正臣应才、杭州路仁和县儒学教谕臣刘元、杭州路儒学训导臣黄常、臣姚安道。

据牒文可知，《宋史》为中书省奉圣旨下江浙行省刊刻，元至正六年（1346）江浙等处行中书省刻本《宋史》今尚存一百三十七卷，藏北京国家图书馆。

（八）《鄂国金佗粹编》二十八卷，《续编》三十卷，宋岳珂撰

陆心源《皕宋楼藏书志》卷二六有元刊本陈基长序，今撮录有关刊刻情况于下："编总若干卷。今江浙行中书平章政事兼同知枢密院事吴陵张公命断事官经历吴郡朱元祐重刻，且曰：'西湖书院岳氏故第也，宜序而藏之。'至正二十三年三月甲子左右司郎中临海陈基序。"

又，同书收有戴洙序云："其版旧刊之嘉禾，岁久版坏无存。其文藏诸民间者，又遗缺而无全书。有府经历朱君佑之乃为之遍求四方，得其残编断简，参互考订，合成次第始考成书。复得续集五卷于平江，盖江西本也。通为（中缺数字）比前尤详，于是将刻梓于平章相国大新祠宇之后，郎中陈君初庵为之序。予惟是编视《宋史》加详而王之丰功茂绩虽昭如日星，得此编当无遗憾矣……朱君佑之名元佑，吴门之世家云。会稽戴洙序。"据陈基序，此书刻于至正二十三年（1363）。戴洙序称"于是将梓于平章相国大新祠宇之后"，所称"大新祠宇"即指至正十七年（1357）西湖书院书板库倾圮，"吴陵张公力而新之"（陈基《西湖书院书目序》）。至正二十一年（1361）陈基主持修补书版毕，《金佗粹编》及续编由江浙行省刻（有可能为西湖书院刻）而藏于西湖书院。《西湖书院重整书目碑》有《金佗粹编》一目，明初版入南京国子监。

四、江浙儒学提举司官刻本

江浙儒学提举司，简称江浙儒司，掌行省所辖诸路、府、州、县之学校祭祀、教养钱粮等事，并考校呈进著述，裁定刊印。所刻书有：

（一）《注唐诗鼓吹》十卷，元郝天挺注

据《四库全书总目》卷一八八引《三余赘笔》，知为至大元年（1308）江浙儒司刊本。

王国维《两浙古刊本考》卷上节录有武乙昌序，文称："至大戊申（1308）浙省属儒司以是锓之梓，仆实董其事。"据此，《注唐诗鼓吹》初刊本于至大元年（1308）刊于江浙等处儒司。

（二）《说文解字》三十卷，汉许慎撰

王国维《两浙古刊本考》卷上著录是书："每半叶十行，行大二十字，小文三十字，卷末有十一月江浙等处儒学等字一行，平江黄氏藏。"

五、杭州路官刻书

杭州路为杭州一路最高行政机构，领钱塘、仁和等八县及海宁州。治所在杭州。所刻书有《松乡先生文集》十卷，元任士林撰。

任士林，字叔实，号松乡，浙江奉化人。曾任湖州安定书院山长。

《松乡先生文集》一书，王国维《两浙古刊本考》卷上节录原刊本杜本序称："右《松乡集》，四明任叔实氏所制诗赋、记序、碑铭、传赞、杂著之文，总若干卷。其嗣子良为江浙行中书省理所案牍官。今杭州路太守任公欲其文之传于世也，就子良求其稿而刻之。"据杜本序，此书当为杭州路刻本。又据丁丙《善本书室藏书志》云："万历乙巳同邑孙能传从秘阁得之，乃元至正四年浙江行中书旧刻四帙凡十卷。"据此言，此书乃至正四年（1344）江浙等处行中书省刊本，然丁丙恐统称"浙江行中书省"而言，实为杭州路刻本。

六、元代杭州佛寺刊经

元代统治者崇信佛教，政府设有管理机构称总制院，后又设功德使司。至元二十五年（1288）总制院称宣政院，且在各路设宣政院，宣政院兼管理僧官（僧录、僧正、僧纲等），至顺二年（1331）撤行宣政院，另于全国设立广教总管府十六所，掌管各地僧民事务。元统二年（1334）又罢广教总管府，复立行宣政院。

由于元政府崇信佛教，新建一批佛寺，旧有的佛寺得到保护，因而僧尼众多。据宣政院至元二十八年（1291）统计，全国寺院有二万四千三百一十八所，僧尼有二十一万三千一百四十八人之多，较大的佛寺有僧众三百人之谱。在经济上元政府又对佛寺实行特殊政策，一是将大量土地划给寺院作为寺产，二是寺院可以从事商业和手工业经营和生产，因此有的大寺院饶有资财。这样就为佛寺刊刻佛经创造了一定的物质基础，加上善男信女的施舍，元代杭州路就曾刊刻了两部卷帙浩繁的《大藏经》。

《大藏经》为汉文佛教经典的总称，简称《藏经》、《一切经》。内容分经、律、论三藏，包括天竺和中国的佛教著述在内。

关于《大藏经》的价值，赵朴初《〈乾隆大藏经〉重版发行序》有全面而简括的评价，他说：

> 佛教传入中国已有近两千年的历史，对中国文化的发展产生了深广的影响，它以独具的精深哲学思想，丰富的精神财富，庞大的文献宝藏，精美的文化遗产而成为东方文化和文明的重要支柱。中国佛教历史上的高僧大德译经著述，创宗立派，传经授业，留下了卷帙浩瀚的佛教文学、艺术、历史、哲学的宝贵资料，形成中国佛教大藏经。大藏经是人类文化史上极为罕见的巍峨丰碑，凝聚了中国世代人的聪明智慧和辛勤劳动，体现了中华民族的坚韧精神和伟大气魄，这是我们引以自豪的无价的精神宝藏。

赵朴初对《大藏经》的评价是十分允当的。关于《大藏经》的刊刻，赵朴初说：

> 中国唐代发明雕刻刷印以后，佛经就有了刻印本。世界上现存最早的印刷书籍就是唐懿宗咸通九年（868年）所刻的《金刚经》。自宋代开宝四年（971年）我国雕造第一部《大藏经》之后，历宋、辽、金、元、明几个朝代，公私刻藏达十余部，惜屡经丧乱，经版无存。清代雍乾时代，整编重雕《大藏经》，到乾隆年间刻成，世称《龙藏》，博采旁搜，包罗宏富，达7800余卷，合计经版79036块，梵筴精美，为世界上最大的木刻书版。[1]

[1] 赵朴初此序曾在《瞭望》海外版1988年第50期发表。

被赵老誉为"人类文化史上极为罕见的巍峨丰碑，凝聚了中国世代人的聪明智慧和辛勤劳动，体现了中华民族的坚韧精神和伟大气魄"的《大藏经》，由于它的卷帙实在过于浩瀚，所以一千多年来只刻印了十来部，可是在浙江，元代在杭州路刻《河西字大藏经》和在余杭刻《普宁藏》，共刻印了两部。元代这两部《大藏经》的刊刻，证明浙江的出版事业对中华民族的文明史作出过重大的贡献。这里特别值得指出的是，元代尽管对佛教十分重视，据我所知，终元之世元政府没有大规模举行官刻藏经，这是因为大都（今北京）弘法寺原藏有金代刻的大藏经版，至元中曾加校订即成为元代的弘法寺大藏。至于其余各行省仅知在苏州完成了宋末创刻未完的碛砂版《大藏经》，另由松江府僧录管主八从弘法寺《大藏经》选出南方各种藏经所缺之秘密经类等加以补刻，以为《普宁藏》和《碛砂藏》的补充，完整地刊刻《大藏经》还数浙江的两部最为著名。

（一）主要刊经人管主八

管主八，生卒年不详。僧号广福大师，曾任松江府僧录。僧录为僧官，据《佛祖历代通载》卷二二载，元时"谕天下设立宣政院，僧录、僧正、都纲司，锡以印信，行移各路，主掌教门，护持佛法"。

管主八一生事业以刊刻佛经著称。元大德十年（1306），管主八因平江府（今苏州）碛砂延圣寺《大藏经》版未完，施中统钞二百锭，又募缘雕刊，未一年已刊千有余卷。又大德十年（1306），杭州路大万寿寺刻完《河西字大藏经》，管主八又"钦此胜缘"印造三十余藏及《大华严经》、《梁皇宝忏》、《华严道场忏仪》各百余部，《焰口施食仪轨》一千余部，施于宁夏永昌等路寺院永远流通。管主八还印施汉本《大藏经》五十余藏，四大部经三十余部，还从大都（今北京）弘法寺所藏《大藏经》中南方各藏经所缺少的经、律、论、疏抄五百余部在杭州路大万寿寺刊刻以广其传。所刊佛经几不可胜数，在刊刻、保存、传布《大藏经》方面有突出的贡献。至正二十三年（1363），管主八之子管辇直吃剌将管主八遗下的秘密经版一副舍人平江碛砂延圣寺大藏经坊，以供永远流通印造。

（二）余杭普宁寺刻《大藏经》

余杭普宁寺刻《大藏经》五百八十七函，六千零十卷（余杭普宁寺元至元间刊本，世称"普宁藏"）。

"普宁藏"，据王国维《两浙古刊本考》卷上著录为五百六十七函，毛春翔《古书版本常谈》著录为五百五十八函。此藏经开雕于元至元六年（1269），其时为南宋度宗咸淳五年。元灭宋是在赵昺祥兴二年（1279），故严格地说"普宁藏"的开雕是在宋末，全藏完成于元至元二十二年（1285），一说始刊于元世祖至元十五年（1278），终刊至元二十六年（1289），习惯上以元刊称之。

普宁寺在今余杭区南山瓶窑镇西，宋白云宗通教大师创庵以居。南宋绍兴年间（1131—1162）改名传灯院，淳熙七年（1180）改名大普宁寺。"普宁藏"的刊刻，总其事者为道安如一、如贤诸禅师，为梵笺装。太原崇善寺贮有全藏，苏州灵岩寺、北京国家图书馆亦藏有零册。据毛春翔称："康有为藏有一千二百余册，后售于王绶珊，今不知在何处。"又据王国维氏称："大普宁寺所刊大藏经日本尚有流传。"以国内现藏之《大般若波罗蜜多经》为例，《普宁藏》大体规制为框高二十五点三厘米，每叶六行，行十七字。《大般若波罗蜜多经》，唐僧玄奘译，共六百卷。据《开元目录》一称："唐太宗《三藏圣教序》、唐高宗《三藏圣教记》：《大般若波罗蜜多经》六百卷，十六会说，一万三百三十一纸，大唐三藏玄奘于玉华寺译。"

"普宁藏"的刊刻，系普宁寺白云宗僧众募刻，多为佛门信徒捐资所为，如《大般若波罗蜜多经》卷二十后有文字曰："丁府任氏道真同孙婿沈应子、孙女丁氏益娘共刊经一卷。伏愿府门康泰，眷聚乂宁，结般若良缘，因于此生同增五福，证如来秘藏于他世。克备二严。"

"戊寅年四月日南山普宁寺刊经局谨题。"按：此经所题戊寅年，即至元十五年（1278）。又如《大般若波罗蜜多经》卷四四三题记文字为："大藏经局伏承安吉州城南荻江演教院比丘无一，舍到净财刊大藏经一卷，报答四恩三有，不尽功勋。报荐先考邵君、先姚沈氏、先兄一宣教、先姊邵氏、先兄灵宝大师。承此良因，同登净土。已卯年正月日南山普宁寺僧道安题。"（参见王国维《两浙古刊本考》卷上）又据傅增湘《藏园群书经眼录》卷一载，傅氏曾藏有《大般若波罗蜜多经》六百卷的第三百四十六卷一卷，其版式和题记，据傅氏云：

元至元十八年二月杭州路普宁寺刊大藏经本，梵筴装，每半面六行，行十字。卷末音释后刻经题识六行，录后：

> "大藏经局伏承
> 平江路吴江县澄源乡新兴里章奥村居
> 奉佛弟子徐氏十一娘谨施净财，刊开
> 大藏经板一卷，所集功愿伏愿
> 法轮转处，女身成男子之身，
> 佛地见前，今世获来世之福。
> 至元十八年二月　日杭州路
> 南山普宁寺住持住山释道安题。"

另《大般若波罗蜜多经》卷三六二题记文字为："杭州路南山大普宁寺大藏局伏承湖州路乌程县南浔镇市居奉佛女弟子曹氏四十娘，法名证修，谨施净财，刊尊经一卷。功德祝扶丁酉本命星君，照临乾象，祈身位康宁者。至元十九年（1282）四月日住山释如一题。"（参见王国维《两浙古刊本考》卷上）王国维称："余杭州南山大普宁寺所刊《大藏经》，日本尚有残本流传。其题戊寅、已卯者至元十五、十六年是也。全藏著手于元初，日本小字藏经收杭州路余杭县白云宗南山大普宁寺大藏目录四卷，有本寺比丘如莹序，末署大德三年，则大德初已毕矣。"据此，"普宁藏"从设局开雕至全藏完成，先后历时二十余年。此说备考。

（三）杭州西湖孤山大万寿寺刻河西字《大藏经》

1. 河西字《大藏经》三千六百二十余卷（杭州路大万寿寺大德间刊本）

河西字即西夏文。西夏为古国名。北宋仁宗景祐五年（1038）党项羌族建立政权，国号大夏，史称西夏，据有今宁夏、陕北、甘肃西北、青海东北及内蒙古部分地区，都城为兴庆府（今宁夏银川）。西夏国主为拓跋氏之后裔，唐末时参与镇压黄巢起义有功，故唐王朝赐姓为李，至宋时又赐姓为赵，世为夏州节度使。至元昊称帝，传十主。与辽、金先后成为与宋相鼎峙的政权，西夏宝义二年（1227）为成吉思汗所灭。西夏有民族文字西夏文，据《辽史》卷一一五称，西夏文为李德明所创："西夏本魏拓跋氏后，其地则赫连国也。远祖思恭，唐季受赐姓曰李，涉五代至宋，世有其地，至李继迁始大据夏、银、绥、宥、静五州，缘境七镇。其东西二十五驿，南北十余驿。子德明晓佛书，通法律，尝观《太一金鉴诀》、《野战歌》，制《番书》十二卷，又制字若符篆。"据此可见西夏国主世重佛教经典与西夏文创制经过。元灭西夏后，西夏文字尚流行于河西一带。元大德年间（1297—1307）朝廷命杭州路大万寿寺雕造河西字《大藏经》。

元代杭州大万寿寺在西湖孤山，原为宋四圣延寿观和西太乙宫改建而成。潜说友《咸淳临安志》卷一三将四圣延祥观、西太乙宫列为皇家宫观。四圣延祥观在孤山，旧名四圣堂，绍兴十四年（1144）"慈宁殿斥费即今地建观"；西太乙宫亦在孤山，淳祐十二年（1252）理宗从太史局奏，"乃析延祥观地为宫"。南宋灭亡后，江南释教总统杨琏真伽据观为寺，称万寿寺。《河西字大藏经》全藏久佚。据宁夏某寺发现的《河西字大方广佛华严经》残册看，为梵笑装，框高二十四点三厘米，六行，行十七字，佛像线条明晰，字形若"符篆"之西夏文字刻得一丝不苟。于此可见元时杭州出版印刷力量之雄厚，不仅能刻印汉文典籍，还具备了刻印少数民族西夏文字之能力。

关于《河西字大藏经》的刊刻情况，元平江路（今苏州）碛砂延圣寺刊《大宗地玄文本论》卷三后松江府僧录管主八愿文略有记载，文曰："钦睹圣旨于江南浙西道杭州路大万寿寺雕刊《河西字大藏经》三千六百二十余卷、《华严》诸经忏板至大德六年完备。管主八钦此胜缘，印造三十余藏及《大华严经》、《梁皇宝忏》、《华严道场忏仪》各百余部，《焰口施食仪轨》千有余部，施于宁夏永昌（治所在今甘肃永昌县——引者按）等路寺院，永远流通。"（参见王国维《两浙古刊本考》卷上）魏隐儒《中国古籍印刷史》第十一章《辽、金、蒙古、西夏的雕板印书》称："西夏刻书。据文献记载，刻有西夏文《大藏经》，用梵笑装，字画严整，卷首有图，刻印精美，仅见有残篇。"从魏隐儒所论文字看，此"西夏刻书"当即是杭州路大万寿寺所刻河西字《大藏经》无疑。因此准确的说法应是元代杭州刻的西夏文《大藏经》，而不是西夏国刻的西夏文《大藏经》。据管主八所记："钦睹圣旨于江南浙西道杭州路大万寿寺雕刻河西字《大藏经》三千六百余卷，《华严》诸经忏板至大德六年完备。管主八钦此胜缘，印造三十余藏……施于宁夏永昌等路寺院永远流通。"据文义，河西字《大藏经》应为元政府下令杭州路大万寿寺雕造，而管主八加印三十部施于宁夏永昌等路，此河西字《大藏经》虽有元政府下令雕刻，但经费当由大万寿寺承担，当为佛寺刻经。

2.《大藏经》（秘密经、律、论），二十八函，约三百一十五卷

元大德十年（1306），松江府僧录管主八因南方《大藏经》缺秘密经类，故从大都（今北京）弘法寺《大藏经》选出南方各种藏经刻版所缺之秘密经类等，以为"普宁藏"和"碛砂藏"的补充，此刻亦在杭州路刊刻刷印。李盛铎曾藏有《金刚寿命陀罗念诵法》一卷、《大红义女欢喜母并爱子成就法》一卷，据李盛铎云：两经同卷，题字"密七"。末有"僧克己书"，有识语为："管主八累年发心印施汉本河西字《大藏经》八十余藏，华严诸经忏佛图等西番字三十余件经文外，近见平江路碛砂延圣寺大

藏经板未完，施中统钞贰伯锭及募缘雕刊，未及一年已满千有余卷。再发心于大都弘法寺，取秘密经律论数百余卷，施财三伯定，仍募缘于杭州路刊雕完备，续补天下藏经悉令圆满……大德十年丙午腊八日，宣授松江府僧录广福大师管主八谨题。"（李盛铎：《木樨轩藏书及书录》卷三）据管主八题记，其从大都弘法寺取来之大藏经秘密经、律、论数百卷明言"仍募缘于杭州路刊雕完备，续补天下藏经，悉令圆满"，此续刻藏经当刊于杭州路大万寿寺。

此外，大万寿寺所刊尚有《至元法宝》、《大藏经教法宝标目》、《至元法宝勘同总录》等。

七、书坊刻经刻书

元代杭州私家书坊不如南宋时之盛，刊书亦不如南宋书坊之多、影响之大，但亦有其特色，主要是元杂剧的刊刻。

（一）杭州众安桥杨家经坊

刻《金刚般若波罗蜜经》一卷，后秦释鸠摩罗什译。

杨家经坊具体情况不详，此书据《中国版刻综录》著录，《西谛书目》有此书。

（二）杭州睦亲坊沈八郎书坊

刻《妙法莲华经》七卷，后秦释鸠摩罗什译。

元杭州睦亲坊沈八郎刊《妙法莲华经》具体情况不详，据《中国版刻综录》云北京国家图书馆有藏本。

据傅增湘《藏园群书经眼录》卷一记："宋刊梵笑本，五行十八字，经文加句读。高五寸八分，宽二寸八分。末有'杭州睦亲坊内沈八郎印行'一行"。此沈八郎书坊疑为北宋或南宋书坊。傅增湘定所见《妙法莲华经》为"宋刊本"，而《中国版刻综录》及张秀民《中国印刷史》均言元时沈八郎刻有《妙法莲华经》。或沈八郎书坊元时尚存，姑录以备考。

（三）杭州书棚南沈二郎经坊

刻《妙法莲华经》七卷，后秦释鸠摩罗什译。

据张秀民《中国印刷史》称：元时杭州书棚南经坊沈二郎刊有《妙法莲华经》七卷。疑沈二郎经坊亦为宋时即有、元时尚存之经坊。

（四）武林沈氏尚德堂

刻《四书集注》二十六卷，宋朱熹撰。

此据张秀民《中国印刷史》言有至正间（1341-1368）刊本，具体刊刻情况不详。

（五）杭州失名书坊

刻《京本通俗小说》，卷数、撰人不详。

王国维《两浙古刊本考》卷上云："影元钞本，存卷十至卷六（笔者按：有误字，应为'存卷十至卷十六'），每半叶十一行，行十八字。"

此书有民国 4 年（1915）缪荃孙刊本，内共七篇，即《碾玉观音》、《菩萨蛮》、《西山一窟鬼》、《志诚张主管》、《拗相公》、《错斩崔宁》。《京本通俗小说》收入缪荃孙所刻《烟画东堂小品》丛书中，书后有江东老蟫（即缪荃孙）跋称于亲戚妆奁中发现此书影元人写本，残存九篇，据以影刻七篇。有人以为此书系缪氏仿造，系于《警世通言》、《醒世恒言》中抄掇数篇，窜易个别词语，故作宋人口气，并改题篇目，伪撰书名，仿元刻戏曲小说字体和样式刊印而成。

鲁迅《中国小说史略》云："《京本通俗小说》不知本几卷……每篇各具首尾，顷刻可了，与吴自牧所记正同。其取材多在近时或采之他种说部，主在娱心，而杂以劝惩，体制什九以闲话或他事，后乃缀合，以入正文。"又说："南宋亡，杂剧消歇，说话遂不复行，然话本盖颇有存者，后人目染，仿以为书，虽已非口谈，而犹存曩体，小说者流有《拍案惊奇》、《醉醒石》之属，讲史者流有《列国演义》、《隋唐演义》之属，惟民间于此二科，渐不复知严别，俱以'小说'为通名。"

以上诸说，录以备考。

（六）中瓦子张家

《大唐三藏取经诗话》三卷，撰人不详。

《大唐三藏取经诗话》一作《大唐三藏取经记》，鲁迅作《大唐三藏法师取经记》，分上、中、下三卷十七章，缺首章。叙述唐时玄奘和猴行者西天取经，沿途克服困难，取经而归故事。《诗话》中的猴行者是个白衣秀才，其故事略具后代《西游记》小说雏形。

关于《大唐三藏取经诗话》的刊刻，我在《浙江出版史研究——中唐五代两宋时期》系之于南宋书坊刻书。鲁迅《中国小说史略·宋元之拟话本》云："《大唐三藏法师取经记》三卷，旧本在日本，又有一小本曰《大唐三藏取经诗话》，内容悉同。卷尾一行云'中瓦子张家印'。张家为宋时临安书铺，世因以为宋刊，然逮于元朝，张家或亦无恙，则此书或为元人撰，未可知矣。三卷分十七章，今所见小说分章回者始此；每章必有诗，故曰诗话。"王国维《两浙古刊本考》卷上有言："末题中瓦子张家印，半叶十行，行十五字。按吴自牧《梦粱录》'铺席'门：保佑坊前张官人经史子文籍铺后即次以中瓦子前诸铺，此张家殆即张官人经史子文籍铺也。"

（七）杭州又一失名书坊

1. 古杭新刊《关大王单刀会》一卷，元关汉卿撰。

《关大王单刀会》一作《关大王独赴单刀会》，演关羽镇荆州东吴赴宴事。此书北京国家图书馆有藏本，据《中国版刻图录》著录："匡高一三点六厘米，广八点八厘米。十四行，行二十四字。黑口，左右双边……此元时坊本。"

2. 古杭新刊《尉迟恭三夺槊》一卷，元尚仲贤撰。

尚仲贤，生卒年不详。元真定（今河北正定）人，曾任江浙行省官吏，在杭州生活过。

古杭新刊《尉迟恭三夺槊》，王国维《两浙古刊本考》卷上著录，每半叶十四行，行二十四字。

3. 古杭新刊《关目风月紫云庭》一卷，元石君宝撰。此书王国维《两浙古刊本考》著录，每半叶十四行，行二十四字。

4. 古杭新刊《李太白贬夜郎》一卷，元王伯成撰。此书王国维《两浙古刊本考》卷上著录，每半叶十四行，行二十四字。

5. 古杭新刊《关目霍光鬼谏》一卷，元杨梓撰。杨梓（？—1327），元海盐（今浙江海盐）澉川人。曾任谏议大夫，杭州路总管。此书王国维《两浙古刊本考》卷上著录，每半叶十四行，行二十四字。

6. 古杭新刊《关目辅成王周公摄政》一卷，元郑光祖撰。郑光祖，生卒年不详。字德辉，平阳（今山西临汾）人。曾任杭州路吏，卒于杭州，葬于杭州灵芝寺。此书王国维《两浙古刊本考》卷上著录，每半叶十四行，行二十四字。

7. 古杭新刊《小张屠焚儿救母》一卷。王国维《两浙古刊本考》卷上著录是书每半叶十四行，行二十四字。

8. 《赵氏孤儿》一卷，元纪君祥撰。《赵氏孤儿》全称《冤报冤赵氏孤儿》，一作《赵氏孤儿大报仇》。此书北京国家图书馆有藏本。据《中国版刻图录》著录："匡高一五点二厘米，广九点四厘米。十六行，行二十五字，黑口，左右双边……同纸墨刀法，疑亦元时杭州坊本。"

以上自《关大王单刀会》至《赵氏孤儿》等八种元人杂剧多署"古杭新刊"，且版式、行款皆同，可证皆为元时杭州路某一失名书坊所刊，当时所刊定多，此仅有传世者。元时杭州对元杂剧的刊刻作出了重要的贡献。

第五章 杭州印刷出版事业在明代处于全国上游地位

元朝末年，由于统治者的残酷剥削和政治腐败，各地农民起义风起云涌，杭州、婺州、衢州、庆元、台州、温州、处州等路及所属州、县皆有农民起义，其中影响最大的是黄岩人方国珍所领导的佃农和渔民起义，一度占领庆元、温州、台州三路。稍后，张士诚的起义军攻占杭州，亦一度占领浙西北地区。朱元璋部李文忠、邓愈、胡大海于至正十八年（1358）三月攻下建德路，改建德路为严州府。十二月朱元璋攻下婺州，改婺州为宁越府，置中书浙东行省。次年常遇春、胡大海先后攻克衢州、处州，于至正二十七年（1367）扫平此前已经降元的方国珍、张士诚部，浙江全境为朱元璋部所统治。

朱元璋建立明王朝以后，初期继承元制，中央设中书省，地方则置行中书省管理全国和地方政务。洪武九年（1376）废行中书省，设置承宣布政使司，管理一省民政财政，又设按察使司掌管一省司法；设都指挥司掌一省军政，此即所谓一省的最高领导机构"三司"，三司中又以布政司为中央派驻地方代表，执行朝廷政令。

明代又改元地区级机构"路"为"府"，原省属十一路，改为十一府，今浙江地域所属之州、县较元代有所增加和变化。杭州府：所属有九县，即钱塘、仁和、海宁、富阳、余杭、临安、於潜、新城、昌化。

明代刻书、出版事业就总体而论，又出现了盛极一时的局面，其刻书出版中心地则有所变化：一是南京的崛起。明初建都南京，南京遂成为全国政治、经济、文化的中心。内府刊书颇多，书坊林立，占全国第一，私家刻书亦多。二是北京，北京原为金元旧都，刻书有一定的基础，自明永乐十九年（1421）迁都北京后，即成为全国政治文化中心，除了北京国子监刊书外，中央有关部院亦有刻书，书坊、私人刻书亦多。三是苏州。苏州刻书兴自明代，一度曾成为全国之冠，所刻书世称"苏板"。苏州书坊刻书亦多，特别是万历（1573—1620）以后，苏州府所属常熟县诞生了一位重要的藏书家、出版家毛晋，其汲古阁刻书更是名噪一时。四是建宁。福建建宁府刻书自南宋迄至明代，一直为全国出版重点地区之一，尤其是书坊刻书极盛，其书坊及刻书之多，在有明一代可与南京相抗衡。五是徽州。徽州刻书之有名在于版画的精美。六是杭州。杭州于宋元时代为全国刻书之中心，明代公私刻书就数量而言不下宋元，只是特别有名的不多。但仍是全国书籍刊刻聚集地之一。

第一节　明代杭州出版事业仍居上游原因

　　浙江明代刻书以杭州为主，万历以后吴兴（今湖州）崛起，成为全国有名地区。除以上两地外，嘉兴、宁波、绍兴等地刻书亦可观，其他如金华、台州、衢州、处州等府均有刻书，所以就总体而论，浙江仍不失为刻书和图书流通事业的大省。浙江尤其是杭州自宋以来刻书、出版业保持长盛不衰的局面。

一、经济比较富庶，为刻书出版事业提供了有力的物质基础

　　明代立国以后，由于采取了一些有利恢复经济的措施，如移民垦荒、兴修水利，推广经济作物的种植，浙江的经济得到了发展。在手工业方面，杭嘉湖地区的丝织业迅速兴起，当时的杭州府所属地区人称桑麻遍野，茧丝绵苎等丝麻织品十分丰富，吸引远至陕西、山西、北京等地商人前来采购。杭嘉湖一带的塘栖、濮院、乌镇、菱湖、双林、南浔等都因经营丝织业而成为水乡大镇，许多人都因经营丝织业而致富。由于丝织业的发展，明中叶以后出现了资本主义萌芽的生产方式。

　　明代浙江商业经济也比较繁荣，以杭州而言，时人将北京、南京、广州、杭州并列为全国四大都会，到万历年间杭州的商业出现了空前繁荣的景象。据方志记载，其时杭州出现了舟航水塞、车马陆填，各地客商云集杭州的盛况。方志所载难免有夸大之处，但总体上说这个时期不仅杭州，浙江其他一些地区在经济上也是比较发达的。

二、杭州是全国重要的书籍流通市场

　　由于商业经济的发展，市民阶层的兴起，他们对文化生活也提出了新的要求，市民文学随之出现了长足的发展，客观的需要也刺激了出版事业。很明显，明代杭州所刊书中有拟话本小说、长篇章回小说、戏曲书

籍，是和客观社会需要分不开的，这个情况和宋元时代有很大的区别。

还有值得注意的是，杭州的书坊很多，图书流通十分发达。据胡应麟《少室山房笔丛》记载，杭州镇海楼、涌金门、弼教坊一带是书肆集中地，并且还有许多流动书贩随香市以及上巳、花朝等节日临时流动设摊。又如湖州万历以后刊刻书籍兴起，出现了有一种"书船"流动售书，即是一叶扁舟，内装若干书籍，沿水路向各州、县兑卖书籍，而这些"书船"的商贾与藏书家素有往来，熟知书籍行情。书籍商贸活动的发展，无疑也对刻书出版事业有促进作用。明代杭州、湖州的刻书事业的繁荣，和以上所述是分不开的。

第二节　明代全国出版中心之一的杭州

宋元时代，杭州刻书称名于世，北宋杭州所刻国子监书独步天下，重要官刻史书辄下杭州刊版，故叶梦得有"今天下刻书，以杭州为上"之说。南宋时建都于此，杭州成为政治、经济、文化中心。元代重要官书仍然多下杭州路刊版。

明代对杭州刻书、出版事业的一个重大打击，是洪武八年（1375），明政府以行政命令将杭州西湖书院所藏宋元旧版二十余万书版全部调往南京国子监。这对浙江来说，是一大损失，故王国维《两浙古刊本考》称之为"吾浙之宝藏俄空"。在此情况下，兼之南京取代杭州成为全国出版业的中心，以及尔后苏州、常熟刻书的兴起，福建建宁刻书的持续繁荣，相形之下，杭州的地位自然不如往昔了。

杭州仍是全国刻书、出版事业的中心地区之一，浙江仍不失为刊书大省的地位。

一、省级衙署及杭州府署出版物

明代官刻书有个规定，即是传统的经书，民间只准翻刻，不准另刻。其缺点是容易造成千篇一律，但从另一个角度说则书籍的基本质量有了保证。举例而言，福建民间曾刻《五经》、《四书》，前有嘉靖十一年（1532）二月提刑按察司给建宁府的牒文，略云：《五经》、《四书》为读书士子"第一切要之书"，但书坊为了获利，不顾质量，改刻袖珍等板。由于草率刊刻，结果"款制偏狭，字多差讹，如'巽与'讹作'巽语'，'由吾'讹作'犹古'之类，岂但有误初学，虽士子在场屋，亦讹写被黜，其为误亦已甚矣"。"若不精校另刊，以正书坊之谬，恐致益误后学"，故"议呈巡按察院详允会督学道选委明经师生，将各书一遵钦颁官本，重复校雠，字画、句读、音释，俱颇明的。《书》、《诗》、《礼记》、《四书》传说如旧，《易经》加刻程传，恐只穷本义，涉偏废也。

《春秋》以胡传为主，而《左》、《公》、《穀》三传附焉，资参考也。刻成合发刊布。为此牒仰本府，著落当该官吏，即将发去各学，转发建阳县，拘各刻书匠户到官，每给一部，严督务要照式翻刻。县仍选委师生对同，方许刷卖。书尾就刻匠户姓名查考，再不许故违官式，另自改刊。如有违谬，拿问重罪，追版划毁，决不轻贷。仍取匠户不致违谬，结状同依准缴来"（丁丙：《善本书室藏书志》卷二《礼记集说》载有此牒文）。据牒文概见明时官府对书坊刻书法制规定之严，就总体说，着眼在于刊书质量，是值得肯定的。官府刻书既有充裕经费，目的又不在营利，故所刊之书，质量相对较高。

明代杭州官刊书，稽考文献略有浙江布政司、浙江按察司、巡抚都察院、杭州府等省、府刻书。

据明周弘祖《古今书刻》上编所载，在杭州府的省级衙署及杭州府的刻书颇多，略有：

（一）浙江布政司刊本八种

《东汉文鉴》、《西汉文鉴》、《说文》、《救荒活民补遗》、《诸司职掌》、《仪礼经传》、《律吕元声》、《近思录》。

（二）浙江按察司刊本六种

《疑狱集》、《官箴集要》、《大明律》、《竹枝词》、《桯史》、《唐鉴》。

（三）杭州府刊本三十种

《大唐六典》、《四书集注》、《武林遗事》、《礼经会元》、《原病式》、《周礼》、《始丰集》、《千家全集唐诗》、《元诗体要》、《韵海》、《唐诗类编》、《宋学士文粹》、《算法大全》、《咏物新题》、《雪溪渔唱》、《万竹山房集帖》、《龙门子》、《群珠摘粹》、《养生杂纂》、《刘伯温文集》、《程氏遗书》、《伊洛渊源》、《四书白文》、《温公我箴集》、《精忠录》、《林和靖诗》、《近思录》、《太白山人诗》、《荩斋医要》、《西湖游览（志）》（周弘祖：《古今书刻》上编）。

按：周弘祖为明湖广麻城人，嘉靖三十八年（1559）进士，隆庆间迁福建提学副使，后贬安顺判官，所著《古今书刻》上编所记为明各直省所刊书籍，下编则录各直省所存石刻。上编所记各省书籍，仅录书名，无卷数、作者姓氏及刊刻年月，尽管此为周氏个人著述，所见有局限，遗漏在所难免，但大抵尚能反映出明代前期和中期的官刊出版事业状况。

清丁申《武林藏书录》卷上《杭州诸公署镂版》据陈善《万历杭州府志》所载，尚有：

（一）巡抚都察院刊本十三种

《皇明经济录》四十一卷 明总督都御史胡宗宪编。

《筹海图编》十三卷 明总督都御史胡宗宪编。

《督抚奏议》六卷 明总督都御史胡宗宪编。

《续督抚奏议》六卷 明总督都御史胡宗宪编。

《诸史将略》十六卷 知府毛纲、钱塘教谕黄议编。

《大学衍义补纂要》六卷 巡抚都御史徐栻编。

《余庆录》一卷 巡抚都御史徐栻编。

《矿防考》一卷 巡抚都御史谷中虚撰。

《海防考》一卷 巡抚都御史谷中虚撰。

《水兵律令》一卷 巡抚都御史谷中虚撰。

《陆兵律令》一卷 巡抚都御史谷中虚撰。

《水兵操法》一卷 巡抚都御史谷中虚撰。

《陆兵操法》一卷 巡抚都御史谷中虚撰。

（二）浙江布政司刊本又二十七种

《礼经会元》四卷　《史纂左编》一百四十卷。

《国朝宪章录》四十二卷　《宪章类编》四十二卷。

《皇明诏令》二十一卷　《大明律例》七卷。

《问刑条例》六卷　《军政事例》六卷。

《军政条例》四卷　《赋役成规》一卷。

《均平录》一卷　《广舆图》一卷。

《浙江通志》七十二卷　《横渠易说》二卷。

《仪礼经传》二十三卷　《续仪礼经传》三十六卷。

《律吕元声考注》二卷　《类证本草》三十卷。

《食物本草医方选要》十二卷　《经验良方》十一卷。

《本草医旨脉诀》一卷　《卫生易简方》四卷。

《太上感应篇》一卷　《文章规范》十卷。

《陶靖节集》十卷　《皇明诗抄》二卷。

《古乐府》十卷。

（三）浙江按察司刊本又十六种

《乡校礼辑》一卷　《资治通鉴》三百二十四卷。

《文章正宗》三十卷　《条例备考》二十四卷。

《大唐六典》三十卷　《疑狱集》十卷（与周弘祖所记同）。

《军政条例摘钞》十卷　《官箴集》二卷（疑与周弘祖所记《官箴集要》为同一书）。

《王恭敏公驳稿》二卷　《越绝书》十五卷。

《六书正讹》六卷　《韩氏医道》一卷。

《臞仙肘后经》二卷　《欧阳文集》四卷。

《岳武穆集》十卷　《钓台集》十卷。

（四）两浙运司刊本十一种

《两浙鹾志》若干卷 明巡按御史唐臣撰。

《两浙盐法条例》五十卷 《招商事宜》一卷。

《钦依盐法要览》、《要览续编》共十四卷。

《行盐事宜》六卷 《场所公费事宜》一卷。

《金佗粹编》二十卷 《续编》二十四卷。

《四书集注》十九卷 《大明律例》七卷。

（五）杭州府刊本又十二种

《守令懿范》四卷 《洗冤录》一卷。

《日本考略》一卷 《陆王二先生要语》二卷。

《百忍箴》四卷 《灵棋经》一卷。

《杭州府志》六十三卷 《西湖游览志》二十四卷。

《西湖游览志余》二十六卷 《武林旧事》十卷。

《杭州府水利图说》一卷 《于忠肃公奏议》十卷。丁申：《武林藏书录》卷上。

又据丁申《武林藏书录》卷上《杭州官刻书》引周弘祖《古今书刻》，浙江布政司刊书有十七种，比古典文学出版社（叶德辉序本）要多出九种；按察司刊本十一种，比古典文学出版社（叶德辉序本）要多出五种。除去《万历杭州府志》所载重复者，尚多出：

（一）浙江布政司刊本

《七修类稿》、《筹海图编》等两种。

（二）浙江按察司刊本

《唐鉴》、《羲之十七帖》等三种。

关于明代杭州官署官刊本，据我所知周弘祖《古今书刻》及丁申《武林藏书录》至少还遗漏了如下几种：

（三）浙江布政司刊本

《陈刚中集》三卷、《附录》一卷，元陈孚撰。

（四）浙江布政司洪武间刊本

《玉机微义》五十卷，明徐用诚撰、刘纯续增。

（五）浙江布政司万历间刊本

《医学正传》八卷，浙江布政司万历间刊本。

（六）浙江按察司刊本

《敬由编》十二卷，明窦子偁撰，浙江按察司万历三十九年（1611）刊本。

（七）两浙都转盐运使司

《皇明疏抄》，明孙旬编，两浙都盐运使司万历十二年（1584）刊本。

以上根据我稽考书目文献，爬梳剔抉可以考定明代浙江布政司官刊本至少刊过四十种书籍，浙江按察司官刊本至少刊过二十二种书籍，浙江巡抚都察院官刊本至少刊过十三种书籍，两浙运司官刊本至少刊过十二种书籍，杭州府官刊本至少刊过四十二种书籍，合计共刊一百二十九种书籍。这个数字在明代各省中是不算少的，何况这还不包括明代杭州府所属各县的方志（明代立国二百七十余年间，浙江各县方志一般均纂修二三次，多者五六次，如将刊刻的方志统计进去，这将是一个十分巨大的数字），这里也不包括各县学宫、县学等的官刊本。

二、书坊刻书

明代杭州书坊可能没有南京和福建建宁等地多，但为数也不算少。关于杭州的书坊，明胡应麟《少室山房笔丛》卷四《经籍会通四》有所记载。胡应麟（1551—1602），浙江兰溪人，性喜藏书，少从其父胡僖宦游，后曾"遍历燕、吴、齐、赵、鲁、卫之墟"，所到之处辛勤搜书，藏书历时三十载，对各地藏书、刻书情况颇为熟悉，所载可信。他说：

> 今海内书凡聚之地有四：燕市也，金陵也，阊阖也，临安也。闽、楚、滇、黔则余间得其梓，秦、晋、川、洛则余时友其人。旁诹阅历，大概非四方比矣。两都吴越皆余足迹所历，其贾人世业者往往识其姓名。

这里胡应麟十分肯定地指出其时全国四大书籍聚集之地为北京、南京、苏州、杭州。当然这里他所指的"今海内书凡聚之地"是指藏书和刻书两层含义，也指书籍流通之地。但我们知道凡藏书家多的地方刻书必多，有些藏书家本身就是刻书家。明代杭州藏书事业，在全国是名列前茅的。关于杭州书坊经营销售书籍的情况，胡应麟有生动的描述：

> 凡武林书肆多在镇海楼之外，及涌金门之内，及弼教坊、清河坊，皆四达衢也。省试则间徙于贡院前，花朝后数日则徙于天竺，大士诞辰也。上巳后月余，则徙于岳坟，游人渐众也。梵书多鬻于昭庆寺，书贾皆僧也。自余委巷之中，奇书秘简往往遇之，然不常有也。[1]

从胡应麟所记可以看出，明代杭州无论通衢大街以至委巷小里之中，可以说是书肆林立，而且有许多流动售书摊点，这个状况今日看来也是够热闹的。

明代杭州书坊至今可考者有四十来家，现略举于后并列所刊书目，以见其时概况。

（一）古杭勤德书堂及所刊书举要

书堂主人余姓，余不详，金知明代杭州书肆刊书以古杭勤德书店为最早，所刊书有：

《算书五种》，宋杨辉撰，古杭勤德书堂洪武十一年（1378）刊本。

《皇元风雅》《前集》六卷，《后集》六卷，撰人不详，古杭勤德书堂洪武十一年（1378）刊本。

《新编翰林珠玉》六卷，元虞集撰，古杭余氏勤德书堂洪武间刊本。

[1] 胡应麟：《少室山房笔丛》卷四《经籍会通》，《四库全书》本。

（二）钱塘洪楩清平山堂及所刊书举要

洪楩，字子美，钱塘县（今杭州）人，曾官詹事府主簿。富藏书、精刻书。所居仁孝坊，俗称清平巷，堂名清平山堂，所刻书皆署清平山堂。

洪楩世居杭州西溪，为藏书世家。祖洪钟，成化进士，曾官左都御史加太子少保，性好藏书。父洪澄，曾官中翰。子瞻祖，万历进士，官至右都御史。各家著述皆以为洪楩清平山堂为杭州书坊，姑从之。据我推测，洪楩刻书出售是有可能，但主要不是贸利，与普通书商当有所区别。

洪楩清平山堂所刻书据知有：

《六十家小说》（今残本题作《清平山堂话本》），洪楩清平山堂刊于嘉靖间。

《六十家小说》原为六十篇小说，今存二十九篇。其目为：《简帖和尚》、《柳耆卿诗酒玩江楼记》、《张子房慕道记》、《西湖三塔记》、《阴积善》、《合同文字记》、《陈巡检梅岭失妻记》、《风月瑞先亭》、《五戒禅师私红莲记》、《蓝桥记》、《刎颈鸳鸯会》、《快嘴李翠莲记》、《杨温拦虎传》、《洛阳三怪记》、《花灯桥莲女成佛记》、《曹伯明错勘赃记》、《错认尸》、《董永遇仙记》、《戒指儿记》、《羊角哀死战荆轲》、《生死交范张鸡黍》、《老冯唐直谏汉武帝》、《汉李广世号飞将军》、《夔关姚卞吊诸葛》、《川萧琛贬霸王》、《李元吴江救朱蛇》。以上共二十七篇，文学古籍刊行社曾据日本内阁文库藏残本和原天一阁旧藏残本于20世纪50年代影印问世，书名作《清平山堂话本》。另两篇即《翡翠轩》、《梅杏争春》因残缺过甚，没有重印过。

《蓉塘诗话》二十卷，明姜南撰，洪楩清平山堂嘉靖三十六年（1557）刊本。

《六臣注文选》六十卷，梁萧统辑，唐李善、吕延济、刘良、张铣、吕向、李周翰注，洪楩清平山堂嘉靖二十八年（1549）刊本。

《路史》四十卷，宋罗泌撰，洪楩清平山堂嘉靖刊本。

《洪楩辑刊医学摄生类八种》（不分卷），洪楩清平山堂嘉靖二十五年（1546）刊本。此书含医书八种，其目为：《医学权舆》、《寿亲养老新书》、《食治养老方》、《太上玉轴气诀》、《陈虚白规中指南》、《霞外杂俎》、《逸游事宜》、《神光经》。

《唐诗纪事》八十一卷，宋计有功撰，洪楩清平山堂嘉靖二十四年（1545）刊本。是书行款为半页十行，行二十字，白口，四周单边。序文书口上方有"清平山堂"四字。

《新编分类夷坚志》甲集五卷、乙集五卷、丙集五卷、丁集五卷、戊集五卷、己集六卷、庚集五卷、辛集五卷、壬集五卷、癸集五卷，洪楩清平山堂嘉靖二十五年（1546）刊本。

（三）武林书林徐象橒曼山馆及所刊书举要

曼山馆主人徐象橒，字孟雅，钱塘人。余不详。所刊书有：

《国史经籍志》六卷，明焦竑辑，武林书林徐象橒曼山馆万历间刊本。

是书书口下方有"曼山馆"三字。

《唐荆川先生纂辑武备前编》六卷，《后编》六卷，明唐顺之撰，武林书林徐象橒曼山馆万历四十六年（1618）刊本。是书半页十行，行二十字，白口，上下单边，左右双边。书口下方有"曼山馆"三字。

《古诗选九种》三十一卷，《均藻》四卷，《五言诗细》一卷，《七言诗细》一卷，明杨慎辑武林书林徐象橒曼山馆万历间刊本。

《国朝献征录》一百二十卷，明焦竑辑，武林书林徐象橒曼山馆万历四十四年（1616）刊本。

《春秋愍度》十五卷，明耿汝忞撰，武林书林徐象橒曼山馆万历间刊本。

《东坡先生尺牍》十一卷，宋苏轼撰，明焦竑批点，武林书林徐象橒曼山馆天启元年（1621）刊本。是书半页十行，行十八字，白口，四周单边。版心下方有"曼山馆"三字。

《五言律祖前集》四卷，《后集》六卷，明杨慎撰，武林书林徐象橒曼山馆万历间刊本。是书半页八行，行十八字，白口，四周单边。书口下方有"曼山馆"三字。

《钜文》十二卷，明屠隆辑，武林书林徐象橒曼山馆万历间刊本。是书半页九行，行十九字，白口，四周双边。

（四）杭州朝天门翁文溪及所刊书举要

翁文溪，生平事迹不详，现知所刊书有：

《批点分类诚斋先生文脍前集》十二卷，《后集》十二卷，杭州朝天门书林翁文溪隆庆六年（1572）刊本。是书半页十行，行二十三字，白口，四周单边，后有"隆庆壬申翁文溪梓行"牌记。

（五）武林书林翁晓溪及所刊书举要

翁晓溪，生平事迹不详，所刊书有：

《考古汇编经集》六卷，《史集》六卷，《文集》六卷，《续集》六卷，明傅钺辑，武林书林翁晓溪嘉靖三十一年（1552）刊本。

（六）凝瑞堂及所刊书举要

书肆主人姓氏无可考，所刊书有：

《弄珠楼》二卷，撰人不详，武林书林凝瑞堂万历间刊本。

（七）商濬武林继锦堂及所刊书举要

商濬，字旻哲，会稽人。继锦堂所刊书有：

《两朝平攘录》五卷，明诸葛元声撰，商濬继锦堂万历三十四年（1606）刊本。是书半页九行，行二十字，白口，四周单边。

《阳明先生道学钞》七卷，明王守仁撰；《年谱》二卷，明李贽编，商濬武林继锦堂万历三十七年（1609）刊本。

（八）武林夷白堂及所刊书举要

夷白堂书肆主人杨尔曾，字圣鲁，号雉衡山人，又号夷白主人，斋名草玄庐，钱塘人。所刊书有：

《海内奇观》十卷，明杨尔曾辑，武林夷白堂万历三十八年（1610）刊本。

《新镌通俗三国演义便览》二十四卷（巾箱本），罗本编次，武林夷白堂万历间刊本。

《图绘宗彝》八卷，明杨尔曾辑，书林夷白堂万历三十五年（1607）刊本。

《高氏三宴诗集》三卷，《香山九老诗》一卷，明高正臣辑，书林夷白堂万历间刊本。

《新镌仙媛纪事》题草玄居，有万历三十年（1602）自刻本。

（九）舒载阳藏珠馆书肆及所刊书举要

藏珠馆主人舒载阳。所刊书有：

《新刊徐文长先生批评唐传演义》八卷九十节，明熊大木撰，武林书林藏珠馆泰昌元年（1620）刊本。

（十）双桂堂书肆及所刊书举要

双桂堂书肆主人姓氏不详。所刊书有：

《历代名公画谱》（不分卷），明顾炳绘编，旌德刘光信刻，杭州双桂堂万历三十一年（1603）刊本。此书无边框，面高二六点八厘米，广一八点三厘米。此谱绘者顾炳，以画名世，召授中秘，供奉内廷。绘刻均精，人物形神兼备。

（十一）段景亭读书坊书肆及所刊书举要

段景亭生平不详，所刊书有：

《昭代经济言》十四卷，明陈子壮辑，杭州书林段景亭读书坊天启六年（1626）刊本。

《怡红阁浣纱记》二卷，明梁辰鱼撰，杭州书林段景亭读书坊天启间刊本。

《怡云阁金印记》二卷，明苏复之撰，杭州书林段景亭读书坊天启间刊本。

《怡云阁西楼记》二卷，明袁于令撰，杭州书林段景亭读书坊天启间刊本。

《孔子家语注》十卷，《集语》二卷，魏王肃撰，明何孟春注，杭州书林段景亭读书坊天启间刊本。

《古今诗话》八十三卷，明陈继儒辑，杭州书林段景亭读书坊天启间刊本。

《徐文长文集》三十卷，明徐渭撰，杭州书林段景亭读书坊天启间刊本。

《名山胜概记》四十八卷，《图》一卷，《附录》一卷，明何镗辑，慎蒙续，张缙彦补，杭州书林段景亭读书坊崇祯间刊本。

《关尹子注》二卷，周尹喜撰，宋显微注，明孙评，杭州书林读书坊天启间刊本。

《扬子法言注》十卷，晋李轨、唐柳宗元、宋宋咸、司马光撰，杭州书林段景亭读书坊天启六年（1626）刊本。

《证治医便》六卷，明窦梦麟撰，杭州书林段景亭读书坊天启间刊本。

《五经纂注》（不分卷），明沈一贯辑，杭州书林段景亭读书坊天启间刊本。

《艳异编》五十三卷，明王世贞辑，杭州书林段景亭读书坊天启间刊本。

（十二）冯念祖卧龙山房及所刊书举要

冯念祖，字绳武，杭州人，余不详。所刊书有：

《越绝书》十五卷，汉袁康撰，冯念祖刊于万历十四年（1586）刊本。

《吴越春秋音注》十卷，后汉赵晔撰，元徐天祐（祐，一作祜）音注，冯念祖卧龙山房万历十四年（1586）刊本。是书目录后有"万历丙戌之秋武林冯念祖重梓于卧龙山房"三行牌记。该书板片后易主，转给杨尔曾。杨氏重印时，将牌记改为"万历辛丑之秋杨尔曾梓于卧龙山房"。

（十三）冯绍祖观妙斋及所刊书举要

冯绍祖，字绳武，盐官县（今海宁市盐官镇）人，余不详。所刊书有：

《楚辞章句》十七卷，《附录》一卷，冯绍祖万历十四年（1586）刊本。

（十四）阳春堂及所刊书举要

阳春堂主人不详。所刊书有：

《保赤全书》二卷，明管橚编，阳春堂万历十三年（1585）刊本。

（十五）武林张氏白雪斋及所刊书举要

白雪斋主人张师龄，余不详。所刊书有：

《晋安风雅》十二卷，明徐熥撰，张师龄万历二十六年（1598）刊本。

《幔亭集》十五卷，明徐熥撰，张师龄万历间刊本。

《白雪斋选订乐府吴骚合编》四卷，《衡卷塵谭》一卷，明张楚叔、张旭初辑，《曲律》一卷，明魏良辅撰，武林张师龄白雪斋崇祯十年（1637）刊本。

《白雪斋选订乐府吴骚合编》有插图，图为武林项南洲（仲华）、古歙洪国良等刻，颇精美。是书框高一九点九厘米，广一三点七厘米。

（十六）武林书林泰和堂及所刊书举要

泰和堂主人姓氏不详。所刊书有：《新镌东西晋演义》十二卷，明杨尔曾撰，武林书林泰和堂天启间刊本。

（十七）蒋德盛武林书室及所刊书举要

《敬斋古今注》十四卷，元李冶撰，蒋德盛武林书室万历二十八年（1600）刊本。

（十八）武林容与堂及所刊书举要

容与堂主人姓氏不详。所刊书有：

《李卓吾先生批评忠义水浒传》一百卷（一百回），元施耐庵撰，明李贽评，虎林书林容与堂万历三十八年（1610）刊本。此书李贽序后有"虎林孙朴书于三生石畔"八字。此书插图版画由吴凤台、黄应光刻，神形毕具。是书框高二十二点五厘米，广十三点三厘米。

《李卓吾先生批评幽闺记》二卷，元施惠撰，明李贽评，虎林容与堂万历间刊本。

此书版画插图颇精美。是书框高二十二点五厘米，广十三点三厘米。

《李卓吾先生批评红拂记》二卷，明张凤翼撰，李贽评，虎林书林容与堂万历间刊本。版画插图为黄应光、姜体乾刻。是书框高二十二点五厘米，双面广二十六厘米。

《李卓吾先生批评玉合记》二卷，明梅鼎祚撰，李贽评，虎林书林容与堂刊万历间刊本。

是书版画插图为黄应光刻。框高二十二厘米，双面广二十八厘米。

《李卓吾先生批评琵琶记》二卷，《四十二出》，元高明撰，明李贽评，此书版画为由拳（今嘉兴）赵璧画，黄应光刻。

框高二十二厘米，广十四厘米。行款为半页十行，行二十一字，白口，四周单边。容与堂本插图仅此本署"由拳赵璧模"。

《李卓吾先生批评北西厢记》二卷，虎林书林容与堂万历三十八年（1610）刊本。版画插图刻者不详。

《李卓吾先生批评金印记》二卷二册，明苏复之撰，李贽评，武林容与堂万历间刊本。是书框高十九点六厘米，双面广二十七厘米。版画插图刻者不详。

（十九）钱塘钟氏书肆及所刊书举要

钟人杰，字瑞先，钱塘县人。著有《性理会通》。就钟氏所刊书论之，疑钟人杰与胡文焕相似，亦为书商。余不详。所刊书有：

《唐宋丛书》九十一种，一百四十九卷，明钟人杰辑，钟人杰万历间刊本。

《虞初志》八卷，陆采辑；《续虞初志》四卷，汤显初编，钟人杰万历间刊本。

《史记》一百三十卷，汉司马迁撰，钟人杰万历间刊本。

《徐文长文集》三十卷，明徐渭撰，钟人杰万历四十二年（1614）刊本。

《四声猿》不分卷（四种），明徐渭撰，袁宏道评点，钟人杰万历四十二年（1614）刊本。此书版画插图为古歙汪修画，意态绵远，镌印甚工。

书框高二十一点二厘米，双面宽二十八厘米，卷首冠图，合页连式。

（二十）雷氏文会堂及所刊书举要

文会堂主人仅知雷姓，余不详。所刊书有：

《济世产宝论方》二卷，撰人不详，杭州书林雷氏文会堂嘉靖间刊本。

（二十一）方清溪书坊及所刊书举要

方清溪，生平事迹不详。所刊书有：

《新镌雅俗通用珠玑薮》八卷，明西湖散人辑，武林书林方清溪万历间刊本。

（二十二）胡文焕文会堂及所刊书举要

胡文焕，字德甫，号全庵，一号抱琴居士，钱塘人，辑有《格致丛书》等。现知明代杭州书肆中以胡文焕所刊书为最多。所刊书有：

《格致丛书》一百六十九种，四百五十卷，明胡文焕辑，杭州书林胡文焕文会堂万历间刊本。

《寿养丛书》十六种，三十六卷，明胡文焕辑，钱塘书林胡文焕文会堂万历间刊本。

（二十三）武林书坊赵世楷及所刊书举要

赵世楷，生平不详。所刊书有：

《太玄经》十卷，汉杨雄撰，武林赵世楷天启六年（1626）刊本。

（二十四）武林启秀堂及所刊书举要

启秀堂主人姓氏不详。所刊书有：

《新刻批评百将传正集》四卷，《续集》四卷，明张裕辑，赵光裕评，启秀堂天启四年（1624）刊本。

（二十五）武林樵云书舍及所刊书举要

樵云书舍主人姓氏不详。所刊书有：

《新刻增补艺苑卮言》十六卷，明王世贞撰，樵云书舍万历十七年（1589）刊本。

此书半页十行，行二十字，白口，上下单边，左右双边，卷十六后有"万历己丑孟冬武林樵云书舍梓行"牌记。

（二十六）钱塘王慎修书肆及所刊书举要

王慎修，生平不详。所刊书有：

《三遂平妖传》四卷二十回，明罗本（贯中）撰，版画插图为金陵刘希贤刻。钱塘王慎修万历间刊本。

此书框高二十厘米，广二十五厘米。

（二十七）杭州人文聚书肆及所刊书举要

人文聚书肆主人不详，所刊书有：

《绣像韩湘子全传》三十回，杨尔曾撰，约刊于万历间。

（二十八）杭州夏履先及所刊书举要

夏履先生本及所设书肆名不详，所刊书有：

《禅真逸史》八卷四十回，明末方汝浩撰，刊于明末。

（二十九）钱塘陆云龙峥霄馆、翠娱阁及所刊书举要

陆云龙，字雨侯。有书坊峥霄馆及翠娱阁（或说为其室名）。峥霄馆所刊书有：

《皇明十六名家小品》十六种三十二卷，明陆云龙辑。

《合刻繁露太玄大戴礼记》三卷。

《春秋繁露》十七卷。

《批评出像通俗演义禅真后史》十卷六十回，明方世浩撰。

《评定出像通俗演义魏忠贤小说斥奸书》八卷四十回，吴越草莽臣（陆云龙）撰。

《辽海丹忠录》八卷四十回。

《峥霄馆评定通俗演义型世言》十卷四十回，陆人龙（云龙弟）撰。

《清衣钟》十六回。以上诸书均刻于明崇祯间。

翠娱阁所刊书有：

《近思录集解》十四卷，宋叶采撰。

《评选明文归初集》三十四卷，明陈嘉兆、陆云龙合辑。

《明文奇艳》十二卷。

《性理抄》八卷，明宗臣撰。

《钟伯敬先生全集》十二卷，明钟惺撰，以上诸书均刻于明崇祯间。

（三十）杭州名山聚所刊书举要

名山聚书肆主人名不详，所刊书有：

《剑啸阁批评秘本出像隋史遗文》十二卷六十回，明袁于令撰，明崇祯六年（1633）刊本。

《云合奇踪》二十卷八十则，题徐渭编，玉茗堂批点。

（三十一）钱塘金衙及所刊书举要

金衙书肆主人名不详，所刊书有：

《新镌批评出像通俗演义禅真后史》十集十六回，明方汝浩撰，明崇祯间刊。

（三十二）钱塘王元寿山水邻及所刊书举要

山水邻书肆主人王元寿，字伯彭，别署西湖居士、西湖主人、湖隐居士，明钱塘（今杭州）人，著有《异梦记》。所刻书有：

《山水邻新镌传奇四大痴》四卷。

《山水邻新镌花筵赚》二卷。

《欢喜冤家》（一名《艳镜》）二十四卷，题西湖渔隐主人撰。以上诸书均刊于明崇祯间。

（三十三）杭州醉西湖心月主人笔耕山房及所刊书举要

笔耕山房书肆主人不详，所刊书有：

《宜春香质》四集二十回，醉西湖心月主人撰，明崇祯间刊。

《弁而钗》四集二十回，醉西湖心月主人撰，明崇祯间刊。

《醋葫芦》四卷二十回，西湖伏雌教主编，明崇祯间刊。

（三十四）清绘斋金氏所刊书举要

清绘斋主人金姓，余不详。曾刊有《唐六如古今画谱》、《张白云选名公扇谱》，后版片归黄凤池，由黄氏集雅斋自刻六种，辑印为《集雅斋画谱》八种。《唐六如古今画谱》为书贾托名唐寅（六如）以射利。《张白云选名公扇谱》为张白云纂辑。张氏此谱，明陈继儒极为推许。

（三十五）杭州起凤馆及所刊书举要

起凤馆主人不详，所刻书有：《南琵琶记》、《北西厢记》。此两书系翻刻万历中期徽州玩虎轩本，万历末期刻于杭州。

（三十六）杭州丰乐桥三官巷李衙静常斋

静常斋主人不详，所刻书有《月露音》等，每曲均有插图，颇精美。刻于明万历间。

（三十七）武林失名书坊及所刊书举要

《徐文长先生批评增补绣像隋唐演义》十卷，一百一十四节，佚名撰，罗贯中编辑，刊年不详。

（三十八）失名书坊及所刊书举要

《牡丹亭还魂记》二卷，明汤显祖撰，武林失名书坊万历间刊本。

此书未署刊刻者，仅署武林。框高二十厘米，广十四厘米。刊署刻工有黄德新、黄德修、黄一楷、黄一凤（鸣岐）、黄瑞甫、黄翔甫等，版画插图甚精美，后之朱元镇本、槐塘九我堂本、冰丝馆本、暖红室本插图，均从此本出。

（三十九）又一失名书坊及所刊书举要

《彩笔情辞》十二卷，武林张栩编，古歙黄君倩刻图，武林失名书坊天启四年（1624）刊本。

此书框高二十点五厘米，广十二点五厘米，半页九行，行二十字，白口，四周单边。有图十二幅，双面，其图精美，刻工黄君倩。

（四十）又一失名书坊及所刊酒牌（叶子格）举要

《水浒叶子》，明陈洪绶画，黄君倩刻图，失名书坊崇祯间刊本。

水浒叶子为酒牌，框高十八厘米，广九点四厘米。酒牌，又称酒仙谱、叶子格。为古代博戏用具，相当于后世骰子格、升官图之类。唐时已有，欧阳修《归田录》："骰子格本备检用，唐世士人宴聚，盛行叶子格，五代国初犹然，后渐废不传。"《宋史·艺义志》载："《叶子格》三卷，李煜妻周氏《系蒙小叶子格》一卷、《偏金叶子格》一卷。"酒牌（叶子格）最初为饮宴时斗酒用，如明《醋醋斋酒牌》：《一文钱》有阮籍醉酒图，中为阮籍醉卧榻上，有一妇人持烛立旁，门外有一男子窥视。有文字云："阮籍邻家妇有美色当垆，阮与王安丰常从饮酒。阮醉便眠其妇侧。其夫始疑之，密伺，终无他意。——坐中失色者罚一巨觞。"清赵翼《陔余丛考》卷三三《叶子戏》："纸牌之戏，唐已有之。今之以《水浒》人物分配者，盖沿其式而易其名耳。"后成为博戏具，故近代所谓之叶子戏，即斗纸牌，始于明万历末，清初盛行。陈洪绶（1598—1652），诸暨人。明末著名画家，善画山水人物，与崔子忠并称"南陈北崔"。陈洪绶画酒牌《水浒叶子》对后代《水浒》的插图影响很大。

以上我据有关史料钩辑出明代杭州书坊四十来家，并各举所刊之书一种或数种，应该说明的是，所列之书今皆存，实际数字无论书坊或所刊书，当远不止这一些。据张秀民《中国印刷史》，杭州明代书坊可考者有二十四家，和我所辑去其重复者尚有杭州众安桥杨家经坊（洪武间曾印《天竺灵签》、《金刚经》，至成化十一年仍刻佛经）、杭州众安桥北沈七郎经铺（刻佛经）、杭郡曲入绳（嘉靖间刻《皇明经济文录》）、杭城书林翁传山（重刻《万氏家传济世良方》）、杭州横秋阁（刻《鬼谷子》）以及浙杭翁文源书肆等六家，两者相加则有三十六家。这个数字与胡应麟所描绘的杭州当年书肆遍布通衢委巷恐还只是一小部分，所刊之书亦只是百不及一。在这四十来个书肆中唯"杭郡曲入绳"尚有疑问，按：曲入绳，字子约，号思门，沅陵县人。嘉靖举人，后任海宁令、杭州知府，现存其所刊书仅《皇明经济文录》四十一卷，明万表辑，刊于嘉靖三十三年（1554）。唯张先生为图书馆前辈，长期供职于北京图书馆，定曲入绳为杭州书肆，或另有所见，亦未可知。

明代杭州书坊刻书没有宋代临安陈起刻书那样有名，这是事实，但总的说还是十分繁盛的，尤其是像清平山堂洪楩刻书和容与堂刻书，在中国出版史上有重要地位，对此本书下面将有专门论及。因此，我以为对明代杭刻采取否定态度，以为"不足称"，实是一种误解。

三、佛寺刊《大藏经》

（一）主要刊经人

1. 紫柏

紫柏（1543—1603），名真可，字达观，俗姓沈，江苏吴江人。世称紫柏尊者，为明末四大师之一。十七岁辞亲远游，欲立功塞上。行至苏州，宿虎丘云岩寺，闻寺僧诵八十八佛名号即解腰缠十余金设斋供，从明觉出家。闭户读经，年二十，受具足戒。不久，至武塘景德寺闭关，专研经教，历时三年。后至匡山，深究相宗，此后历北京法通寺从华严宗匠偏融学经，又从禅门老宿笑岩、暹理等参学。后又至嵩山少林寺参谒大千常润。不久南还浙江嘉兴。时密藏钦仰紫柏风范，特自普陀山往访，紫柏留之为侍者。嘉兴楞严寺为宋代名僧子璿著经疏处，久已荒废，紫柏发愿重修，命密藏主其事。

万历二十年（1592），紫柏游房山云居寺，礼访隋代高僧静琬所刻石经，于雷音洞佛座下得静琬所藏佛舍利三枚。神宗生母李太后曾请舍利入宫供养三日，并出帑金布施重藏之于石窟。万历二十八年（1600），紫柏因对南康太守吴宝秀拒不执行朝廷矿税令被捕表示同情而下狱，万历三十一年（1603）圆寂于狱中，享年六十一岁。死后紫柏弟子将其遗骸浮葬于北京西郊慈慧寺外，后又移龛至浙江余杭径山之寂照庵，后又移葬于开山，万历四十四年（1616）在开山前文殊台荼毗立塔。紫柏传世著作有《紫柏尊者全集》三十卷等，其《长松茹退集》，《四库全书总目》子部释家类"存目"。

2. 憨山

憨山（1546—1623），名德清，号澄印、憨山，俗姓蔡，安徽全椒人。明末四大师之一。为紫柏刊印《径山藏》的积极支持者。年十二，投南京报恩寺出家。隆庆五年（1571）北游参学，先至北京听讲《法华》，并参见偏融、笑岩二巨匠，请示禅要。继游五台山，见北台憨山风景奇秀，因自取号憨山。万历十一年（1583），赴东海牢山（山东劳山）那罗延窟结庐，皇太后遣使送三千金为其建庵。时山东适逢灾荒，他即将此金全数施与孤苦。万历十四年（1586）神宗命刷印《大藏经》分送全国名山，太后特送一部与东海牢山，因无处安置，又施财修海印寺以藏经。万历二十三年（1595）神宗不满皇太后为佛事耗费巨资，迁罪于憨山，被捕下狱，以私创寺院罪名充军去广东雷州。至韶关，入曹溪（曲江县东南）南华寺礼拜唐六祖慧能肉身，越三年三月到雷州。时雷州旱荒，饥民死亡载道，憨山发动群众掩埋尸骸并建济度道场。八月间镇府令他还广州，当地官民仰慕其学德，他即身著罪服登座说法，开创岭南佛教风气。万历三十一年（1603）紫柏因反矿税事被捕下狱，憨山受到牵连，仍被遣还雷州，其间曾渡海至海南访苏东坡故居。万历三十四年（1606）八月朝廷大赦，憨山于是再回曹溪，后至广州长春庵讲经。万历四十五年（1617）正月，憨山曾往杭州云栖寺为袾宏作《莲池大师塔铭》，时各地僧徒领袖在西湖集会欢迎，盛况一时。天启二年（1622）十二月受请回曹溪为众说法讲经，次年圆寂于南华寺，享年七十八岁。崇祯十三年（1640），他的弟子将其遗骸漆布升座，安放塔院，即今曹溪南华寺供奉之憨山肉身冢。憨山博通内外学，著有《观楞伽经记》八卷、《楞伽补遗》一卷、《华严经纲要》八十卷、《法华击节》一卷、《金刚经决疑》一卷、《圆觉经直解》二卷、《般若心经直说》一卷，《大乘起信论疏略》四卷、《大乘起信论直解》二卷、《性相通说》二卷、《肇论略注》六卷、《道德经解》（一名《老子解》）二卷、《观老庄影响说》一卷、《庄子内篇注》四卷、《大学中庸直解指》一卷、《春秋左氏心法》一卷、《梦游诗集》三卷、《曹溪通志》四卷、《八十八祖道影传赞》一卷、《憨山老人自叙年谱实录》二卷等。憨山圆寂后，由门人福善等辑刊有《憨山老人梦游集》，他的这些著作都收入《径山藏》"续藏"中。

3. 密藏

密藏，名道开，江西南昌人。原为读书士人，后弃举业，披度于南海。闻紫柏风范，遂往归之。时值紫伯发愿刊《大藏经》，密藏追随左右，力主其事，后工及半，密藏因病而未终其事。《径山藏》有"密藏板"之称，当系表彰密藏之功。

4. 法铠

法铠，字忍之，号澹居，江阴人。俗姓赵，三十三岁时遇紫柏求剃度。紫柏死后，法铠为宪师愿，遂往径山，见其地雾湿，乃募化城为刻经藏版处。法铠圆寂后有幻予继刻经版。

5. 幻予

幻予，名法本，里居不详。曾向云谷、紫柏问学。紫柏禅师发愿刻方册大藏，法本与道开同任其事，继刻经版。

（二）寺院刊经

1. 失名寺院刊《大藏经》

《大藏经》，一称《武林藏》，卷数、刊者及刊刻年代均不详，仅知释道开《募刻大藏文》中提出"后浙之武林仰承德风，更造方册，历岁既久，其制遂湮"，是为方册（线装），此经未有传世，无从稽考。有研究者认为乃杭州昭庆寺，可备一说。

2. 余杭径山寺刊《径山藏》

《大藏经》，一称《径山藏》，得名之由因在余杭径山寺雕版印刷，故称。也称《嘉兴藏》，是因在嘉兴楞严寺装订发行，故名。这部《大藏经》是我国历代刊刻的十来部《大藏经》中占有重要地位的一部，为国内外学者所重视。近年来，有专家据北京故宫博物院和云南省图书馆庋藏的《径山藏》进行了系统的整理和研究，使我们对这部藏经有了更清楚的了解，现综合介绍于下。

《径山藏》分"正藏"、"续藏"、"又续藏"三部分。"正藏"二百一十函，收入藏内经典一千六百五十四种，六千九百五十六卷，一千四百六十册，按《千字文》编号，始"天"终"碣"。原有"续藏"、"又续藏"九十函，收入藏内经典及藏外语录及杂著二百五十六种，一千六百零四卷，六百七十一册，无《千字文》编号，《径山藏》为方册装（线装）。"正藏"版框高二十二点五厘米，宽十五厘米，每半页十行，每行二十字，四周双边，外粗里细，白口，书口刻有经名、卷数、页码及《千字文》字顺，无刻工姓名，字体为整齐的老宋体。"续藏"版式不统一，有的版框高十九厘米，宽十一厘米，每半页八行，每行十八字，单栏，白口；有的半页十行，每行二十字，双栏，黑口（李孝友整理云南省图书馆藏本所见，见《浅谈明代刊刻的〈径山藏〉》）。另据杨玉良、邢顺岭对故宫博物院藏《径山藏》整理所见为全藏共计三百四十四函（另有首函），二千一百三十七种，一万零八百一十四卷。其中"正藏"首函为刻藏缘起、三藏圣教目录、画，共六卷。此外有二百一十一函、一千六百六十五种，七千八百二十九卷，《千字文》编号，始"天"终"史"，自第二百零六至二百一十一函，为《北藏》缺附《南藏》函号。"续藏"九十函，二百五十二种，一千八百二十卷。"又续藏"四十三函，二百十七种，一千一百九十五卷，全藏版框行款不尽统一，一般为四周双边，栏线外粗里细，白口，半页十行二十字。早期刊刻的亦有四周单边，或左右双边，线黑口，单鱼尾，七行十七字、八行十七字、九行十九字或十一行二十字不等。版框高二十三厘米，宽十五点四厘米或高二十四点五厘米、宽十六点四厘米不等。字体：明万历初年多为拳刀笔法，笔锋生动；明万历末年趋于横轻竖重的宋体字；崇祯间虞山华严阁刻本，字体大多扁宽，行格疏朗，写刻精良，代表了毛晋刻书的风格；清顺治康熙年间刻本，字体较前期略小并趋向瘦长、呆板。

（1）《径山藏》的刊刻经过

明代立国后，明太祖朱元璋系佛门出身，故于洪武五年（1372）在南京蒋山召集僧众校刻《大藏经》（世称《南藏》）。永乐八年（1410）朝廷在北京又刊刻了一部《大藏经》（世称《北藏》）。万历年间所刊之《径山藏》，倡其事者为紫柏禅师刻《大藏经》(世称《北藏》)。据明颛愚观衡和尚《刻方册藏经目录序》称：万历初年，紫柏因见南、北两藏难以流布，各地请经困难，故立意劝善士檀越捐财，镌坚固之板，易梵为方册。此举得到冯梦祯（字开之，嘉兴人，曾官南京国子监祭酒、著名藏书家）等热心文化事业和信奉佛教人士的支持，遂于余杭径山开雕。据故宫藏《径山藏》"续藏"第四十四函内《寒山子诗集》前有万历己卯（1579）王宗沐序。第三十一函内《楞伽阿跋多罗宝经会译》四卷为万历八年（1580）冯梦祯捐资刻成，前有万历八年冯氏刻经序。以此印证《曹溪憨祖大师自著年谱》，万历三十一年（1603）末有其法嗣福徵按语称："紫柏倡缘时，陆太宰（陆光祖，字与绳，浙江平湖人，曾官吏部尚书）与冯司成梦祯、曾廷尉同亨（字于野，江西吉水人，曾官工部尚书），瞿同卿汝稷（字元立，江苏常熟人，曾官辰州知府、太仆少卿）鸠工于径山寂照。"以上记载可证《径山藏》的最早刊刻地点是在余杭径山。现知《径山藏》在余杭径山刊刻地点先后有寂照庵、兴圣万寿寺（径山寺）、化城寺、化成院等多处。径山为佛教圣地，位于余杭县长乐乡境内，为天目山东北延伸的一个主峰，因山上有两条小径盘旋而上得名"径山"。

径山寺为径山之主要寺院，唐代宗初年有和尚法钦结庵于此，是为开山之初。唐代宗永泰年间（765—766）有白衣士向法钦求度为沙弥，法钦即剃度之，赐名崇惠。后崇惠至长安（今西安）与方士竞法。崇惠胜后唐代宗问其师承，崇惠答称"臣师径山僧法钦"。代宗即召法钦至长安，赐号国一禅师，逾年而归。代宗下诏杭州地方长官就法钦所居庵建寺称径山寺。唐僖宗乾符六年（879）改径山寺为乾符镇国院。宋大中祥符元年（1008）又改名承天禅院，政和七年（1117）改名径山能仁禅寺，南宋孝宗时御书额赐名径山兴圣万寿禅寺。自宋迄元为禅林之冠。元末毁于兵火，明洪武年间重建，万历年间殿宇倾颓，可真（紫柏）化缘重修，为《径山藏》刻藏主要地点。最初选定径山寺为刻藏之所不会无因，主要因其地寺宇宏伟，足可力任其事，嘉庆《余杭县志》卷一五云：

> 径山之胜，著于国一（禅师）。嗣是代有增葺，殿宇崇宏，甲于浙水，僧徒所由，侈为天下径山也。当其盛时，青豆之房，赤华之馆，弥山亘谷，什百不啻。今综其大略，则自大雄正殿而外，有灵泽殿、祖师殿、天王殿，有龙游阁、圆觉阁、千僧阁、妙庄严阁、万佛阁、天开阁，有五凤楼、奇树楼、寒翠楼，有天慧堂、阅藏堂，有宝积居，有不动轩、无垢轩、般若轩，有半山亭、洗心亭、流止亭、含晖亭、倾盖亭。其分派有一十六房。其别院静室中有中峰南院，有蓬径庵、喝石庵、妙喜庵、寂照庵、凌霄庵、伏虎庵、松隐庵、灵谷庵、千指庵、天泽庵、传衣庵、初阳庵、胜峰庵、悟石庵、妙明庵、安隐庵、妙香庵、清太庵、高庵，有娑罗林、石语林，有三塔、南塔。[1]

此可概见昔日径山寺院盛况，于此刻藏具备各种有利条件。

据现有文献资料证实，明万历七年至十三年（1579—1585）《径山藏》的最早刊刻地点在余杭径山寂照庵，但刊刻不多。

万历十四年（1586）紫柏与弟子密藏道开为刻藏事往山东崂山晤憨山，聚谈两旬而去，刻经得到憨山大师的支持。是年紫柏、憨山刻藏经事为神宗生母李太后所悉，欲发帑金命刻，而紫柏则表示"宜令率土沾恩，师愿以一身任事，遂撰文广募，随立条规格"。经紫柏、密藏等的积极筹措，于万历十七年（1589）"奉慈圣太后旨"再行开雕大藏经于山西五台山妙德庵，但鉴于五台山气候寒冷，终年积雪，恐侵坏版片和北方募资不易等实际情况，刻经条件皆不如径山，故在五台山刻就数百卷后于万历二十年至二十一年间（1592—1593）连同已刻未刻之版迁回径山寂照庵。同时在寂照庵、兴圣万寿寺（径山寺）开雕。此后万历末期紫柏俗家弟子桐城吴用先主浙藩时修复径山下院化城寺，作为贮藏和刊刻经版之处，并捐资刻经数百卷，吴用先与紫柏门人法铠共同主持。此后四十年间，《径山藏》时刊时辍，进度十分缓慢。因此《径山藏》万历年间刊刻是由紫柏倡缘，憨山支持，紫柏弟子密藏、法铠、幻予则做了大量的实际工作。

崇祯十五年（1642）至清顺治初年，有贵州赤水继庆等和尚继其事，

[1] 清嘉庆《余杭县志》卷一五，引用时删去了内文的注解，例如"有灵泽殿"下有注"详坛庙"三字，即删去。

他们编制了径山、嘉兴、吴江、金坛等处已刻成的《径山藏》的目录，又得到一些佛门信徒的支持，鉴于"已刻者十之八九，未刻者十之一二耳，不期半载可完"，于是上疏请旨，催四方已刻之版同归径山，再请御制序冠之方册之首，继续从事《径山藏》的刊刻。崇祯十五六年间，刻藏同时受到萧士瑀、萧士玮、杨仁愿以及常熟著名藏书家、刻书家毛晋等的资助。以后的大致情况是：自明末至康熙十五年（1676）始完成"正藏"的全部和"续藏"、"又续藏"的部分刊刻任务；直到康熙四十六年（1707）才全部完成全藏的刊刻。紫柏禅师发愿刊刻《径山藏》，原来预计是"十年竟事"，但实际是经历了一百二十九年的漫长历史，其间经过历代僧俗有心人的共同努力，始得完成这一大业。全藏基本完成后，规定各地寺庙如需这部《大藏经》都要到嘉兴楞严寺接洽，举行"请藏"仪式。刊刻竣工后，版片都汇集到径山，收存和刷印皆在此处。1988年9月，我去余杭参加《余杭县志》的评稿会，县志主编周如汉先生见告，新中国成立初期，径山寺庙未塌前，经版随处可见（现已难觅一片）。由此可证经版集中径山之说是可靠的。

（2）《径山藏》刊刻年代和地点

根据有关文献记载和有关专家实地检索北京故宫博物院藏经牌记所录，《径山藏》的刊刻年代和地点为：

明万历七年至十三年（1579—1585），径山寂照庵；万历十七年至二十年（1589—1592），五台山妙德庵、妙喜庵；万历二十一年至崇祯四年（1593—1631），径山寂照庵；万历二十一年至天启七年（1593—1627），径山兴圣万寿寺；万历二十一年至二十五年（1593—1597），径山寺；万历三十七年（1609），休宁大寺华严堂；万历四十年至天启七年（1612—1627），金沙东禅青莲社；万历四十年至天启七年（1612—1627），径山化城寺；明天启间（1621—1627），金沙顾龙山；天启四年至崇祯间（1624—1644），吴江接待寺；崇祯间（1628—1644），吴郡寒山化成庵、金坛紫柏庵；崇祯四年至清顺治十二年（1631—1655），径山化成院；崇祯十六年（1643），松江抱香庵宏法会；崇祯十五年至崇祯十七年（1642—1644），虞山华严阁；顺治间（1644—1661），径山古梅庵；顺治十三年（1656），德藏寺藏经阁；崇祯末年至清康熙四十六年（1644—1707），嘉兴楞严寺般若堂。

从有关牌记材料比照中，可以清楚地知道《径山藏》全藏刊刻的起讫年为明万历七年至十三年（1579—1585）、万历十七年（1589）至清康熙四十六年（1589—1707）。"正藏"始于明万历十八年（1590）至清康熙十五年（1676）；"续藏"始于明万历七年至十三年（1579—1585）、明万历十七年至清康熙三十八年（1589—1699）；"又续藏"始于明万历十九年（1591）至清康熙四十六年（1707）。故此可以知道《径山藏》是先开雕"续藏"（最初开雕地点在余杭径山），自万历十九年（1591）以后，正、续、又续三部分同时分头进行雕版。现据有关材料，对余杭径山刻藏地点作一简述：

寂照庵，为径山寺之静室，地在寺北五峰之背。《径山藏》主要刊刻地点之一。

径山寺（一名兴圣万寿寺），见上引嘉庆《余杭县志》，为《径山藏》主要刊刻地点之一。

化城寺（全称化城接待寺，亦名化成院），在余杭双溪镇。宋嘉定初径山住持可宣建。嘉定八年（1215）宋宁宗赵扩御书特赐可宣为佛日禅师，并书"化城"二大字赐充接待院。元初重建，元至正末年毁于兵火。明洪武初年僧慧宽重建。明正德年间（1506—1521）僧人净松将寺产山田九百余亩以二百七十两之价抵押给乡民。万历年间，僧人法铠主持刻藏募金恢复化城寺，紫柏门人吴用先捐俸建造藏板房二十余间，专贮《径山藏》版片。化城寺贮经版之议最早始于冯梦祯，他在《议复化城缘引》中认为径山寺"东天目正干，五峰攒回，中开佛界，我东南胜道场无逾此"。但径山寺云雾笼罩，十日而九，故"藏板其中最易朽腐，又不得已而有化城之议"。化城寺"踞径山之东麓，去双溪数里，地坦平，无云雾，既便藏板，而输工力事事皆宜"。故创议者为冯梦祯，而终其事者为吴用先。黄汝亨《重兴化城寺疏》云：

> 此藏经板不可以无刻，而化城寺在双溪踞径山之东，有林木而无云雾，作经笥工署甚善……方伯体中吴公，本经世人，负出世力，以澹居禅师净心湛智，足以任此，遂欣然与化导经营，渐次恢复其地。先以厝置经板，而徐议诛茆建刹，鼎新佛日之业，佛宝法宝，才施法施，可谓一举两得，片刻千古矣。

吴用先题《重兴化城接待寺疏》记其事，文曰：

> 余从紫柏尊者游逾二十载，所承钳锥劄罔所不至，通身热汗不知透出几番矣，末后以流通佛法付嘱，不佞唯唯。微天之幸，承乏越中，即悉心殚力，求刻藏之役，兹功已过半，缘成或有日矣。乃谋藏板善地，卜及化城。化城，故宋佛日禅师宣公所创接待寺……及我朝而香火犹盛，渐次凌夷，僧徒凋落，遂以寺田转佃于方者矣。辗转相侵，尽为居邻所剥蚀矣，然其径尚存，化城巷之名至今在人口。今年澹居上人图恢复之，而乡绅王中泉公首倡义举，愿以其地归寺，于是左右闻风者响应。乃澹居犹运慈心，量其多寡，各给其直。余与吴下诸君子协济之，虽未尽复旧址，从此诛茆建刹亦庶几可观矣。然此非今日创议也，盖自冯开之司成始矣，而余又不知司成之原有此议也。一日澹公过余，持开之手卷见示，谓偶从密藏弃箧中检得之。余展阅疏引，即向时与藏公所谋卜化城以厝经板者也。噫！司成往日谋于十数载之前，而余与澹公成于十数载之后，不约而合，无心而成，九原可作，当为鼓掌。第胜地既复，梵宇鼎新，向后更有许多商量，不无借

十方大檀之力，余小子亦不敢不贾勇从事道化，重兴法轮，当转誓头目脑髓之不恤而遑恤其他。时万历辛亥岁浴佛日疏。

据此可知，化城寺为《径山藏》刊版与贮经版地，法铠（澹居）与吴用先则为紫柏、密藏与冯梦祯后的继事刻《径山藏》的主持人。

径山古梅庵，为《径山藏》最后刻藏地点，古梅庵始建于清初。

（3）《径山藏》的学术价值

第一，提供了晚明时期江浙一带的出版史料。《径山藏》刊刻过程中，受到江浙一些名士如冯梦祯、陆光祖、瞿世稷、包柽芳（字子柳，嘉兴人，官贵州提学副使、著名藏书家）、陈继儒（字仲醇，松江人，著名藏书家）、钱谦益（字受之，常熟人，官礼部侍郎，著名藏书家）、毛晋（字子晋，常熟人，著名藏书家、出版家）、毛扆（字斧季，毛晋子，精校勘）等的先后支持和资助，他们中有的还亲自参加撰述、写序和主持刊刻工作。例如《紫柏老人全集》十五卷和《憨山大师梦游全集》四十卷是由毛晋独任镂版，毛晋逝世后，由其子毛褒、毛表、毛扆续成其事。因此这两部诗文集，实际是有名的汲古阁版本而入藏的。再如《大藏经》刊刻北宋《开宝藏》为卷子本，此后诸藏皆为梵本，明嘉靖间由杭州所刊之《武林藏》为方册本之始，但惜无传世，无从考知其形制。紫柏禅师鉴于明初的《南藏》和《北藏》卷帙浩瀚，不易携带，更不便于民间流通，易梵为方册（线装），装帧上作了重大改进，有人誉之为"晚明出版事业上的一次改进和提高，是我国古代版刻史上的一件大事"（李孝友《浅谈明代刊刻的〈径山藏〉》），我以为并非过誉之词，这个评价是十分恰当的。

第二，据杨玉良、邢顺岭实地检查北京故宫博物院藏《径山藏》的大量"牌记"，发现了极为丰富的刻工、写工和版刻工价等史料。例如刊刻《径山藏》的工匠多来自浙江、福建、江西、安徽、江苏五省五十多个县，有署姓名的刻工达三百八十七人，书工八十四人，绘刻三人，连同署姓无名的写刻工匠，其总数仅次于宋刻《碛砂藏》。以上五省自宋至清版刻事业特别发达，在国内处于领先地位，这和具有一支庞大的写、刻工队伍是分不开的。我见到一页明万历二十五年（1597）径山兴圣万寿寺刻的《径山藏·石门文字禅》书影，牌记为："丹阳居士贺学礼、学易共施刻此卷荐 父澹庵府君往生安养 海盐了缘居士对 长洲徐普书 上元李茂松刻 万历丁酉仲秋径山兴圣万寿禅寺识。"从邢、杨的报道中得知，徐普始写板于万历二年（1574），但自万历十八年（1590）至天启六年（1626）的三十七年间一直在为《径山藏》写版，以《径山藏》为毕生事业。又如在"又续藏"的牌记中有"嘉郡陈馥林子美璋同梓"，是浙江嘉兴有父子世代从事刻板的工匠。更值得重视的是，在一些牌记中还记载了刻藏的价格。例如"正藏"第一百十三函《大乘楞伽经唯识论》牌记为："泰和萧士瑀捐资刻此一卷，殷时衡、毛晋同对，崇祯甲申（十七年）孟春虞山华严阁识"；"论一卷，共字九千六百十五个，写银三钱八分五厘，计刻银三两三钱六分五厘，共板十三块，计工价银六钱五分。常熟刘秉衡书，句容潘以铉刻。"又"正藏"第四十六函《佛说不空索咒经》，系清顺治十二年（1655）平湖朱家槠刻，其牌记称此经"共字五千二百六十四个，写刻银三两七钱九分，板七块五钱六分，笺头纸煤八分"。这些材料为研究明末清初江浙物价和版刻工价提供了可靠的第一手材料。

明代杭州佛寺刊经，除两部《大藏经》外，其余寺院刻经亦不少，尤其昭庆寺，据胡应麟所述梵书（佛经）多鬻于昭庆寺，书贾皆僧。因此昭庆寺刻经定多，现知有昭庆寺经房刊《楞严经》、《仪注备简》及昭庆寺贝叶斋刊《教乘法数》等。一说前面所提及的《武林藏》亦为昭庆寺所刊。此外，其他寺院所刊还有武林士桥报国院刻《圆觉经略释》、杭州报先寺刊《三藏圣教目录》及杭州玛瑙寺刊《佛说梵纲经菩萨经》、《五大部直音集韵》等。

第三节　明代杭州丛书的刊刻

所谓丛书，据刘尚恒的解释，有广义与狭义之分，他在《古籍丛书概说》中说："从广义上讲，就是汇集两种以上专书（不论所集专书是否完整和内容的繁杂与否），别题一书名而成为另一新的著作物。从狭义上讲，其所汇集的两种以上的专书，不但首尾完整，而且内容上必须超过两个部类以上（以古籍的'四分法'为准），这样才既含总、聚的意思，又包含细碎、胜杂的意思，这样的狭义概念，才是丛书的本义。"商务印书馆在《丛书百部提要》中解释丛书的含义也说："萃群书为一书，故名曰丛。少者数种，多者数百种，大抵随得随刊，故先后无定序。"我在这里所谈的丛书，即取刘先生的狭义说和商务印书馆的解释。

明代刻书有一个特点，即是丛书的刊刻超过宋元而开启后之清代。谢国桢在《丛书刊刻源流考》中曾对明代刊刻丛书给予高度的评价，他说：

> 三古遗书，汉唐子集，原书罕见，若隐若亡，经明人刊刻，赖以得存。或记史料，或志乡贤，昔人不易经见之书，今则可置诸几席之间，其功不可胜量。[1]

[1]谢国桢:《明清笔记谈丛》，上海古籍出版社1981年新1版，第205页。

应该说这是明人刊刻丛书的一大功劳。"然而明人刻书，喜妄立名目，臆改卷第"，这是缺点，但毕竟功绩是主要方面。

根据有人估计，我国历代所刻印的丛书总数约在五万种左右，几占中国古籍的三分之一到三分之二。因此在研究出版史时，对丛书问题是不能忽视的。

明代是丛书刊刻的发展时间。杭州占有重要地位。以下分地区叙述之。

一、胡文焕与《格致丛书》

胡文焕，字德甫，号全庵，别号抱琴居士。杭州人。深通音律，工词曲，善鼓琴，堪称多才多艺，为明代著名藏书家、刻书家、书商，家有文会堂，为藏书刻书之所。著有《文会堂琴谱》、《诗学汇选》、《古器具名》、《群音类选》及传奇多种，刻有丛书《格致丛书》等。张秀民《中国印刷史》评胡文焕曰："他所刻的书总数约四百五十种，每一种都冠有'新刻'二字。他不但藏书刻书，自己又很博学，这是毛晋等人所不及的。"

《格致丛书》是胡文焕刻书中有代表性的一种，具体种数与卷数各家说法不尽一致，现知万历三十一年（1603）刊本，共一百八十六种（《锦身机要指源篇》附《大道修真捷要选仙指源篇》作一种计，另如《类修要诀》之《续》等亦作一种计，卷数则计入总卷数内），共四百四十九卷。胡文焕《格致丛书》从内容看，有经翼、史外、居官、法家、训诫、子余、尊生、时令农事、艺术、清赏、说类、艺苑等，充分体现了丛书"萃群书为一书"的特点。关于胡文焕刻书，据丁申称："（胡文焕）尝于万历天启间，构文会堂藏书，设肆流通古籍，刊《格致丛书》至三四百种，名人贤达多为序跋。"（丁申：《武林藏书录》卷中）。据此，可证《格致丛书》刊刻时曾受学界重视。谭正璧《中国文学家大辞典》也说："（胡文焕）以刻书为事，新刻《格致丛书》数百余种，中多秘册珍画，有功于文化不浅。"《四库全书总目》卷一三四评《格致丛书》说："是编为万历天启间坊贾射利之本。杂采诸书，更易名目，古书一经其点窜，亦庸恶陋劣，使人厌观。"此评切中明代坊刻书之通病，又岂胡文焕一家而已，公允地说，前引谢国桢《丛书刊刻源流考》中既肯定明代刊刻丛书有保存史料文献之功，亦有妄立名目、臆改卷第之弊，胡文焕亦在所难免，对他正确的态度应该是一分为二。

胡文焕所刻丛书，见于书目文献著录的还有《百家名书》、《寿养丛书》、《儒门数珠》、《古今原始》、《大明一统图书》、《全庵胡氏丛书》、《胡氏粹编五种》等。这些丛书有些子目与《格致丛书》相同，其刊刻情况按《四库全书总目》所言"且所列诸书，亦无定数，随印数十种，即随刻一目录。意在变幻，以新耳目，冀求多售，故世间所行之本，部部各殊，究不知其全书凡几种"。《格致丛书》是如此，余者亦如此，此乃书商从营利出发的必然结果。

附：《格致丛书》目录

《诗传》一卷，周端木赐撰；《诗说》一卷，汉申培撰；《韩诗外传》十卷，汉韩婴撰；《张宛丘诗说》一卷，宋张耒撰；《诗考》一卷，宋王应麟撰；《诗地理考》六卷，宋王应麟撰；《孝经》一卷、《女孝经》一卷，唐郑□撰；《忠经》一卷，汉马融撰；《白虎通德论》二卷，汉班固撰；《独断》一卷，汉蔡邕撰；《尔雅》三卷，晋郭璞解；《小尔雅》一卷，汉孔鲋撰，宋宋咸注；《绝代语释别国方言》十三卷，汉杨雄撰，晋郭璞解；《释名》八卷，汉刘熙撰；《急就篇》四卷，汉史游撰，唐颜世古注；《埤雅》二十卷，宋陆佃撰；《韵学事类》十二卷，明李攀龙辑；《文会堂词韵》二卷，明胡文焕辑；《宜斋野乘》一卷，宋吴枋撰；《采线贯明珠秋檠录》一卷，明董毅撰；《李氏刊误》二卷，唐李涪撰；《官级由升》二卷，明□□撰；《官礼制考》一卷，明胡文焕撰；《招拟假如行移体式》四卷，明胡文焕辑；《大明律图》一卷，明□□撰；《律例类抄》六卷，明□□撰；《读律歌》一卷，明胡文焕等辑；《琐言摘附》一卷，明胡文焕辑；《问刑条例》七卷，明舒元等辑；《名例律》一卷，明□□辑；《刑统赋》一卷，宋傅霖撰，元郄韵释；《华夷风土志》四卷，明胡文焕撰；《山海经》十八卷，晋郭璞传；《神异经》一卷，汉东方朔撰；《溪蛮丛笑》一卷，宋朱辅撰；《星槎胜览》一卷，明费信撰；《天地万物造化论》一卷，宋王柏撰；《黄石公素书》一卷，汉黄石公撰，宋张商英注；《诸子续要》二卷，明胡文焕纂辑；《颜子家训》二卷，北齐颜之推撰；《昼帘绪论》一卷，宋胡太初撰；《吕氏官箴》一卷，宋吕本中撰；《士范》一卷、《慎言集》二卷，明敖英辑，《厚生训纂》六卷，明周臣辑；《赤松子中诫经》一卷，《长春刘真人语录》一卷，明邵以正辑；《类修要诀》二卷，续附一卷，明胡文焕辑；《养生类纂》二卷，宋周守中辑；《养生月览》二卷，宋周守中辑；《保生心鉴》一卷，明铁峰居士辑；《摄生集览》一卷；《摄生要义》一卷，明河滨丈人撰；《锦身机要指源篇》一卷，《附大道修真提要选仙指源篇》一卷，明混沌子撰；《禅学》一卷，明释袾宏撰；《禅宗指要》一卷，明周满撰；《证佛名谭》一卷，明江皋撰，明释袾宏辑；《风俗通》十卷，汉应劭撰；《资暇集》三卷，唐李义撰；《孔子杂说》一卷，宋孔平仲撰；《寰宇杂记》二卷，《三余赘笔》一卷，明都卬撰；《听雨纪谈》一卷，明都穆撰；《述异记》二卷，梁任昉撰；《三家杂纂》三卷，唐李商隐撰；《鼠璞》二卷，宋戴埴撰；《芥隐笔记》一卷，宋龚颐正撰；《袖中锦》一卷，宋太平老人撰；《岁时广记》四卷，《图说》一卷，宋陈元靓撰；《释常谈》三卷，宋□□撰；《禽经》一卷，周师旷撰，晋张华注；《兽经》一卷，明黄省曾撰；《博物志》十卷，晋张华撰，宋周日用，宋卢注；《续博物志》十卷，宋李石撰；《南方草木状》二卷，晋嵇含撰；《宝货辨疑》一卷、《古今事物考》八卷，明王三聘辑；《名物法言》一卷，明胡文焕辑；《古今原始》十五卷，明赵撰；《博古图》十卷，宋王黼等撰；《香谱》二卷，宋洪刍撰；《洞天清录》一卷，宋赵希鹄撰；《文房图赞》一卷，宋林洪撰；《续文房图赞》一卷，元罗先登撰；《文房清事》一卷，《茶经》三卷，唐陆羽撰；《茶录》一卷，宋蔡襄撰；《茶谱》一卷，明顾元庆撰；《东溪试茶录》一卷，宋宋子安撰；《茶具图赞》一卷，明茅一相撰；《农桑辑要》七卷，元司农司撰；《臞仙神隐》四卷，明朱权撰；《山家清事》一卷，宋林洪撰；《山居四要》五卷，明王汝懋撰；《农圃四书》四卷，明黄省曾撰；《种树书》一卷，元俞宗本撰；《寿亲养老书》一卷，宋陈直撰；《食物本草》二卷，明卢和撰；《食鉴本草》二卷，明宁原撰；《金符经》一卷，《大明历》一卷，《连珠历》一卷，《历合览》二卷，明胡文焕撰；《趋避检》三卷，明胡泰撰；《草木幽微经》一卷，《魏文帝诗格》一卷，《诗品》一卷，梁钟嵘撰；《评诗格》一卷，唐李峤撰；《二南密旨》一卷，唐贾岛撰；《文苑诗格》一卷，唐白居易撰；《诗议》一卷，唐释皎然撰；《中序》一卷，唐释皎然撰；《风骚旨格》一卷，唐释齐己撰；《金针诗格》一卷，唐白居易撰；《续金针诗格》一卷，宋梅尧臣撰；《王少伯诗格》一卷，唐王昌龄撰；《诗人玉屑》二十二卷，宋魏庆之撰；《诗学规范》一卷，宋张镃撰；《诗法正宗》一卷，元揭傒斯撰；《诗宗正法眼藏》一卷，元揭傒斯撰；《诗法家数》一卷，元杨载撰；《炙毂子诗格》一卷，唐王叡撰；《缘情手鉴诗格》一卷，明李洪宣撰；《诗中旨格》一卷，明王玄撰；《文彧诗格》一卷，明释文彧撰；《诗要格律》一卷，□王梦简撰；《诗家一指》一卷、《沙中金集》一卷、《诗文正法》一卷，元傅若金撰；《诗法正论》一卷，元傅若金撰；《黄氏诗法》一卷，明黄子肃撰；《诗家集法》一卷，《木天禁语》一卷，元范梈撰；《诗学禁脔》一卷，元范梈撰；《谈艺录》一卷，明徐祯卿撰；《雅道机要》一卷，唐徐寅撰；《风骚要式》一卷，明徐衍撰；《处囊诀》一卷，宋释保暹撰；《诗文要式》一卷，明胡文焕撰；《诗中密旨》一卷，唐王昌龄撰；《流类手鉴》一卷，明释虚中撰；《六言诗集》一卷，明胡文焕撰；《诗评》一卷，宋释景淳撰；《诗学事类》二十四卷，明李攀龙辑；《文录》一卷，宋唐庚撰；《寸札粹编》二卷，明陈继儒辑；《教坊记》一卷，唐崔令钦撰；《丽情集》一卷，宋张君房撰；《汉隶分韵》七卷，《书断》四卷，唐张怀瓘撰；《续书谱》一卷，宋姜夔撰；《书法三昧》一卷，《字学源流》一卷，明吕道燧撰；《墨池琐录》四卷，明杨慎撰；《翰林要诀》一卷，元陈绎曾撰；《干禄字书》一卷，唐颜元孙撰；《佩觿》三卷，后周郭忠恕撰；《古字便览》一卷，元虞集撰；《字学备考》四卷，明胡文焕撰；《篆法辨诀》一卷，□应在止撰；《传真秘要》一卷，明翁昂撰；《山房十友图赞》一卷，明顾元庆撰；《古今碑帖考》一卷，明朱晨撰；《格古要论》五卷，明曹昭撰；《古今注》三卷，晋崔豹撰；《祝寿编年》一卷，明胡文焕辑。

二、钟人杰与《唐宋丛书》

钟人杰，字瑞先，杭州人，余不详。亦明时杭州书商。刻过自编《性理大会通》七十卷，《续编》四十二卷。钟人杰所辑刊《唐宋丛书》分经翼、别史、子余、载籍诸类。《唐宋丛书》由钟人杰刊于明万历间。此丛书虽名为《唐宋丛书》，然收书超出唐宋范围，内有少量元人著述，另有先秦六朝人著作多种。

附：《唐宋丛书》目录

（一）经翼

《关氏易传》一卷，后魏关朗撰；《潜虚》一卷，宋司马光撰；《诗小序》一卷，周卜商撰；《论语笔解》一卷，唐韩愈撰；《毛诗草木鸟兽虫鱼疏》二卷，吴陆玑撰；《诗说》一卷，汉申培撰；《鼠璞》二卷，宋戴埴撰。

（二）别史

《大唐创业起居注》三卷，唐温大雅撰；《唐国史补》一卷，唐李肇撰；《岁华纪丽》四卷，唐韩鄂撰；《东京梦华录》一卷，宋孟元老撰；《大业杂记》一卷，刘宋刘义庆（一题唐杜宝）撰；《东林莲社十八高贤传》一卷，晋□□撰；《闻见近录》一卷，宋王巩撰；《春明退朝录》一卷，宋宋敏求撰；《燕翼贻谋录》五卷，宋王栐撰；《佛国记》一卷，晋释法显撰；《吴地记》》一卷，唐陆广微撰；《物类相感志》一卷，宋苏轼撰；《南唐近事》一卷，宋郑文宝撰；《画墁录》一卷，宋张舜民撰。

（三）子余

《谭子化书》六卷，南唐谭峭撰；《新书》（一名《武侯心书》）一卷，蜀诸葛亮撰；《枕中书》一卷，晋葛洪撰；《宋景文公笔记》一卷，宋宋祁撰；《孔氏杂说》一卷，宋孔平仲撰；《青箱杂记》一卷，宋吴处厚撰；《缃素杂记》一卷，宋黄朝英撰；《扪虱新话》一卷，宋陈善撰；《仇池笔记》一卷，宋苏轼撰；《罗湖野录》一卷，宋释晓莹撰；《林下偶谭》一卷，宋吴□撰；《后山谈丛》一卷，宋陈师道撰；《友会谈丛》一卷，宋上官融撰；《演繁露》一卷，宋程大昌撰；《续释常谈》一卷，宋龚熙正撰；《资暇录》一卷，唐李匡撰；《枫窗小牍》二卷，宋袁裦撰；《研北杂志》一卷，元陆友撰；《石林诗话》三卷，宋叶梦得撰；《爱日斋抄》一卷，宋叶□撰；《王氏谈录》一卷，宋王洙（一题王钦臣）撰。

（四）载籍

《独断》一卷，汉蔡邕撰；《算经》（一名《周髀算经》）一卷，唐谢察微撰；《文则》一卷，宋陈骙撰；《诗式》一卷，唐释皎然撰；《墨经》一卷，宋晁贯之撰；《佩觿》三卷，后周郭忠恕撰；《籁纪》一卷，陈陈叔齐撰；《尤射》一卷，魏缪袭撰；《风后握奇经》一卷，附《握奇续经图》一卷，《八阵总述》一卷，汉公孙弘解；《续图》，□□撰；《八阵总述》晋马隆述；《禽经》一卷，周师旷撰，晋张华注；《酒谱》一卷，宋窦苹撰；《茶经》三卷，唐陆羽撰；《香谱》一卷，宋洪刍撰；

144

《笋谱》二卷，宋释赞宁撰；《桐谱》一卷，宋陈翥撰；《续竹谱》一卷，元刘美之撰；《云林石谱》三卷，宋杜绾撰；《画论》一卷，元汤垕撰；《画鉴》一卷，元汤垕撰；《画史》一卷，宋米芾撰；《益州名画录》三卷，宋黄休复撰；《桂海虞衡志》宋范成大撰；《桂海岩洞志》一卷，宋范成大撰；《桂海金石志》一卷，宋范成大撰；《桂海香志》一卷，宋范成大撰；《桂海酒志》一卷，宋范成大撰；《桂海器志》一卷，宋范成大撰；《桂海禽志》一卷，宋范成大撰；《桂海兽志》一卷，宋范成大撰；《桂海虫鱼志》一卷，宋范成大撰；《桂海花志》一卷，宋范成大撰；《桂海果志》一卷，宋范成大撰；《桂海草木志》一卷，宋范成大撰；《桂海杂志》一卷，宋范成大撰；《桂海蛮志》一卷，宋范成大撰；《桂海花木志》一卷，宋范成大撰；《学古编》一卷，元吾丘衍撰；《洞天清录》一卷，赵希鹄撰；《世范》一卷，宋袁采撰；《异苑》一卷，刘宋刘敬叔撰；《异林》一卷，明徐祯卿撰；《还冤记》一卷，北齐颜之推撰；《前定录》一卷，唐钟辂撰；《集异记》一卷，唐薛用弱撰；《博异志》一卷，唐郑还古撰；《甘泽谣》一卷，唐袁郊撰；《冥通记》一卷，梁陶弘景撰；《梦游记》一卷，唐任蕃撰；《本事诗》一卷，唐孟棨撰；《挥麈录》一卷，宋王明清（误题王清臣）撰；《因话录》一卷，唐赵璘撰；《清异录》四卷，宋陶穀撰；《搜神后记》一卷，晋陶潜撰；《芥隐笔记》一卷，宋龚颐正撰；《明道杂志》一卷，宋张耒撰；《云仙杂记》九卷，唐冯贽撰；《碧鸡漫志》一卷，宋王灼撰；《玉照新志》四卷，宋王明清撰；《东观奏记》三卷，宋裴定裕撰；《井观琐言》一卷，明郑瑗撰；《唐书纠缪》一卷，宋吴缜撰。

三、何允中与《广汉魏丛书》

何允中，钱塘县（今杭州）人，天启二年（1622）进士。万历二十年（1592）曾刊《广汉魏丛书》七十六种，四百五十四卷。

《汉魏丛书》为何镗所辑。何镗，字正卿，号宝岩，处州卫（今丽水）人，嘉靖二十六年（1547）进士，著有《古今游名山记》。所刻书有《刘宋二子》四卷，刊于嘉靖三十五年（1556）；《卧游录》（不分卷）嘉靖间刊；《汉隽》十卷，嘉靖间刊；《古今游名山纪》十七卷，嘉靖四十四年（1565）刊；《修攘通考》六卷，刊于万历间。此书先后有三刻，何镗所辑旧目有百种，万历二十年（1592）歙县程荣得其原稿，选刻三十八种，此即首刻。不久何允中亦于万历二十年（1592）补刻增至七十六种，经史子集四部完整，改名为《广汉魏丛书》，此为二刻。后王谟三刻增至八十六种，题名为《增订汉魏丛书》。

何允中刊本《广汉魏丛书》亦分经翼、别史、子余、载籍诸类。

附：《广汉魏丛书》目录

（一）经翼

《易传》三卷，汉京房撰，吴陆绩注；《焦氏易林》四卷，汉焦赣撰；《周易略例》一卷，魏王弼撰，唐邢注；《古三坟》一卷，晋阮咸注；《诗传孔氏传》一卷，周端木赐撰；《诗说》一卷，汉申培撰；《韩诗外传》十卷，汉韩婴撰；《大戴礼记》十三卷，汉戴德撰，北周卢辩注；《春秋繁露》十七卷，汉董仲舒撰；《白虎通德论》四卷，汉班固撰；《独断》一卷，汉蔡邕撰；《忠经》一卷，汉马融撰；《孝传》一卷，晋陶潜撰；《方言》十三卷，汉杨雄撰，晋郭璞注；《释名》四卷，汉刘熙撰；《博雅》十卷，魏张揖撰，隋曹宪音注；《小尔雅》一卷，汉孔鲋撰。

（二）别史

《吴越春秋》六卷，汉赵晔撰，元徐天祜音注；《越绝书》十五卷，汉袁康撰；《十六国春秋》十六卷，后魏崔鸿撰；《元经薛氏传》十卷，隋王通撰，唐薛收传，宋阮逸注；《汲冢周书》十卷，晋孔晁注；《竹书纪年》二卷，梁沈约注；《穆天子传》六卷，晋郭璞注；《汉武帝内传》一卷，汉班固撰；《飞燕外传》一卷，汉伶玄撰；《杂事秘辛》一卷，汉撰；《群辅录》一卷，晋陶潜撰；《神仙传》十卷，晋葛洪撰；《高士传》三卷，晋皇甫谧撰；《英雄记钞》一卷，魏王粲撰。

（三）子余

《参同契》一卷，汉魏伯阳撰；《阴符经》一卷，汉张良等注；《素书》一卷，汉黄石公撰，宋张商英注；《心书》一卷，蜀诸葛亮撰；《新语》二卷，汉陆贾撰；《新书》十卷，汉贾谊撰；《新序》十卷，汉刘向撰；《新论》十卷，北齐刘昼撰；《淮南鸿烈解》二十一卷，汉刘安撰，汉高诱注；《孔丛》二卷，附《诘墨》一卷，汉孔鲋撰；《法言》十卷，汉杨雄撰，宋宋咸注；《申鉴》五卷，汉荀悦撰，明黄省曾注；《中论》二卷，汉徐干撰；《中说》二卷，隋王通撰；《潜夫论》十卷，汉王符撰；《天禄阁外史》八卷，汉黄宪撰；《说苑》二十卷，汉刘向撰；《论衡》三十卷，汉王充撰。

（四）载籍

《搜神记》八卷，晋干宝撰；《神异经》一卷，汉东方朔撰，晋张华注；《海内十洲记》一卷，汉东方朔撰；《述异记》二卷，梁任昉撰；《续齐谐记》一卷，梁吴均撰；《别国洞冥记》四卷，汉郭宪撰；《西京杂记》六卷，汉刘歆（一题晋葛洪）撰；《拾遗记》十卷，前秦王嘉撰，梁萧绮录；《博物志》十卷，晋张华撰，宋周日用、宋卢注；《古今注》三卷，晋崔豹撰；《风俗通义》十卷，汉应劭撰；《人物志》三卷，魏刘邵撰，后魏刘昞注；《文心雕龙》十卷，梁刘勰撰；《诗品》三卷，梁钟嵘撰；《书品》一卷，梁庾肩吾撰；《颜氏家训》二卷，北齐颜之推撰；《盐铁论》十二卷，汉桓宽撰，明张之象注；《三辅黄图》六卷，汉撰；

《华阳国志》十四卷，晋常璩撰；《伽蓝记》五卷，后魏杨衔之撰；《水经》二卷，汉桑钦撰；《星经》二卷，汉甘公、汉石申撰；《荆楚岁时记》一卷，梁宗懔撰；《南方草木状》三卷，晋嵇含撰；《竹谱》一卷，晋戴凯之撰；《古今刀剑录》一卷，梁陶弘景撰；《鼎录》一卷，梁虞荔撰。

第六章　清代杭州印刷出版事业的衰落和重兴

　　明崇祯十七年（1644）八月十四日，六岁的清世祖福临即位，改明年为顺治元年。经诸王贝勒公议，由济尔哈朗与多尔衮辅理国政。次年九月，清顺治帝福临自盛京到北京，十月初一日祭告天地，定都北京，史称清朝。但是，其时江南一带反清斗争仍是此起彼伏。清顺治二年（1645)五月，在南京的福王败亡，浙东抗清大旗仍然高举。先是明兵部尚书张国维起兵于东阳，继之吏科给事中熊汝霖与刑部员外郎钱肃乐、举人张煌言分别在余姚、鄞县起兵，组织义军抗清。同年六月，他们共同拥立在台州的鲁王至绍兴建立临时政权，时任定海总兵王之仁部与浙东义军相结合共同抗清，并多次获胜。

　　清顺治二年（1645），清军入杭州。次年六月，鲁王政权失败；七月清军占领金华、衢州，嗣后今浙江全境为清所统治。唯张煌言等仍坚持过一段时间的反清斗争。

　　清朝今浙江省建制为四道、十一府、一直隶厅、一州、一厅、七十六县，所辖地域和明代无大变动。

　　清代浙江出版事业就总体情况而论，不若明代之盛，至中后期情况有所改变。

第一节　文字狱对杭州出版事业的摧残

　　由于浙江曾是抗清斗争的根据地，所以清政府对浙江的控制特别严厉。清初在杭州驻有重兵，并在城内构筑旗营驻军并防人民反抗；同时在思想领域内也加强控制。清初及中期，清帝大兴文字狱，就是为了禁锢人民的思想，对出版事业也是个沉重的打击。以下仅就与浙江及杭州有关的文字狱案略作介绍。

一、庄廷鑨史案

明代后期的湖州在全国出版业中占有重要的地位，不仅刻书富有传统，而且在发行上也有特色。杭州和湖州是江南水网地带，舟楫便利。大概自元明以来直至清代，湖州有一种书船，常常装满了新刻的书籍，沿苕溪和运河在各地兑卖，这种情况盛极一时，是文化发达的重要标志。但清初发生了几起"文字狱"，对杭州都产生了重大的影响。清顺治十八年（1661），在吴兴南浔镇发生了震惊全国、杀人无数的"庄氏史案"——因为刻书而引起一场大案。这是清政府对浙江刻书出版事业的第一次残酷的摧残。

关于"庄氏史案"的经过，据清全祖望《江浙两大狱记》和清人节庵《庄氏史案本末》所载，大致经过是：吴兴南浔人朱国祯，曾任前明相国，博学多才，著述颇多，有良史之称。他曾著有《大事记》、《大政记》、《大训记》等，在明熹宗天启年间（1621—1627）已经刊行。朱国祯还著有《明书》一部，仿《史记》体例，其论赞则称"朱史氏"，这是部未刊稿。清初，朱氏家道中落，朱家后代遂将此稿本售与南浔富户庄允城（君维）。庄允城长子廷鑨，有才而瞽目（双目失明），庄廷鑨欲以古之"瞽史"自居，得朱氏书稿后，聘请名士茅元铭、吴炎、吴楚、吴之铭、吴之镕、张隽、唐元楼、严云起、韦金祐、蒋麟徵、潘柽章等十六七人一起删改、润色。书中史事缺项，则采用茅瑞徵《五芝记事》及明末天启、崇祯朝的遗事加以补缀，定名《明史辑略》。书成后请南明弘光朝曾任礼部主事的李令皙（霜回）为之作序，并列当时名士查继佐、范骧、陆圻三人为"参校"（其实三人并未见书）。此书于顺治十七年（1660）刊板发行。由于该书内容有指斥清朝的语句，后为因贪污而罢任的归安知县吴之荣所得到一部。吴之荣得《明史辑略》后大喜过望，图谋告发以作为重返官场的本钱，遂到杭州向浙江将军松魁告发此事。庄家得悉后，厚贿松魁和浙江巡抚朱昌祚、督学胡尚衡，在他们遮掩下，庄家赶紧将《明史辑略》的初刊本删改掉指斥清朝的字句，重刊印行。吴之荣见其计不能得逞，遂拿了初刊本到北京向清廷刑部告发。康熙元年（1662）冬，庄允城被押解到北京，死于刑部狱中，死后磔尸。康熙二年（1663）正月二十日，在吴之荣的带领下，清廷调集杭州、严州（今建德）的军队紧闭城门，分头密拿与《明史辑略》有关人员。据《庄氏史案本末》载：城中所亲见者"长桥李霜回（引者按：即作序者李令皙）家父子、兄弟、祖孙、奴仆、内外男女人口约数十百人，俱受缚上册。内中尚有拜年亲戚及邻舍来观看者俱并擒获。其余南浔朱（佑明）、庄各家又拿数十百人"。一时恐怖气氛，笼罩湖州上空。其时庄廷鑨已死，则发棺戮尸，其弟廷钺亦遭诛杀。作序人李霜回（今哲）及其四子亦被杀。李有幼子年十六，审案官员曾暗示其"减供一岁"，按其时律例不足十六岁者可免死充军，但李霜回幼子以"子见父兄死，不忍独生"，终被斩首。此外，凡参加此书稿本删改者，以及刻书工人、送版人、装订工人、贩书商人，甚至买书人亦俱株连而被杀。其中有位刻板工人在临刑前大哭："上有八十之母，下有十八之妻，我死妻必嫁，母其谁养！"但仍不得宽恕，"言毕就刑，首滚至门忽然自竖。盖行刑之所，去家不远也"。因"庄氏史案"无辜而死的还有朱佑明一家。朱佑明为南浔富户，与《明史辑略》本无牵连，但因吴之荣敲诈不成，诬称其为"朱史氏"，朱本人与五子俱斩。不仅如此，有关地方官员，如归安、乌程学官，湖州知府，湖州推官等皆或斩或绞。所有"人犯"妇女家属则皆发边为奴。与此案有牵连的查继佐、陆圻、范骧等虽因列句"参校"，但确未见书，加之有人援救而免死。其中唯一得益者是吴之荣，他用别人的鲜血染红了自己的顶子而升任右佥都。

关于"庄氏史案"被杀人数，有说数十人的，我据《庄氏史案本末》所述粗略统计为二百二十一人，而安平秋、章培恒《中国禁书大观》六《惨酷的代价：清朝禁书总结》称："此案到底死了多少人，至今是个谜。据当时担任浙江按察使法若真事后说，由于"庄氏史案"而被祸的有七百家（见其所著《黄山诗留·八十自寿》诗自注及该书卷首张谦宜为法若真所撰传），那么，被杀的至少在一千人左右，被发配的又不知多少！为一部书而死这么多人，实在使人无法想象！"

还有个疑问需要说一下的，"庄氏史案"发生后如此残酷地捕人、杀人，何以列名"参校"的查继佐、陆圻、范骧三人却能幸免一死？黄裳在《笔祸史谈丛》之《查·陆·范》中说："刻一部书，请许多名人来列名参校，这是晚明直至清初的流行风气。原意不过是借此壮大声势，提高身份，这和今天许多刊物的请名流作顾问用意差不多。认真参加了编辑校定工作是极少的，多半只是挂个名。这样因列名参校而被杀的就格外显得冤枉，如著名文士吴炎、潘柽章等就是。不过同时列名参校的却有三位逃过了这场灾难。他们又都是有极高声望的学者、文士查继佐、陆圻和范骧。怎么会幸免了的呢，是因为事先检举了的原故。这是许多记事一致肯定的说法，不过只是一句话，没有细节的说明。只有当时当事人才能知道其中的底里。"《中国禁书大观》六《惨酷的代价：清朝禁书总结》亦持此说："顺治十七年（1660），此书刻成，颇为流行。陆圻等三人听自己被列名书中，又听说书中的天启、崇祯部分颇有触犯清朝的话，就在这年十二月写呈文给学道胡尚衡，胡尚衡命湖州府学教授赵君宋检核。赵君宋检查出了一百多处有问题的地方，写公文向学道汇报。"书中有个注：据陆莘行《老父云游始末》"则谓陆圻等写呈文在吴之荣告发之后"。以上说法供参考。

清政府大兴文字狱，严厉打击"庄氏史案"有关人员，其实质是为巩固清王朝的统治，此后文字狱迭起，其原因就在于此，实际上也确实达到了这个目的。举例而言，康熙年间嘉兴朱彝尊从广东回浙，曾在江西购书甚多，客永嘉时，"庄氏史案"发生，故所购书中凡涉及明代史事的，一再焚弃，及还家后一无所存。在那个恐怖的年头，连买书、藏书也可能遭杀身之罪，何况刻书。

二、查嗣庭试题案

查嗣庭，字横浦，浙江海宁人（其时海宁县属杭州府管辖）。康熙四十五年（1706）进士，官礼部侍郎。雍正四年（1726）出为江西正考官，传统说法是他出试题曰"维民所止"，被人告发说"维止"两字是"雍正"两字去其首，意在讥讪诅咒雍正皇帝，雍正帝因而大怒，遂大兴文字之狱。据中国第一历史档案馆《查嗣庭文字狱案史料》（1992年第1—2期）有关材料看，与传统说法有所出入。查嗣庭之获罪，雍正四年九月二十六日《著将乡试命题悖谬之江西主考查嗣庭革职拿问上谕》中说："查嗣庭向来趋附隆科多，隆科多在朕前曾经荐举，是以朕令其在内庭行走，授为内阁学士。后见其语言虚诈，兼有狼顾之相，料其心术必不端正，从未信任，因未显有过失，因而姑容之。及礼部侍郎员缺需人，蔡珽又复将伊荐举，朕遂用之。今岁各省乡试届期，朕以江西大省，人文颇盛，须得大员以典试事，故用伊为正考官。今阅江西试题，首题'君子不以言举人，不以人废言'。夫尧舜之世，敷奏以言，取人之道，即不外乎此。况现在以制科取士，非以言举人乎？查嗣庭以此命题，显与国家取士之道大相悖谬。"

以上可证，雍正要办查嗣庭的罪，主要并非因江西试题（亦无"维民所止"试题），而是为了打击查嗣庭的举荐人隆科多。"查嗣庭向来趋附隆科多，隆科多在朕前曾经荐举（查嗣庭）"是主要原因，现在制造一起查嗣庭文字狱，等于给隆科多又加了一条罪状，这样就以查嗣庭所出试题"悖谬"为名，将其革职拿问，又于寓所搜出日记，援以为叛逆实据。此案的结局是查嗣庭瘐死狱中，仍戮尸示众。查子坐死，家属流放，"停浙江乡会试六年"（据邓之诚《中华二千年史》）。

三、吕留良文选案

吕留良，崇德（今桐乡）人，为明清之际思想家。吕具有民族意识，明亡后，散财结客，图谋复兴，拒不事清，创办天盖楼刻局，选刻时文出售，后削发为僧。此案发生于雍正六年(1728)六月。先是，湖南靖州人曾静，以应试州城，获见吕留良选文，内有强烈民族意识内容，曾静乃遣其门人张熙往浙，至吕留良家访吕之遗书，吕葆中悉以其父遗书授之。以后曾静又与吕留良门人严鸿逵及严之门人沈在宽往来。其时外界传说川陕总督岳钟琪乃岳飞之后代，曾静闻而信之，派张熙投书岳钟琪，劝其反清，遂案发。此案至雍正十年（1732）十二月结案，历时四年半。此案结果是：吕留良、吕葆中照大逆治罪，戮尸枭示。吕毅中斩立决。吕留良孙辈发遣宁古塔为奴。严鸿逵戮尸枭示，其孙发往宁古塔为奴。沈在宽斩立决，其嫡属亦治罪。时有黄补庵其人，自称是吕留良私淑门人，已死免究，其妻妾子女发给功臣家为奴，父母、祖孙、兄弟流二千里。车鼎丰、车鼎贲因刊刻吕留良书稿俱判斩监候，秋后处决。其余牵连人员尚多，株连所及一直到"子孙及兄弟伯叔之子，及女妻妾姊妹子之妻妾"。同时清政府还明令将吕留良所著文集、诗集、日记等，于文到之日，出示遍谕，勒限一年尽行焚毁。

四、卓长龄等诗集案

此案起自乾隆四十七年（1782）二月，同年六月结案。缘因仁和（今杭州）塘栖监生卓汝谐举报其族伯卓长龄等有《忆鸣诗集》，所谓"忆鸣"者，即"忆明"也，自是一件悖逆大案。经浙江和杭州地方大员到塘栖查抄，证实确无此诗集，这是卓汝谐为了报复卓长龄后人控告其盗卖卓氏祠堂门楼地基而捏造的案件。但在查抄中发现卓长龄有刻板《高樟阁诗集》，内有"剃头轻卸一层毡"、"发短何堪簪，厌此头上帻"等句，定为大案。因卓长龄已死，"仍照大逆凌迟律剉碎其尸，枭首示众"，孙卓天柱、卓天馥斩立决。卓连之收藏不首，斩立决。妇女、幼子发给功臣家为奴。

清代康熙、雍正、乾隆三朝浙江文字狱迭起，上举数案略加剖析，即可看出清廷一再制造文字狱的真正目的。以"庄氏史案"而论，杀了那么多人，造成了那么恐怖的气氛，究竟《明史辑略》大逆不道到了何等程度？据前人记载不过是直书了清朝祖先之名，在明朝灭亡以前，未记清的年号，在清兵入关以后仍记南明两朝的年号等。严格地说此书对于清王朝并无讪谤之语，其所以小题大作旨在镇压，使人们不敢稍有反抗，以达到其巩固统治的目的。处分如此严厉，我看这和浙江曾是反清根据地有关。查嗣庭试题案，就其实质看，是统治集团内部矛盾，但因查嗣庭是浙江海宁人，所以株连停止浙江乡会试六年，这对浙江读书人来说震动是何等巨大！吕留良与卓长龄两案涉及民族意识，其中有怀念前明和不满清政府命令汉族人民剃发易服的内容。这就表明了清政府的态度，你要稍有反抗和不满，就坚决采取极端手段。

以上这些案件，皆因或著书，或刻书而招罪，其处分之重，不仅出版人，而且连刻工、送版工、印刷工、装订工、书商、读者，也就是说与书沾上边的就逃不掉杀头的命运，"庄氏史案"最足以说明。至于出版人和作者，那打击更是严厉，已死的，要开棺戮尸，未死的或凌迟处死，或斩首，清政府表示宽大的，也是"斩监候，秋后处决"，不仅如此，还要株连亲属，男丁照例是杀头，女口则发给功臣为奴。以上诸案或发生在与杭州相邻的湖州、嘉兴，牵涉到杭州属县海宁，有的直接发生在杭州仁和的塘栖镇，这些案件的查处，达到了清廷"震慑"的目的。在清政府这种高压政策的统治下，对杭州的出版事业打击是十分厉害的，谁还敢去刻书？可以想见当时出版业凋零到何种程度，真可说是"白茫茫一片大地真干净"了！

第二节　浙江巡抚衙署、杭州府署主持刊印出版物

一、督刊《武英殿袖珍板书》三十九种

清代地方官刻书，不如宋明时期之盛，浙江亦如此。清乾隆三十八年（1773）乾隆采纳金简的建议命武英殿刻书处制枣木活字印书，至次年共刻成大小枣木字二十五万三千五百个，并用这套木活字印成了著名的《武英殿聚珍版丛书》(乾隆以活字版不雅，改为聚珍版)一百三十四种。乾隆四十一年（1776）将这部《武英殿聚珍版丛书》颁发到东南各省，并准许上述诸省锓木翻印，其时浙江奉命刻印三十九种(一说三十八种)，这可能是清初至乾隆间浙江官刻书中规模较大的一次。此书系袖珍本，但行格字数皆仿原版，每半页九行，每行二十一字。丁申云：

> 乾隆甲午五月，诏儒臣汇集《永乐大典》内散见之书，重辑成编，及世所罕觏秘籍，以活字版印行，赐名聚珍版书，每种冠以御题五言诗十韵，前系小序。越三载，丁酉九月，颁发其书于东南五省，敕所在镌勒通行，用广流布。一承命开雕者，江南凡八种，江西凡五十四种，福建凡一百二十三种，浙江凡三十九种，卷帙多寡不一，以福建为最富，以浙江为最精。浙江旧多藏书家，拜《图书集成》、《佩文韵府》之赐者六人，沐浴教泽，踊跃咸奋，爱仿内府袖珍版式，取便箧行，重刊成书。闽浙总督钟音、浙江巡抚王亶望、学政彭元瑞、布政使孙含中、按察司国栋、督粮道陆允镇、盐驿道噶尔弼善恭纪于后。督刊者杭州知府邵齐然、校字者钱塘教谕韩义、淳安教谕厉绳、泰顺教谕姚廷玑、试用训导孙丽春。承刊者大理寺丞衔汪汝琛、盐运司运同衔孙仰曾、国子监生鲍士恭、钱塘学廪膳生员汪庚。书凡二十函，一百二十四册，谨遵殿本元定价值，共计纹银十二两五钱八厘五毫九丝二忽。省城振绮堂汪氏、寿松堂孙氏、大知堂汪氏、知不足斋鲍氏公印通行，皆进书之家而承刊者，世又称三单本，迄今百余年，全帙亦罕觏矣。[1]

据此可见当时对刊刻此书之重视程度，上自全省最高长官总督、巡抚

[1]丁申：《武林藏书录》卷上，古典文学出版社。

以及三司长官皆预其事，下至教谕为校字，承刊者则为其时杭州著名藏书家。可以说是当作一件重大政治任务来对待，故刊刻此书如丁申所言，"以浙江最精"是可凭信的。

二、翻刻《四库全书总目》及刻印《浙江通志》等

乾隆四十七年(1782)七月在完成《四库全书》编纂抄录的基础上，又编成《四库全书总目》的初稿，乾隆五十四年(1789)定稿后由武英殿刻版刊印。乾隆六十年(1795)浙江官府据此进行翻刻，这也是一部有较大文献价值、卷帙繁浩的大书。此书的刊刻，对《四库全书总目》的广泛流传起了积极的作用。

清代浙江官刻书中数量最多的是地方志书。清代康熙、雍正两朝曾两修《浙江通志》。康熙《浙江通志》刊于康熙二十三年(1684)。雍正《浙江通志》为二百八十三卷，卷帙较大，此志数次刊印，首有乾隆元年(1736)初刻本，继有嘉庆十七年(1812)修补重刊本，三有光绪二十五年(1899)浙江书局复刻本。在浙江府县方面刊刻更多。如《杭州府志》，清康熙《杭州府志》曾两次刊刻，乾隆《杭州府志》曾二修二刻，一刊于乾隆四十四年(1779)，一刊于乾隆四十九年(1784)。故有清一代浙江府县志有二刻、三刻，其数字十分可观，为节省篇目，不具列书目。

第三节　官办浙江书局及出版物

清代浙江官刻书中规模最大，刻书最精，影响最大的无疑要数同治、光绪间的浙江书局刊书，它在中国近代出版史上占有十分重要的地位。

清道光三十年(1850)，洪秀全领导的太平军在广西桂平金田村起事，以后一直打到浙江杭州。由于战争频仍，烽火连天，各地文物图书遭到破坏和焚毁，以致出现了士子无书可读的现实。同治年间（1862—1874），太平军被镇压后，清政府为重兴文化，相继在一些省市设立官办书局，大量印刷书籍，其肇始者则为曾国藩所创之江南官书局。据况周颐《蕙风簃二笔》称："咸丰十一年八月，曾文正克复安庆，部署粗定，命莫子偲大令采访遗书；既复江宁，开局于冶成山，此江南官书局之俶落也。"以此发端，浙江、湖北、湖南、江西、四川、山东、山西、福建、广东、云南等省也相继设局刊书，于是遂出现清季官刻书的"中兴"现象。杭州的浙江书局是当时诸省官书局中重要的一家，现略述于后。

一、浙江书局始末

关于浙江书局设局之始，有多种说法。魏隐儒定为同治三年（1864），

他在《中国印刷史》中说："浙江书局是浙江省布政使杨昌濬、按察使王凯泰二人为了迎合曾氏，于同治三年(1864)呈准巡抚马新贻设立的。"洪焕椿定为同治四年（1865），他在《浙江文献丛考》中说："同治四年（1865），官办浙江书局成立于杭州小营巷报恩寺，聘一时名宿任编校，雕版印书甚多。浙江一度中落的刻书事业，重新兴起。"张静庐《中国近代出版史料》二编所附《出版大事年表(1862—1918)》则定浙江官书局设立系于同治六年(1867)之下，文称："马新贻设浙江官书局于杭州。"

关于浙江书局成立之日，应以张静庐所记同治六年(1867)为确。其理由为民国《杭州府志》卷一九《公署二》载：

> 书局同治六年巡抚马新贻奏设。初在小营巷报恩寺，后移中正巷三忠祠，以报恩寺为官书坊。光绪八年庋版片于祠中。提调盛康于祠侧听园添筑屋宇以居校勘之士。

又，丁申《武林藏书录·浙江书局》记之甚明，丁氏称："杭州庚辛劫后，经籍荡然。同治六年，抚浙使者马端敏公，加意文学，聘薛慰农观察时雨、孙琴西太仆衣言，首刊经史，兼及子、集。奏开书局于篑庵，并处校士于听园，派提调以监之。"（《武林藏书楼》卷上）

又，《杭州府志》于浙江书局下附有马新贻上疏文曰：

> 窃臣先准礼部咨议复御史范熙溥奏：军务肃清省分，亟应振兴文教，令将所属书院妥为整顿。奉旨依议，续又准咨。同治六年五月初二日奉上谕：鲍源深奏刊书籍颁发各学一折。等因钦此，先后恭录行知到浙。窃查本年三月间，据布政使杨昌濬、按察使王凯泰详称："欲兴文教，必先讲求实学。不但整顿书院，并须广集群书。浙江自遭兵燹，从前尊经阁、文澜阁所存书籍，均多毁失，士大夫家藏旧本，连年转徙亦成乌有。军务肃清之后，省城书院如敷文、崇文、紫阳、孝廉堂、诂经精舍均已先后兴复，举行月科。惟书籍一项经前兼署抚臣左宗棠饬刊《四书五经》读本一部，余尚未备。士子虽欲讲求，无书可读。而坊肆寥寥，断简残篇，难资考究，无以嘉惠士林，自应在省设局重刊，以兴文教。"当经臣批饬迅速举办。即于四月二十六日开局，一面遴派笃实绅士分司校勘，并先恭刊《钦定七经》、《御批通鉴辑览》、《御选古文渊鉴》等书，昭示圭臬。其余有关学问、经济、讲诵必需者，随时访取善本陆续发刊。一切经费在厘捐项下酌量撙节提用。现仍分饬在局绅员认真校刊，并谆饬各属设法筹劝，尽复书院，勤行考课，以仰副雅化作人至意。再从前钦定诸经卷帙阔大，刷印工价浩烦，寒士艰于购取。臣此次刊刻略将版式缩小，行数增多，以期流传较易，庶几家有其书，有裨诵习，合并陈明。[1]

以上所引民国《杭州府志》关于浙江书局的记载和所附马新贻奏疏，以及丁申《武林藏书录》所记均为十分可靠之材料。这是因为民国《杭州府志》虽为民国8年(1919)所修，于民国11年（1922）铅印线装问世，然其

[1]《民国杭州府志》卷一九。

祖本实为光绪二十年(1894)修至光绪二十四年(1898)脱稿之光绪《杭州府志稿》，此稿杭州藏书家丁丙出力颇多。据《杭州府志》陈璚序："璚承乏知府事，郡绅丁君丙以志稿来相属，谓将谋锓木而犹惧其或未精审也……期得通史裁治国闻者一人重任覆核事，璚为延黄岩宿儒王君棻理董之。"又王棻序云："岁甲午，知杭州府事陈公璚与仁和宰伍君桂生谋于丁君丙属棻重纂订……乙未赴杭，假馆丁氏。"证之丁立中先考年谱云："光绪二十一年三月……延黄岩王子壮先生棻于家，重校《杭州府志》……三载成书，拟乞大吏筹款付梓，以事不果。"陈训慈《丁松生先生与浙江文献》云："今《杭州府志》又经陆懋勋、吴庆坻先生续纂，梓于民国十一年，而其稿什九实出于光绪间二十年纂修之成绩，先生虽未获睹新志之公世，而其发议借书讨论参订之功，固应垂之不朽，后之人所应服膺勿忘者也。"

我之所以强调《杭州府志》与丁丙的关系，这是因为：一是，丁丙是杭州"八千卷楼"藏书楼主人，马新贻奏设浙江书局时，所刊之书多藉丁氏家藏本以补校刊，如胡凤丹《嘉惠堂藏书目序》称："浙省奏开书局，多借君家藏本备校勘，其于乡贤遗著，网搜尤笃。"且丁丙实襄助马新贻创办浙江书局，慕骞据丁丙长子丁立中所撰《先考松生府君年谱》"芟繁节要"，辑成《丁松生先生大事年表》于同治六年(1867)下记："二月以左文襄奏保赏加同知衔。三月编辑《西泠四家印存》，创办牛痘局。四月襄办浙江官书局，时马端敏新贻于省城设局刊书，即今浙江图书馆附设木印部印行所之前身。"（《浙江省立图书馆月刊》一卷七、八期合刊）。又，该刊同期载《丁公与浙江图书馆关系简表》称："(3) 浙江官书局创于马督新贻而先生实襄其事。(4) 浙局刻书多藉八千卷楼之珍本互校，故浙局本得以精好著闻于海内。"故丁丙与其兄丁申（《武林藏书录》作者)实为浙江书局当事人和历史见证人之一，而《杭州府志》纂修丁丙出力颇多，其记述是可信的。二是，光绪《杭州府志稿》纂修时，浙江书局尚存在，这些基本史料断不致有错。又证之马新贻奏疏明载杨昌濬、王凯泰建议创办浙江书局是在同治六年三月，故"即于四月二十六日开局"。又考钱实甫《清代职官年表》，杨昌濬、王凯泰是在同治五年(1866)始分别担任浙江布政使与按察使，《清史稿》卷四二六《王凯泰传》亦称同治五年王在曾国藩、李鸿章、马新贻"交章荐举"下"擢浙江按察使"。以上有关史料足以证明，浙江书局正式开局时间是在同治六年(1867)四月二十六日。关于浙江书局的开局，还有一事须补述一下，据温州图书馆古籍部主任潘猛补先生言： 浙局的设立经过，还须追溯到咸丰十一年（1861），当时清廷派左宗棠入浙镇压太平军。那时浙东、西许多城市都在太平军占领下，左的巡抚官署设在严州，在那里招募工匠，刻印书籍。后攻入宁波，在宁波设立浙江刻书处，曾刻《读本五经四书》九种。（潘猛补：《浙江书局史略》，《图书馆研究与工作》1991年第1期）这也是浙江近代官刻书的一条重要材料。可说是浙江书局的前身。

浙江书局最初的地点在杭州小营巷报恩寺，光绪八年（1882）移中正巷三忠祠，以报恩寺为官书坊，版片贮三忠祠。其首任总办是由杭州崇文书院山长薛时雨、紫阳书院山长孙衣言兼任，后因两人他去，由诂经精舍山长俞樾兼任。聘一时名宿任编校，首任总校高均儒、李慈铭、谭献、张景祁，主持经、史、子、集的校勘业务。首任分校有胡凤锦、陆元鼎、陈豪、张预、汪鸣皋、王麟书、张鸣珂、沈景修等，由丁丙任襄办。

关于浙江书局结束、归并浙江图书馆的经过大致是：清光绪二十八年（1902）杭州士绅邵章、胡焕请改东城讲舍为藏书楼，不久因"见其地僻左，屋宇湫隘"而请款另建。次年此事得到浙江学政张亨嘉的支持，遂在大方伯以八千银元购入刘氏房屋改修，定名为浙江藏书楼。清宣统元年（1909）浙江巡抚增韫向朝廷上《奏创建浙江省图书馆归并扩充折》提出："奏为浙省创建图书馆，将官书局、藏书楼归并扩充，以备庋藏，而宏教育。"其归并理由为"奴才身任地方，日求教育之发达，自以搜集图书为先务。查省城旧有官书局，刊布经史子集百数十种。近年专事刷印版籍，未能扩充"（见《京报》宣统元年三月九日）。增韫于此明确指出将浙江藏书楼和浙江书局合并扩充为浙江图书馆。故所见诸家著述均称浙江书局于宣统元年并入浙江图书馆。

清宣统三年(1911)浙江巡抚增韫又上《奏勘定图书馆地址折》内称：

> ……窃照浙省筹建图书馆，援案恳请赏给西湖圣因寺行宫内文澜阁旁空地，俾广教育而溥文化一折，经臣于宣统二年五月二十一日具奏，钦奉朱批著照所请，该部知道，钦此。当经恭录转行钦遵办理去后，兹据署提学使袁嘉穀、劝业道董元亮会详称：恭勘行宫基址，极为广阔。敬考志乘，原有纯庙御题八景，并应敬谨修葺，用符原奏，准予人民瞻仰，以广灵台、灵沼与民偕乐之庥。查内殿旧址，正中为月波云岫，谨即其地恭建琉璃瓦八角亭一座。月波云岫之右，文澜阁之西，建为图书馆。内设藏书库、阅书室、特别保存书库、特别阅书室及办公房……现已鸠工庀材，妥填修筑。约于九月间，可期竣工等情，详请奏咨立案前来。臣覆核无异，除分咨查照外，所有勘定图书馆地址，及敬谨修葺行宫遗址缘由，谨恭折具陈。[1]

[1]见《京报》宣统元年三月九日。

又据浙江提学使袁嘉穀于宣统三年(1911)给浙江巡抚增韫《请改杭州行宫为图书馆疏》亦称："今各省图书馆，经学部奏预备立宪分年事宜，限宣统二年一律开办。浙人习窥美富，谓宜于圣因寺行宫余地，建馆储书，俾与文澜阁毗连一气，扬文治而昭盛概……浙江圣因寺行宫，同属禁地，倘蒙殊恩准于文澜阁旁，建馆储书，既合学部奏章、先朝德意，而《四库全书》照旧存储，尤足以昭示郑重……如蒙恩准，图书馆附建阁旁，旧书新书，无美不备，非惟节省物力，抑且蔚为大观。"以上增韫、袁嘉穀禀文足以说明，浙江图书馆于宣统三年（1911）尚未建立，宣统元年改浙江藏书楼为浙江图书馆，改书局为浙江官书印售所，故是时浙江书局名义上虽于宣统元年按增韫建议与浙江图书馆合并，实际上仍单独办公，刊印书籍。但所刊书已署浙江图书馆名义。宣统三年（1911）刻印的《儒林宗派》牌记"宣统三年春二月朔浙江图书馆刊本"可以得到证实。

陈训慈《浙江图书馆之回顾与展望》一文中称：

> 日俄战后，清廷胁于舆论，旋下预备立宪诏。宣统元年，学部奏定预备立宪分年事宜，定各省图书馆于宣统二年一律开办。当时吾浙藏书楼成立已六年，规模粗具。浙抚增公(韫)乃奏请改藏书楼，归并官书局，扩为浙江图书馆。次年，复以图书馆拨归学司管理，改定办法，委支公恒荣为督办，邓公起枢为坐办，孙公智敏、杨公复为会办。是年，浙江提学使袁公嘉穀复徇当时省人士之请："谓宜于圣因寺行宫余地，建馆储书，俾与文澜阁毗连一气。"复引京师建馆之例，请于增抚，请"准予文澜阁旁建馆储书"原注：并见袁氏详抚宪。（引者按：即袁嘉穀《请改杭州行宫为图书馆疏》）增公据以入疏，清廷允其所请。宣统三年，遂于文澜阁西首地兴工建筑西式楼房，工将竣而辛亥革命起。民国元年新馆既落成，钱念劬先生(恂)受委为馆长，乃移文澜阁书于其中，督馆友校核阁书，著其阙帙，详编阁目，更将其他书分来置藏。布置略竣，以民国二年三月二十五日开幕，乃改大方伯旧馆(原注：自宣统元年后已易藏书楼之名为图书馆)为分馆。[1]

根据以上文献，我认为，宣统元年（1909）三月浙江藏书楼改名浙江图书馆，浙江书局每月经费亦拨归浙江图书馆，并改称浙江官书印售所。关于浙江书局的始末沿革具如上述，我的结论是：浙江书局的开局日为清同治六年(1867)四月二十六日，最早刊印之书为《钦定七经》、《御批通鉴辑览》等书，正式并入浙江图书馆日为宣统二年（1910）或三年（1911），此后所刊书籍即署新名。

二、浙江书局书版和所印书籍

（一）浙江书局遗存书版

民国21年(1932)浙江图书馆大学路新馆落成，孤山分馆(今浙图古籍部)腾出房屋颇多，于是将原贮三忠祠浙江书局版片徙贮是处。在移藏过程中，浙江图书馆毛春翔曾将浙江书局所刊书版片和热心藏家陆续捐赠和寄存的版片作清理调查和统计，撰文称：总计书版为十六万三千六百九十片(残版与不编号犹未计入——原注)，其中自刻者计十二万二千四百八十六片，捐赠者四万零一百五十一片(而自民国元年以前及民国12至16年因馆档未理，无从悉其有亡捐赠者尚未计入焉——原注)，寄存者为一千零五十三片。这些版片，毛春翔都加编号(除《十三经古注》、《西泠五布衣遗书》、《劝学篇》等少量未编号)，自《五经》至《审看拟式》为一百八十八号，丛书则另行列号，自《二十二子》为丛书第一号始至《蓬

[1]文见《浙江省立图书馆馆刊》二卷一期。

莱轩地理丛书二集》共十七号，地图另编六号，总计为二百十一号，这个数字既包括浙江书局及后来浙江图书馆所刊版片，也包括捐赠和寄存的四万一千二百零四片板片在内（毛春翔：《浙江省立图书馆藏书板记》，见《浙江省立图书馆馆刊》四卷三期）。现在将明确标明浙江书局所刻书版，据年代先后重加排比，记在下面供研究工作者参考。

《清御纂七经》，同治六年(1867)刻。为乙种梨板，6128片，10610页。

《通鉴辑览》(即《御批通鉴辑览》)，未记刻版年份，当为同治六年(1867)刻本。为梨板，有红色套版2807片，5209页，套版2252片。

《纲鉴正史约》，同治八年(1869)重刻。为甲种梨板，893片,1743页。

《大学衍义》，同治十一年(1872)刻。为梨板，416片，774页。

《小学纂注》，同治十一年(1872)刻。为梨板，101片,158页。

《旧唐书》，同治十一年(1872)刻。为甲种梨板，1975片，3624页。

《文庙通考》，同治十一年(1872)刻。为梨板，102块，193页。

《绎志》，同治十一年(1872)刻。为梨板,349片，596页。

《古文渊鉴》(即《御批古文渊鉴》)，同治十二年(1873)刻。为梨板，1388片，2784页。

《新唐书》，同治十二年(1873)刻。为甲种梨板，1933片，3553页。

《平浙纪略》，同治十二年(1873)刻。为梨板，173片，299页。

《周季编略》，同治十二年(1873)刻。为梨板，230片，428页。

《王文成公全书》，同治间刻。为梨板，1096片，2050页。

《四书反身(省)录》，同治间刻。为甲种梨板，151片，244页。

《诗义折中》，同治间刻。为甲种梨板，252片，498页。

《小学韵语》，同治间刻。为梨板，34片，60页。

《宋史》，光绪元年(1875)刻。为甲种梨板，4554片，8464页。

《二十二子》，光绪元年(1875)刻。为梨板，3360片，6327页。内《老子》二卷文字漫灭，民国9年(1920)浙江图书馆重雕，《庄子》十卷亦民国间浙图重雕，《荀子》补雕数版，《黄帝内经》修十余版。

《湖山便览》，光绪元年(1875)重刻。为梨板，268片，500页。

《唐宋文醇》，光绪三年(1877)刻。为梨板，808片，1496页。

《补注洗冤录集证》，光绪三年(1877)刻。为薄梨板，388片，396页有套板，红板105片，蓝板89片，黄板16片。

《西湖志》，光绪四年(1878)刻。为甲种梨板，1042片，1829页。

《岳庙志略》，光绪五年(1879)刻。为梨板，160片，299页。

《理学宗传》，光绪六年(1880)刻。为梨板，160片，299页。

《续资治通鉴长编》，光绪七年(1881)刻。为甲种梨板，5163片，9802页。

《唐宋诗醇》，光绪七年(1881)刻。为梨板，944片，1750页。

《清三通》，光绪八年(1882)刻。为梨板，8549片，16510页。

《论语后案》，光绪九年(1883)刻。为梨板，426片，828页。

《金佗粹编》，光绪九年(1883)刻。为梨板，469片，903页。

《玉海》，光绪九年(1883)刻。为梨板，3912片，7532页。

《论语古训》，光绪九年(1883)刻。为甲种梨板，103片，197页。

《藩部要略》，光绪十年(1884)刻。为梨板，338片，645页。

《肆献裸馈无食礼》，光绪十一年(1885)刻。为乙种梨板，47片，90页。

《续三通》，光绪十二年(1886)刻(《续通考》刻于次年)。为梨板，12987片，25277页。

《夏小正通释》，光绪十三年(1887)刻。为梨板，29片，54页。

《素问集解》，光绪十三年(1887)刻。为梨板，316片，627页。

《孔孟编年》，光绪十三年(1887)刻。为梨板，88片，167页。

《郑氏佚书》，光绪十四年(1888)刻。为甲种梨板，441片，814页。

《经义考》，光绪十四年(1888)刻。为甲种梨板，2106片，4040页。

《小学考》，光绪十四年(1888)刻。为甲种梨板，639片，965页。

《苏文忠公诗编注集成》，光绪十四年(1888)刻。为甲种梨板，999片，1933页。

《韵山堂诗集》，光绪十四年(1888)刻。为梨板，65片，113页。

《两浙防护录》，光绪十五年(1889)刻。为乙种梨板，126片，247页。

《武经》，光绪十五年(1889)刻。为梨板，44片，83页。

《两浙金石志》，光绪十六年(1890)刻。为梨板，490片，965页。

《儒门法语辑要》，光绪十六年(1890)刻。为梨板，42片，74页。

《素问集注》，光绪十六年(1890)刻。为梨板，343片，685页。

《灵枢集注》，光绪十六年(1890)刻。为梨板，381片，765页。

《两浙轩录》，光绪十六年(1890)刻。为梨板，1459片，2703页。

《尔雅正郭》，光绪十七年(1891)刻。为梨板，54片，103页。

《两浙轩续录》，光绪十七年(1891)刻。为梨板，2054片，3870页。

《论语集注训诂考》，光绪十七年(1891)刻。为梨板，64片，124页。

《尚书考异》，光绪十八年(1892)刻。为乙种梨板，112片，215页。

《四书集注》，光绪十八年(1892)刻。为甲种梨板，237片，460页。

《佩文诗韵释要》，光绪十八年(1892)刻。为乙种梨板，47片，93页。

《唐鉴》，光绪十八年(1892)刻。为梨板，176片，335页。

《入幕须知五种》，光绪十八年(1892)刻。为梨板，178片，323页。

《赵恭毅公誉稿》，光绪十八年(1892)刻。为梨板，306片，598页。

《五经》，光绪十九年(1893)刻。为甲种梨板，1201片，2356页。

《钱南园遗集》，光绪十九年(1893)刻。为梨板，97片，187页。

《先圣生卒年月考》，光绪十九年(1893)刻。为梨板，33片，63页。

《先政遗规》，光绪十九年(1893)刻。为梨板，86片，167页。

《读书堂全集》，光绪十九年(1893)刻。为梨板，470片，899页。

《古今储贰金鉴》，光绪二十一年(1895)刻。为梨板，87片，150页。

《五种遗规》，光绪二十一年(1895)刻。为梨板，522片，1018页。

《续礼记集说》，光绪二十一年(1895)刻。为乙种梨板，1560片，3043页。

《三通》，光绪二十二年(1896)刻。为梨板，14668片，28964页。

《蚕桑萃编》，光绪二十二年(1896)刻。为梨板，253片，274页。

《沈氏三先生集》，光绪二十二年(1896)刻。为梨板，343片，654页。

《日本国志》，光绪二十四年(1898)刻。为梨板，442片，863页。

《算法大成》，光绪二十四年(1898)刻。为梨板，277片，533页。

《董公选要览》，光绪二十四年(1898)刻。为梨板，35片，69页。

《浙江通志》，光绪二十五年(1899)刻。为梨板，4698片，9231页。

《培远堂手札节存》，光绪二十五年(1899)刻。为梨板，71片，138页。有红套板131片。

《近思录集注》，光绪二十五年(1899)刻。为梨板，185片，358页。

《定香亭笔谈》，光绪二十五年(1899)刻。为梨板，126片，页数未计。

《诚意伯文集》，光绪二十六年(1900)刻。421片，771页。

《汉学商兑》，光绪二十六年(1900)刻。为梨板，35片，69页。

《汉书疏证》、《后汉书疏证》，光绪二十六年(1900)刻。为梨板，1727片，3432页。

《携雪堂文集》，光绪二十六年(1900)刻。为梨板，89片，172页。

《养蚕新法》，光绪二十八年(1902)刻。为白皂板，6片，10页。

《聂氏重编家政学》，光绪三十年(1904)刻。为梨板，60片，114页。

《明刑管见录》，光绪三十年(1904)刻。为梨板；178片，323页。

《绎史》，光绪三十年(1904)刻。为梨板，1844片，3572页。

《审看拟式》，光绪间(1875—1908)刻。为梨板，68片，页数未记。

《玉海附刻十三种》，光绪间(1875—1908)刻。为梨板，1142片，2036页。

《从政遗规》，刊年不详。为梨板，116块，213页。

《武备新书》，刊年不详。为梨板，116片，213页。

《杭州八旗驻防营志略》，刊年不详。为梨板，239片，464页。

《胡端敏公奏议》，清季浙局重刻。为梨板，193片，366页。

《赵裘萼公誉稿》，光绪丁卯刻〔按：光绪无丁卯年，同治、光绪、宣统三朝，仅同治六年(1867)为丁卯年，目前无法检视原板，姑系之于光绪之末。〕

《儒林宗派》，宣统三年(1911)刻。为梨板，68片，135页。

此外，尚有《十三经古注》(未编号，为清乾隆年间覆明永怀堂板)、《易宪》(乾隆八年版)、《覆宋淳祐本四书》〔民国14年(1925)寿春孙氏小墨妙亭刊于京师〕、《方言笺疏》〔光绪十六年(1890)红虹山房刻，后郑姓售于浙局〕、《韵目表》〔民国元年(1922)浙江图书馆刻〕、《易释》〔光绪十四年(1888)黄氏家塾刻〕、《尚书启幪》〔光绪十四年(1888)黄氏家塾刻〕、《军礼司马法考征》〔光绪十八年(1892)黄氏试馆刻〕、《礼书通故》［光绪十九年(1893)黄氏试馆刻］、《尚书古文疏证》［同治六年(1867)汪氏振绮堂刻，民国11年（1922）汪玉年捐赠］、《左通补释》［道光九年(1829)汪氏振绮堂刻，民国11年(1922)汪玉年捐赠］、《后汉书补逸》［同治七年(1868)孙氏寿松堂刻，民国22年(1933)孙康侯捐赠］、《箬溪艺人征略》［民国22年(1933)长兴王修寄存］、《国语校注本三种》［道光二十六年（1846）汪氏振绮堂刻，汪玉年捐赠］、《列女传校注》［道光丁卯刻。按：道光无丁卯年，年份不确。民国11年(1922)汪玉年捐赠］、《东轩吟社图附小传》［民国11年(1922)汪玉年捐赠］、《汉书地理志校本》［道光二十八年(1848)刻，民国11年(1922)汪玉年捐赠］、《咸淳临安志》［道光十年(1830)汪氏振绮堂刻，民国11年(1922)汪玉年捐赠］、《影宋精刻本乾道临安志》［乾隆三十九年(1774)刻，民国22年(1933)孙康侯捐赠］、《北隅掌录》［道光二十五年(1845)汪氏振绮堂刻，民国10年(1921)汪玉年捐赠］、《湖船录》［道光二十年(1840)刻，汪玉年捐赠］、《温州经籍志》［民国10年(1921)浙江图书馆刻］、《善本书室藏书志》［光绪二十七年(1901)丁氏嘉惠堂刻，民国22年(1933)丁氏捐赠］、《史目表》(民国年间浙江图书馆刻)、《张氏医通》［书版旧藏绳头巷胡宅，光绪二十五年(1899)版归浙江书局，重刻封面版一片］、《下学弇算术》［光绪间刊，民国21年(1932)项兰生捐赠］、《玉台画史》［道光丁卯汪氏振绮堂刻，民国11年(1922)汪玉年捐赠］、《樊榭山房全集》［光绪十年(1884)汪氏振绮堂刻，汪玉年捐赠］、《道古堂全集》［民国11年(1922)汪玉年捐赠］、《姜先生全集》［光绪十五年(1889)刻，民国21年(1932)冯庆瑞寄存］、《借闲生诗咏》［道光二十年(1840)汪氏振绮堂刻，汪玉年捐赠］、《二如居赠答诗词》（汪玉年捐赠）、《依归草堂遗稿》(同治七年(1868)汪氏振绮堂刻，汪玉年捐赠)、《劫余剩稿》［同治七年(1868)汪氏振绮堂刻，汪玉年捐赠］、《清尊集》［民国11年(1922)汪玉年捐赠］、《琴台合刻》（汪玉年捐赠）、《唐诗启蒙》［光绪十四年(1888)刻，汪玉年捐赠］、《莲子居词话》［道光十三年(1833)刻，汪玉年捐赠］、《沧浪虹月词》［嘉庆九年(1804)刻，民国11年(1922)汪玉年捐赠］、《瓶笙馆修箫谱》［道光十三年(1833)刻，民国11年(1922)汪玉年捐赠］、《杭郡诗正辑》［同治十三年(1874)丁氏刻，民国22年(1933)丁立方等捐赠］、《杭郡诗续辑》［光绪二年(1876)丁氏刻，民国22年(1933)丁立方等捐赠］、《杭郡诗三辑》［光绪九年（1883）丁氏刻，民国22年(1933)丁立方等捐赠］、《茶梦盦诗稿》［民国22年(1933)丁立方等捐赠］、《半岩庐遗诗》［民国22年(1933)丁立方等捐赠］、《苏堤渔唱》［系《西泠五布衣遗书》之一，民国22年(1933)丁立方等捐赠］、《松梦诗稿》［民国22年(1933)丁立方等寄存)］、《翠螺阁诗稿》［民国22年(1933)丁立方等寄存］、《玉川子诗注》［新刻梨板，民国22年(1933)孙康侯捐赠］、《蒋石斋文集》［民国22年(1933)王修寄存］、《蒋石斋诗集》［民国22年(1933)王修寄存］，

《宜堂类编》［丁氏嘉惠堂刻，民国22年(1933)丁立方捐赠］、《樊谏议集七家注》［民国23年(1934)山阴樊漱圃捐赠］、《樊绍述遗文》［民国23年(1934)山阴樊漱圃捐赠］，《樊集句读合刻》［民国23年(1934)山阴樊漱圃捐赠］、《金华丛书》［民国22年(1933)7月胡宗楙捐赠］、《续金华丛书》(胡宗楙捐赠)、《半厂丛书》［光绪年间刻，民国5年(1916)谭镕捐赠］，《富阳夏氏丛刻》(捐赠者失记)、《武林掌故丛书》［光绪九年（1883）丁氏嘉惠堂刻，民国22年(1933)丁立方等捐赠］、《武林往哲遗书》［丁氏嘉惠堂刻，民国22年（1933）丁立方等捐赠］、《当归草堂丛书》［丁氏嘉惠堂刻，民国22年(1933)丁立方等捐赠］、《当归草堂医学丛书》［丁氏嘉惠堂刻，民国22年(1933)丁立方等捐赠］、《章氏丛书》［民国6年(1917)浙江图书馆刻］、《蓬莱轩地理丛书初集》［民国4年(1915)浙江图书馆刻］、《蓬莱轩地理丛书二集》(民国年间浙江图书馆刻)等，无论寄存、捐赠以及后来浙江图书馆所刻书版，自应不能视作浙江书局所刻书。问题比较复杂的是以下这些无刻者单位和姓氏的书版：

《篆文小学问答》，宣统元年(1909)刻。

《浙存愚》，光绪十八年(1892)刻。

《十三经源流口诀》，无刻版年月。

《春秋释》，无刻版年月。

《大学修身指南图》，梨板一大片，无刻版年月。

《蕅益中庸直指》，无刻版年月。

《唐书释音》，无刻版年月。

《资治通鉴后编》，无刻版年月。

《资治通鉴后编校勘记》，无刻版年月。

《续资治通鉴长编拾补》，光绪九年(1883)刻。

《上谕内阁》，无刻版年月。

《朱子年谱》，无刻版年月。

《吴山伍公庙志》，无刻版年月。

《两浙名贤录》，光绪二十六年(1900)刻。

《越女表征录》，无刻版年月。

《浙江忠义录》，无刻版年月。

《南湖考》，无刻版年月。

《浙西水利备考》，无刻版年月。

《续浚南湖图志》，无刻版年月。

《图民录》，无刻版年月。

《钦定康济录》，同治三年(1864)刻。

《各国通商条约》，光绪二十八年(1902)刻。

《文史通义·校雠通义》，道光年刻。

《杭女表征录》，无刻版年月。

《地理学举隅》，无刻版年月。

《文澜阁书目》，民国12年(1923)刻全。

《沈端恪公遗书》，无刻版年月。

《温疫条辨摘要》，光绪十五年(1889)刻。

《治喉捷要》，无刻版年月。

《经验简便方》，无刻版年月。

《十驾斋养新录》，无刻版年月。

《柞蚕杂志》，无刻版年月。

《黄氏塾课》，无刻版年月。

《子思子辑解》，无刻版年月。

《经训比义》，无刻版年月。

《天童直说》，无刻版年月。

《樊绍述集注》，无刻版年月。

《㪟居集》，光绪十四年(1888)刻。

《㪟季杂著》，光绪年间刻。

《湖唐林馆骈体文》，无刻版年月。

《台湾杂咏合刻》，光绪十七年（1891）刻。

《汉魏六朝女子文选》，无刻版年月。

《缉雅堂诗话》，光绪十七年(1891)刻。

《邵武徐氏丛书初刻》，无刻版年月。

《邵武徐氏丛书二集》，无刻版年月。

《啸园丛书》，无刻版年月。

《浙江全省舆图》，梨板一大片，无刻版年月。

《浙江省垣城厢总图》，梨板一大片，无刻版年月。

《浙江省垣坊巷全图》，梨板一大片，无刻版年月。

《浙江省垣水利全图》，梨板一大片，无刻版年月。

《浙江海塘新图》，梨板一大片，无刻版年月。

以上五十一种(一幅图亦作一种书论)，由于无刻者及多数无刻版年月给我们判别究竟哪些是浙江书局所刊刻的带来了一定的困难。

（二）浙江书局所刊书

浙江书局自同治六年(1867)开局至民国2年(1913)正式并入浙江图书馆止，先后达四十余年，所刊书颇多，且有较大影响。诸家著述略称："同治六年，首刊《钦定七经》、《御批通鉴》……至光绪乙酉(1885)，凡二十年，刊书达二百余种。"吴家驹：《清季各省官书局考略》，《文献》1989年第1期。洪焕椿《浙江文献丛考》云："浙江书局自同治四年到光绪十一年，先后刊书达二百多种。"以上所论浙江书局所刊书的"祖本"，皆出自丁申《武林藏书录》："自丁卯(同治六年，1867年)开局，至光绪乙酉(光绪十一年，1885年)凡二十年，先后刊刻二百余种。"这"二百多种"是个约数，且未包括光绪十二年(1886)以后至宣统初年的浙江书局所刊书，实是个缺憾。清宣统元年(1909)浙江巡抚增韫《奏创建浙江省图书馆归并扩充折》(载《京报》宣统元年三月九日)所说比较符合实际，他说："查省城旧有官书局，刊布经、史、子、集百数十种，近年专事刷印版籍，未能扩充"。应该指出的是，增韫所言浙江书局所刊布的经、史、子、集"百数十种"，一是很可能增韫在给清廷上折时命人作过实地调查和统计，数字相对比较可靠；二是增韫所说刊布的"百数十种"是指浙江书局存世的四十余年间所刊书的总数，而不是如丁申所说的自同治七年到光绪十一年(1868—1885)先后刊书达二百多种。应该说明的是，丁申《武林藏书录》撰于光绪十一年乙酉(1885)，其书末署"光绪乙酉七夕暴书日竹舟丁申识"，而书中提到的一些书目，如《四书集注》、《五经》、《尚书考异》、《胡端敏奏议》、《两浙金石志》、《武经》、《苏诗编注集成》、《辅轩录》、《沈氏三先生集》等，经查对毛春翔关于《浙江省立图书馆藏书版记》，除《胡端敏奏议》注明为"清季浙局重刻"外，其余诸书分别刊于光绪十四年（1888）、十五年（1889）、十六年（1890）、十九年（1893），最迟者为《沈氏三先生集》，刊于光绪二十二年(1896)。而丁申《武林藏书录》定稿于光绪乙酉(十一年，1885)，光绪十三年（1887）丁申卒(关于丁申生卒年诸家多失载，此说据张釨《文澜阁四库全书史表》，见《浙江省立图书馆月刊》1932年第一卷七、八期合刊)。故丁申绝无可能预知浙江书局光绪十四年（1888）以后所刊之书。我认为丁申所记有两种可能：一是浙江书局刊书多藉丁氏家藏以备校刊，上述的一些书目是已定刊印而当时尚未刊刻，而丁申笼统记之；另一种可能为丁申《武林藏书录》经丁丙刊于光绪二十四年（1898）九月，故光绪十一年（1885）以后所记浙江书局刊书实为丁丙编辑刊印《武林藏书录》时所增补。

浙江书局后因归并入浙江图书馆，故所刊书籍版片均归浙江图书馆保存。这些书版据我所知，一直保存较好，未遭损毁，尤其是民国21年(1932)浙江书局书版从三忠祠徙庋浙江图书馆时又经毛春翔逐号清点，写出调查报告，有充分的实物证据。

关于浙江书局的刊书，1992年温州图书馆古籍部主任潘猛补又有新说，曾撰《浙江官书局刊书编年辑目》一文，其云："浙江官书局刻本是我国刻书史上的一份宝贵财富。其剞劂精良，校勘缜密，居'局本'之首，尤为学术界所称许。然所梓书籍究竟多少，至今未有定论。为了进一步确立'浙局本'在版本学上地位，也为了解、研究浙江官书局及浙江出版业提供较全面的材料，有必要对浙江官书局的刻本作一全面的清算。故我以管见所得，按编年的形式，辑成此目，就教于同行。"潘氏《辑目》所收始自清咸丰十一年（1861）左宗棠开办浙江刻书处，在宁波刊《读本五经四书》九种及同治三年（1864）浙江刻书处移杭州，刊清倪国琏《康济录》五卷始，至宣统元年（1909）刊章太炎《小学答问》一卷止。并对未注明刻年的《十三经源流口诀》等二十余种经过考证以为"可定为局刻"，他的结论是："以上共辑得浙江官书局本352种，其中浙江刻书处10种，代各官署各官员刊本30种，补刊本24种，以局名义刊本实为288种。"（潘猛补：《浙江官书局刊书编年辑目》，载《图书馆研究与工作》1992年第3期）我以为这是个相对准确的数字，是研究浙江书局刻书的重要成果。

三、浙江书局所刊书简评

清末，由于曾国藩的创议，于同治三年（1864）在南京设立江南书局，之后江楚书局(南京)、淮南书局(扬州)、江苏书局(苏州)、浙江书局(杭州)、思贤书局(长沙)、崇文书局(武昌)、江西书局(南昌)、存古书局(四川)、皇华书局(济南)、山西书局(太原)、福建书局(福州)，云南书局(昆明)、广雅书局(广州)、敷文书局(安徽)、直隶书局(保定、天津)等先后成立，刊书甚多，在出版业方面出现了前所未有的繁荣局面。浙江书局所刊之书数量虽不是最多，但其质量却是一流，可以说居于诸局之首，这在学界是有定评的。其主要原因在于：首先，浙江书局有一支很强的、水平很高的编辑、校勘队伍。丁申《武林藏书录》卷上称：

> 杭州庚申劫后，经籍荡然。同治六年，抚浙使者马端敏公，加意文学，聘薛慰农观察时雨、孙琴西太仆衣言，首刊经史，兼及子集，奏开书局于篁庵，并处校士于听园，派提调以监之，选士子有文行者总而校之，集剞劂氏百十人以写刊之，议有章程十二条。

从丁申所记看，浙江书局组织严密，分工明确，并订有规章制度，加之刊书目的明确，故这在组织上是有了保证。这里应该特别指出的是负责浙江书局刊书的薛时雨、孙衣言以及先后聘请的李慈铭、谭献、黄以周、王麟书等学者主持编辑校勘，著名学者俞樾其时正执教诂经精舍，后受聘主持浙江书局，始终其事，故所刊之书在质量上有了保证。例如薛时雨，曾任杭州知府，后主讲崇文书院，系著名学者，以振兴文教为己任。瑞安孙衣言系著名学者、藏书家，曾主持杭州紫阳书院。绍兴李慈铭亦是著名学者、藏书家，学问渊博。杭州谭献为词学名家，曾应张之洞之邀主讲湖北经心书院，又曾在诂经精舍讲学，家富藏书、热心刊书，曾辑刻《半厂丛书》。晚清有浙江三大汉学家之称，而其中之二德清俞樾、定海黄以周皆曾参与浙江书局刊书工作。俞樾在学术上经、史、小学无不精研，著述宏富。黄以周长于经学，章太炎曾评曰："研精故训而不支，博考事实而不乱，文理察密，发前修所未见，每下一义，泰山不移，若德清俞先生、定海黄以周、瑞安孙诒让，此其上也。"从以上简介中，我们看出，其时浙江书局的编纂、校勘队伍，可以说是集中了当时全国第一流专家、学者，文学俊彦，学界名宿，聚集一堂，皆致力于书局刊书之校勘，故所出之书皆甚精善，一时浙江书局刊书名声大噪。举例而言，宋李焘的《续资治通鉴长编》，此书嘉庆间(1796—1820)始有常熟张氏爱日精舍活字本，系根据杭州何梦华传抄文澜阁本排印，文字有错讹。光绪五年(1879)黄以周等以张本为据，用文澜阁《四库全书》本加以校勘。黄以周等又在朱彝尊所作《长编跋》启发下，从宋杨仲良的《皇宋通鉴长编纪事本末》辑录文澜本所缺的治平四年(1067)至熙宁三年(1070)、元祐八年(1093)七月至绍圣四年(1097)三月以及徽、钦两朝史事，写成《拾遗》六十卷，此书一出即被学术界认为是当时最好的本子。

关于浙江书局所刊书的校勘，丁申《武林藏书录》卷上称："皆觅善本，精校重刻，墨模线订，流传海内，后之藏书者，珍逾宋元而上矣。"例如《玉海》及附刻十三种，浙江书局在重刻时因久无善本，遂以文澜阁《四库全书》抄本为底本以元刻本校之，并检原引之书空缺均加校补。其无可补者仅缺卷一百二十二第十一号一叶，又缺四五字者计十余处，详附书后《校补琐记》。附刻十三种中的《诗考》等六种用"津逮丛书本"、"学津讨原本"等加以校勘，《小学绀珠》则用日本袖珍本校，《周易郑氏注》用惠栋、孙堂本校，《践阼篇》、《王会篇》则以各本《大戴礼》、《逸周书》校。至如《汉书艺文志考》等因别无他本，皆就原引之书校之。书末又附张大昌《校补琐记》，此书堪称校勘精良，至今仍在发挥作用，近年江苏古籍出版社、上海书店据浙江书局本加以重印，亦认为浙江书局本"是现存比较完好的版本"。又如浙江书局所刊《二十二子》世评名刻，此书是以各家校刊及明"世德堂本"为依据，是子书丛刻中最善之本。上海古籍出版社近年加以重印问世，在《出版说明》中亦指出浙江书局刊本《二十二子》"注重吸收历代学者，尤其是清代诸家整理和研究诸子书的成果，汇编了历代刊本中较有代表性的精校、精注本。有些子书还附录了有关参考资料。选目精当，刻印尤善，在这一时期所出版的诸子书汇刻本，堪称上乘之作"。

浙江书局所刊书中除上述这些名刻外，还有《十通》，其校勘精审，错讹极少，据云超过清内府武英殿本，此外如丁申所言《苏文忠公诗编注集成》、《輶轩录》、《沈氏三先生集》等均是上佳之作。

其次，杭州多藏书故家，尤其是清末杭州藏书家丁丙八千卷楼藏书楼，名列全国四大藏书楼之一。丁丙藏书之富，约言之，"小八千卷楼"有宋元刊本二百余种、明刊精本、旧抄本之佳本及著述稿本和校雠秘册，总计约二千余种。另有四库著录之书，以经史子集，按"四库简目"排列，合计有三千五百部；"后八千卷楼"主要藏四库未采录之书，计八千余种。丁丙藏书还富有特色，一是多《四库全书》所收底本；二是所藏之书多有日本、朝鲜刊本；三是所藏之书多名人精写稿本，多名人、大儒宿学之士的收藏本和校本；四是明清著名藏书楼如范氏天一阁、项氏万卷楼、祁氏澹生堂、毛氏汲古阁、吴氏瓶花斋、严氏芳茅堂等数百年来江浙以至全国著名藏书楼所藏之书，少则一二册，多则数十百册，均辗转流入丁丙的八千卷楼。故著名学者柳诒徵认为："清光绪中，海内数收藏之富，称瞿、杨、丁、陆四大家。然丁氏于文化史上之价值，实远过瞿、杨、陆三家。"特别值得注意的是，丁丙热心文化事业建设，浙江书局创办之时，他是主要的襄办者，做了大量实事："举凡置备募工稽查司计等事，先生襄办一月，匡助尤多"；"今省立图书馆犹以印售浙局本古书及丁氏刊书著称，饮水思源，先生之遗爱尤不可殁(没)也。"（陈训慈：《丁松生先生与浙江文献》，见《浙江省立图书馆月刊》第一卷第七、八期合刊）这固然是丁丙对浙江书局所作出的贡献，但我以为更重要的是，书局刊刻古籍，先要觅收底本，而底本好坏，实关系书籍质量甚巨，丁氏以藏书丰富著称，浙江书局刊书丁丙慷慨地将珍贵藏书提供作底本，又以家藏各本珍籍提供校勘之用，加上那些严肃认真的大学问家们的辛勤劳动，所刊书籍质量自高。故我以为，浙江书局所刊之书精审，实得丁丙助益不少，这个条件在其他各省书局中恐怕是少有的。

最后值得一提的是，浙江书局着眼广大读者，尽可能降低书籍定价，注重为读者服务的精神。清代刻书成本具体不详，但从金简建议乾隆使用枣木活字印书的一份奏折中略可推出，据金简估算，雕十五万个大小枣木字及木槽板、添空木子、箱格等，共需银一千四百余两，而刻一部《史记》，则需刻字一百十八万九千零个，需梨木板二千六百七十五块，合计工料银也要一千四百五十余两。故此可以看出清乾隆时的刻书价格，其时号称太平盛世，物价较低，而至清末迭经帝国主义入侵以及战乱，物价高昂。就算刻一部一百来万字的书仍只需银一千四百五十余两，成本极其高昂，而当时浙江书局又不可能投下大笔资金，镌刻活字，只有另行设法，为此他们采用刻版时缩小版式，增多行字，以降低成本，降低书的定价，使广大读者，尤其是家境困难的寒家子弟能有力量购书，当时能如此做亦属难能可贵。

第四节　清代杭州私家丛书的刊刻

"丛书"的刊刻，始于宋而兴于明，至清乾隆、嘉庆而大盛，此后历久不衰。这是有其深刻的历史背景的。

明代末期，宦官专权，政治腐败，民不聊生，一些有正义感的知识分子不愿同流合污，自发结成会社。明末农民的大起义，更引起他们思想上的震撼，加之其时西方传教士东来，带来了异于佛教的天主教，同时也带来了西方的科学知识，伦理观念也与传统的儒家迥异。因此，他们在学风上也有所改变，从空谈心性逐渐地变向实事求是。例如明末清初的浙江黄宗羲提倡经世应用之学，他既不满明末的政治腐败，也反对清政府的残暴统治，故在抗清失败后，坚持不与清政府合作，不得不退而从事著述与讲学，终于创立了浙东史学派。

由于清代康熙、雍正、乾隆三朝对汉族人民采取高压政策，以巩固其统治，屡兴文字狱，知识分子动辄因著书、刊书，有时甚至因无心地吟了"清风不识字，何必乱翻书"而惨遭诛戮，有的牵子累孙，即使已死的亦要开棺剉尸，家人或充军极边，或发给功臣为奴，恐怖气氛笼置着神州大地，历时之长，又超过以往任何一代。许多学者丢掉了"经世致用"、"六经之旨，当世之务"的优良学风，转而埋头故纸堆里"皓首穷经"，因而考据学、训诂学、音韵学、校勘学等所谓的"汉学"大大地发展了起来，最后就形成了一种只顾古书古义而不重视现实斗争，导致了学术研究与现实生活脱离的学风的兴起。这是清政府所希望的，也是大力提倡的。

但是不论以黄宗羲为代表的浙东史学派或脱离实际的考据学派，都有一个共同点就是需要大量地占有材料，需要藏书，因而促使了清代藏书事业的繁荣，几乎超越了以往任何一代。由于这个特点所决定，清代有许多学者或自刊研究成果，出版文集或整理古籍加以刊布，导致了清乾隆、嘉庆以来刊刻丛书风气的大盛。据有人统计我国丛书自明至民国间大约有二千八百种左右，而清人所编刊的就有二千种左右，这是个十分庞大的数字，所以清代刊刻丛书，实代表了一代的出版事业。对于清代丛书的刻印，梁启超在《中国近三百年学术史》"三、清代学术变迁与政治的影响（中）"谈及"乾嘉诸老"对学术的贡献和成就时说："十三，丛书之校刻。刻书之风大盛，单印善本固多，其最有文献者，尤在许多大部头的丛书。"（梁启超：《饮冰室专集·中国近三百年学术史》，北京市中国书店1985年版，第23页）这些学者刻梓的丛书价值特高。

清代刊刻丛书者多为学者和藏书家，他们刊书的目的不是为营利，这些人学问很好，故洪亮吉在《北江诗话》中说：藏书家有数等，钱少詹大昕、戴吉士震为考订家；卢学士文弨、翁阁学方纲为校雠家；鄞县范氏天一阁、钱塘吴氏瓶花斋、昆山徐氏传是楼为收藏家；吴门黄主事丕烈、乌镇鲍处士廷博为赏鉴家……此说颇盛行于时。后叶德辉在《书林清话》中加以纠正，他认为："考订校雠，是一是二，而可统名之著述家，若专以刻书为事，则当云校勘家。"上述的这些"家"，由于把藏书刻书作为一项终生事业，孜孜以求，常常不惜重金和精力，搜寻善本，聘请学者加以校勘，再觅良工精雕精印，所以刊刻的丛书质量甚高，对保存古代文献起了重要的作用，浙江的情况也是如此。

一、鲍廷博与《知不足斋丛书》(附：青柯亭本《聊斋志异》)

鲍廷博(1728—1814)，字以文，号渌饮，祖籍安徽歙县西之长塘，故世称长塘鲍氏。其父鲍思诩娶杭州顾氏为妻，遂移家杭州，后鲍思诩与妻卒于杭州，葬于湖州。鲍廷博曾一度移居桐乡青镇杨树湾，故前人有以他为歙人，有时称他为乌镇人(乌镇与青镇原为两镇，以镇河为界，西曰青镇，东曰乌镇，曾一度通称乌青镇)。实际上他生活和藏书、刻书事业主要活动地是在杭州。

鲍廷博是清代著名藏书家和出版家。鲍廷博精于版本目录之学。洪亮吉在《北江诗话》中把他和江苏著名藏书家黄丕烈同列为"赏鉴家"。翁广平《鲍渌饮传》称其："生平酷嗜书籍，每一过目，即能记其某卷某叶某讹字。有持书来问者，不待翻阅，见其板口，即曰此某氏板，某卷刊讹若干字，案之历历不爽。"鲍廷博藏书万卷，藏书楼称"知不足斋"。清乾隆修《四库全书》时，征集天下遗书，鲍廷博命其子鲍士恭集其家藏书六百二十种进呈四库馆，为国内私人藏书家进献之首，于此亦可窥其藏书之富。

鲍廷博在中国出版史上亦有一定地位，他曾主持刊刻《知不足斋丛书》。所谓知不足斋之来由，原出《大戴记》"学然后知不足"。鲍廷博家藏既富，又精于鉴赏，遂以校刊家藏珍籍为基础，其不足者，又广集当时杭州著名藏书楼赵氏小山堂、汪氏振绮堂、吴氏瓶花斋、汪氏飞鸿堂、孙氏寿松堂以及外地的郑氏二老阁、金氏桐花阁等所藏珍本汇集而成。此书特点是网罗遗稿，多刊不经见之书。《知不足斋丛书·凡例》中说："若前人已刻传世甚广，而卷帙更富，概未暇及。"而对那些"有向来藏弄家仅有传钞而无刻本者;旧板散亡者；有诸家丛书编刻而讹误脱略，未经人勘正者，始为择取校正入集"。故此《知不足斋丛书》的文献价值很高。鲍廷博刊刻《知不足斋丛书》态度十分严肃，所收之书多经当时著名学者或藏书家卢文弨、顾广圻、吴昱凤、朱文藻等人校勘。卢文弨《鲍氏知不足斋丛书序》中指出此书"凡百数十种皆善本，无伪书、俗书得闻厕焉"。王鸣盛在《知不足斋丛书序》中亦指出鲍廷博"其为人淹雅多通，而精于鉴别，所藏书皆珍钞旧刻，手自校对，实事求是，正定可传"。叶德辉在《书林清话》中赞扬此书"绘图均极精妙，不下真本一等"。

鲍廷博的《知不足斋丛书》为汇编、杂纂类丛书，全书共三十集，二百零七种。内容十分广泛，有经史考订、算书、金石、地理、书画、诗文集、书目等。原书鲍廷博于乾隆、嘉庆间完成二十七集，鲍逝世后由其子鲍士恭(志祖)续刻完成。《知不足斋丛书》在清人刻丛书中堪称翘楚，其影响所及，有高承勋的《续知不足斋丛书》、佚名的《仿知不足斋丛书》、鲍廷爵的《后知不足斋丛书》等。

附：《知不足斋丛书》目录

第一集

《御览阙史》二卷，唐高彦休撰，《古文孝经孔氏传》一卷，汉孔安国撰，日本太宰纯音刊于乾隆四十一年。

《寓简》十卷，《附录》一卷，宋沈作喆撰，刊于乾隆四十年。

《两汉刊误补遗》十卷，《附录》一卷，宋吴仁杰撰，刊于乾隆四十一年。

《涉史随笔》一卷，宋葛洪撰，刊于乾隆四十年。

《客杭日记》一卷，元郭畀撰，刊于乾隆三十七年。

《韵石斋笔谈》二卷，清姜绍书撰。

《七颂堂识小录》一卷，清刘体仁撰。

第二集

《公是先生弟子记》一卷，宋刘敞撰，刊于乾隆四十年。

《经筵玉音问答》一卷，宋胡铨撰。

《溪诗话》十卷，宋黄徹撰，刊于乾隆四十一年。

《独醒杂志》十卷，《附录》一卷，宋敏行撰，刊于乾隆四十年。

《梁溪漫志》四十卷，《附录》一卷，宋费衮撰，刊于乾隆四十一年。

《赤雅》三卷，明邝露撰，刊于乾隆三十四年。

《诸史然疑》一卷，清杭世骏撰，刊于乾隆四十五年。

《榕城诗话》三卷，清杭世骏撰，刊于乾隆四十年。

第三集

《入蜀记》六卷，宋陆游撰；《猗觉寮杂记》二卷，宋朱翌撰；刊于乾隆四十一年。

《对床夜话》五卷，宋范晞文撰，刊于乾隆三十七年。

《归田诗话》三卷，明瞿佑撰，刊于乾隆四十年。

《南濠诗话》一卷，明都穆撰，刊于乾隆三十八年。

《麓堂诗话》一卷，明李东阳撰，刊于乾隆四十年。

《石墨镌华》八卷，明赵崡撰，刊于乾隆三十九年。

第四集

《孙子算经》三卷，唐李淳风等注释，刊于乾隆四十二年。

《五曹算经》五卷，唐李淳风等注释，刊于乾隆四十二年。

《钓矶立谈》一卷，《附录》一卷，宋史□撰，刊于乾隆四十三年。

《洛阳搢绅旧闻记》五卷，宋张齐贤撰，刊于乾隆四十一年。

《四朝闻见录》五卷，《附录》一卷，宋叶绍翁撰。

《金石史》二卷，明郭宗昌撰。

《闲者轩帖考》一卷，清孙承泽撰。

第五集

《清虚杂著》三卷，《补阙》一卷，宋王巩撰，刊于乾隆四十四年。

《闻见近录》一卷。

《甲申杂记》一卷。

《随手杂录》一卷。

《补汉兵志》一卷，宋钱文子撰，刊于乾隆四十四年。

《临汉隐居诗话》一卷，宋魏泰撰，刊于乾隆四十四年。

《滹南诗话》三卷，金王若虚撰。

《归潜志》十四卷，《附录》一卷，元刘祁撰，刊于乾隆四十四年。

《黄孝子纪程》二卷，《附》一卷，清黄向坚撰。

《寻亲纪程》一卷。

《滇还日记》一卷。

《虎口余生记》一卷，明边大绶撰。

《澹生堂藏书约》一卷，明祁承㸁撰。附《流通古书约》一卷，清曹溶撰。

《苦瓜和尚画语录》一卷，清释道济撰。

第六集

《玉壶清话》十卷，宋释文莹撰，刊于乾隆四十五年。

《愧郯录》十五卷，宋岳珂撰。

《碧鸡漫志》五卷，宋王灼撰。

《乐府补题》一卷，元陈恕可辑。

《蜕岩词》二卷，元张翥撰。

第七集

《论语集解义疏》十卷，魏何晏集解，梁皇侃义疏；《离骚草木疏》四卷，宋吴仁杰撰。刊于乾隆四十五年。

《游宦纪闻》十卷，宋张世南撰，刊于乾隆四十八年。

第八集

《张丘建算经》三卷，□张丘建撰，北周甄鸾注，唐李淳风等注释，唐刘孝孙细草，刊于乾隆四十五年。

《缉古算经》一卷，唐王孝通撰并注，刊于乾隆四十五年。

《默记》一卷，宋王铚撰。

《南湖集》十卷，《附录》三卷，宋张镃撰，刊于乾隆四十六年。

《洲渔笛谱》二卷，宋周密撰。

第九集

《金楼子》六卷，梁元帝撰；《铁围山丛谈》六卷，宋蔡絛撰，刊于乾隆四十六年。

《农书》三卷，宋陈敷撰。

《蚕书》一卷，宋秦观撰。

《於潜令楼公进耕织二图诗》一卷，《附录》一卷，宋楼璹撰。

《湛渊静语》二卷，元白珽撰。

《责备余谈》二卷，《附录》一卷，明方鹏撰。

第十集

《续孟子》二卷，唐林慎思撰。

《伸蒙子》三卷，唐林慎思撰。

《麟角集》一卷，《附录》一卷，唐王棨撰。

《兰亭考》十二卷，附《群公帖跋》一卷，宋桑世昌撰，刊于乾隆四十七年。

《兰亭续考》二卷，宋俞松撰；《石刻铺叙》二卷，《附录》一卷，宋曾宏父撰，刊于乾隆四十七年。

《江西诗社宗派图录》一卷，清张泰来撰。附《江西诗派小序》一卷，宋刘克庄撰。

《万松溪边旧话》一卷，元尤玘撰。

第十一集

《诗传注疏》三卷，宋谢枋得撰。

《颜氏家训》七卷，附《考证》一卷，北齐颜之推撰。

《考证》，宋沈揆撰。

《江南余载》二卷，宋郑文宝撰。

《五国故事》二卷，宋□□撰。

《故宫遗录》一卷，明萧洵撰，刊于乾隆四十七年。

《伯牙琴》一卷，《续补》一卷，宋邓牧撰，刊于乾隆五十一年。

《洞霄诗集》十四卷，元孟宗宝辑。

《石湖词》一卷，《补遗》一卷，宋范成大撰。附《和石湖》一卷，宋陈三聘撰。

《花外集》（一名《碧山乐府》）一卷，宋王沂孙撰。

第十二集

《昌武段氏诗义指南》一卷，宋段昌武撰。

《离骚集传》一卷，宋钱杲之撰。

《江淮异人录》一卷，宋吴淑撰，刊于乾隆五十二年。

《庆元党禁》一卷，宋樵川樵叟撰。

《酒经》三卷，宋朱肱撰，刊于乾隆五十年。

《山居新话》一卷，元杨瑀撰。

《鬼董》五卷，宋沈□撰，刊于乾隆五十年。

《墨史》三卷，元陆友撰。

《画诀》一卷，清龚贤撰。

《画筌》一卷，清笪重光撰，清王翚、恽格评。

《今水经》一卷，《表》一卷，清黄宗羲撰。

《佐治药言》一卷，《续》一卷，清汪辉祖撰，刊于乾隆五十一年。

第十三集

《相台书塾刊九经三传沿革例》一卷，宋岳珂撰。

《元真子》三卷，唐张志和撰。

《翰苑群书》二卷，宋洪遵辑。

《翰林志》一卷，唐李肇撰。

《承旨学士院记》一卷，唐元稹厚撰。

《翰林学士记》一卷，唐韦处厚撰。

《翰林院故事》一卷，唐韦执谊撰。

《翰林学士院旧规》一卷，唐杨钜撰。

《重修承旨学士壁记》唐丁居晦撰。

《禁林会集》一卷，宋李昉等撰。

《续翰林志》二卷，宋苏易简撰。

《次续翰林志》一卷，宋苏耆撰。

《学士年表》一卷，宋□□撰。

《翰苑题名》一卷，宋□□撰。

《翰苑遗事》一卷，宋洪遵撰。

《朝野类要》五卷，宋赵升撰。

《碧血录》二卷，明黄煜撰。附《周端孝先生血疏帖黄册》一卷，明周茂兰撰。

《逍遥集》一卷，宋潘阆撰。

《百正集》三卷，宋连文凤撰。

《张子野词》二卷，《补遗》二卷，宋张先撰，刊于乾隆五十三年。

《贞居词》一卷，《补遗》一卷，元张雨撰。

第十四集

《籁记》一卷，陈陈叔齐撰。

《潜虚》一卷，宋司马光撰。附《潜虚发微论》一卷，宋张敦实撰。

《袁氏世范》三卷，宋袁采撰，刊于乾隆五十五年。附《集事诗鉴》一卷，宋方昕撰。

《天水冰山录》不分卷，《附录》一卷，明□□撰。附《钤山堂书画记》一卷，明文嘉撰。

第十五集

《新唐书纠缪》二十卷，《附录》一卷，宋吴缜撰，清钱大昕校。

《修唐书史臣表》一卷，清钱大昕撰。

《洞霄图志》六卷，宋邓牧撰。

《聱隅子歔欷琐微论》二卷，宋黄晞撰，刊于乾隆五十七年。

《世纬》二卷，《附录》一卷，明袁衮撰，刊于乾隆五十七年。

第十六集

《皇宋书录》三卷，宋董史撰，刊于乾隆五十九年。

《宣和奉使高丽图经》四十卷，《附录》一卷，宋徐兢撰，刊于乾隆五十八年。

《武林旧事》十卷，《附录》一卷，宋泗水潜夫（周密）撰，刊于乾隆五十八年。

《钱塘先贤传赞》一卷，《附录》一卷，宋袁韶撰。

第十七集

《五代史纂误》三卷，宋吴缜撰。

《岭外代答》十卷，宋周去非撰。

《南窗纪谈》一卷，宋□□撰。

《苏沈内翰良方》十卷，宋苏轼、沈括撰，刊于乾隆五十八年。

《浦阳人物记》二卷，明宋濂撰。

第十八集

《宜州乙酉家乘》一卷，宋黄庭坚撰，刊于乾隆五十九年。

《吴船录》二卷，宋范成大撰。

《清波杂志》十二卷，《别志》三卷，宋周辉撰。

《蜀难叙略》一卷，清沈荀蔚撰。

《灊山集》三卷，《补遗》一卷，《附录》一卷，宋朱翌撰。

《颐庵居士集》二卷，宋刘应时撰。

第十九集

《文苑英华辨证》十卷，宋彭叔夏撰，刊于乾隆六十年。

《诗纪匡谬》一卷，清冯舒撰。

《西塘集耆旧续闻》十卷，宋陈鹄撰，刊于乾隆五十八年。

《山房随笔》一卷，元蒋子正撰，刊于乾隆五十三年。

《勿庵历算书目》一卷，清梅文鼎撰。

《黄山领要录》二卷，清汪洪度撰。

《世善堂藏书目录》二卷，明陈第撰，刊于乾隆六十年。

第二十集

《测园海镜细草》十二卷，元李冶撰，刊于嘉应三年。

《芦浦笔记》十卷，宋刘昌诗撰，刊于嘉庆三年。

《五代史记纂误补》四卷，清吴兰庭撰。

《山静居画论》二卷，清方薰撰。

《茗香诗论》一卷，清宋大樽撰。

第二十一集

《孝经郑注》一卷，附《补证》一卷，汉郑玄撰。

《补证》，清洪颐煊撰，刊于嘉庆六年。

《孝经郑氏解》一卷，汉郑玄撰，清臧庸辑。

《益古演段》三卷，元李冶撰，刊于嘉庆二年。

《弧矢算术细草》一卷，清李锐撰。

《五总志》一卷，宋吴炯撰。

《黄氏日抄古今纪要逸编》一卷，宋黄震撰。

《丙寅北行日谱》一卷，明朱祖文撰。

《粤行纪事》三卷，清瞿昌文撰。

《滇黔土司婚礼记》一卷，清陈鼎撰。

《三山郑菊山先生清隽集》一卷，宋郑起撰。

《元仇远选所南翁一百二十图诗集》一卷，附《锦钱余笑》一卷，《附录》一卷，宋郑思肖撰。

《郑所南先生文集》一卷，宋郑思肖撰。

第二十二集

《重雕足本鉴戒录》十卷，后蜀何光远撰，刊于嘉庆八年。

《侯鲭录》八卷，宋赵令畤撰，刊于嘉庆八年。

《松窗百说》一卷，宋李季可撰，刊于嘉庆八年。

《北轩笔记》一卷，元陈世隆撰

《藏海诗话》一卷，宋吴可撰。

《吴礼部诗话》一卷，元吴师道撰。

《画墁集》八卷，《补遗》一卷，宋张舜民撰。

第二十三集

《读易别录》三卷，清全祖望撰。

《古今伪书考》一卷，清姚际恒撰。

《渑水燕谈录》十卷，宋王辟之撰。

《石湖纪行三录》，宋范成大撰。（《吴船录》收入第十八集）

《揽辔录》一卷，刊于嘉庆十年。

《骖鸾录》一卷，刊于嘉庆十年。附《桂海虞衡志》一卷，刊于嘉庆十年。

《北行日录》二卷，宋楼钥撰。

《放翁家训》一卷，宋陆游撰。

《庶斋老学丛谈》八卷，元盛如梓撰，刊于嘉庆十年。

《湛渊遗稿》三卷，《补》一卷，元白珽撰，刊于嘉庆八年。

《赵待制遗稿》一卷，元赵雍撰。附《王国器词》一卷，元王国器撰。

《泺说杂咏》二卷，元杨允孚撰，刊于嘉庆十年。

《阳春集》一卷，宋米友仁撰。

《草窗词》二卷，《补》二卷，宋周密撰。

第二十四集

《吹剑录外集》一卷，宋俞文豹撰。

《宋遗民录》十五卷，明程敏政辑。

《天地闲集》一卷，宋谢翱撰。

《宋旧宫人诗词》一卷，宋汪元量辑。

《竹谱详录》七卷，元李衎撰，刊于嘉庆十三年。

《书学捷要》二卷，清朱履贞撰，刊于嘉庆十三年。

第二十五集

《履斋示儿编》二十三卷，附《校补》一卷、《覆校》一卷，宋孙奕撰，清顾广圻校补覆校，刊于嘉庆十六年。

《霁山先生集》五卷，《首》一卷，《拾遗》一卷，宋林景熙撰，元章祖程注，刊于嘉庆十五年。

第二十六集

《五行大义》五卷，隋萧吉撰，刊于嘉庆十八年。

《负暄野录》二卷，宋陈槱撰。

《古刻丛钞》一卷，元陶宗仪撰。

《梅花喜神谱》二卷，宋宋伯仁撰。

《斜川集》六卷，《附录》二卷，《订误》一卷，宋苏过撰，刊于乾隆五十三年，（附录刊于嘉庆十五年）。

第二十七集

《道命录》十卷，宋李心传辑。

《曲洧旧闻》十卷，宋朱弁撰。

《字通》一卷，宋李从周撰。

《透帘细草》一卷。

《续古摘奇算法》一卷，宋杨辉撰。

《丁巨算法》一卷，元丁巨撰。

《缉古算经细草》三卷，清张敦仁撰。

第二十八集

《云林石谱》三卷，宋杜绾撰，刊于嘉庆十九年。附《绉云石图记》一卷，清马汶撰。

《梦粱录》二十卷，宋吴自牧撰。

《静春堂诗集》四卷，《附录》三卷，元袁易撰。附《红蕙山房吟稿》一卷，《附录》一卷，清袁廷梼撰。

第二十九集

《梧溪集》七卷，《补遗》一卷，元王逢撰，刊于道光三年。

《困学斋杂录》一卷，元鲜于枢撰。

第三十集

《克庵先生尊德性斋小集》三卷，《补遗》一卷，宋程洵撰。

《麈史》三卷，宋王得臣撰。

《全唐诗逸》三卷，日本河世宁辑，刊于道光三年。

《中吴纪闻》六卷，宋龚明之撰。

《广释名》二卷，清张金吾撰。

《余姚两孝子万里寻亲记》一卷，清翁广平撰。

《画梅题记》一卷，清朱方蔼撰。

附：青柯亭本《聊斋志异》的刊刻

鲍廷博的出版事业还值得一提的是，他倡导促成青柯亭本《聊斋志异》的刊刻。此事虽不为人所注意，但在中国小说史上却有重要的意义。青柯亭本的刊刻者是莱阳赵起杲。清乾隆间，赵起杲曾先后任杭州府丞、严州知州，他曾从福建藏书家郑荔芗的后人处得到一部《聊斋志异》的抄本(据云郑家所藏之本为蒲松龄的原稿本)。乾隆二十八年(1763)赵起杲在杭州任职时，鲍廷博"屡怂恿予付梓"，乾隆三十一年(1766)赵在严州任内刊刻此书，据他所作《弁言》说："此书之成，出资勷事者，鲍子以文。"据此可知，此书的出版费用由鲍廷博所赞助。但《弁言》撰后数日赵即去世，书尚未成。据鲍廷博同年所作《青本刻聊斋志异纪事》称："……先生弟皋亭属予竟其业。比竣厥工，距道山之游七阅月矣。"据此在赵死后毕其工的是鲍廷博。

鲍廷博于青柯亭本《聊斋志异》之刊刻出力甚多，此书原由余集(蓉裳)审订，余集于乾隆三十年(1765)北去后，鲍廷博则与赵起杲相参酌定稿，鲍廷博说："《志异》之刻，余君蓉裳在幕中商榷为多。比蓉裳计偕北上，偶一字之疑，亦走函俾予参定焉。今手书满箧，触目凄然，辄有山阳夜笛之感。"至于鲍廷博在赵起杲死后究竟刻了多少卷的问题，鲍说：

> 初先生之梓是书也，与蓉裳悉心酌定，厘卷十二，予第任雠校之役而已。今年(引者按：指乾隆三十一年)正月，晤先生于吴山之片石居，酒阑闲话，顾谓予曰："兹刻甲乙去留，颇惬私意，然半豹得窥，全牛未睹，其如未厌嗜奇者之心何!取四卷重加审定，续而成之，是在吾子矣。"予唯唯。后五月，十二卷始蒇事，而先生遽卒，未竟之绪，予竭蹶踵其后，一言之出，若有定数。嘻，异矣[1]!

根据以上有关记载，鲍廷博与青柯亭本《聊斋志异》刊刻的关系是：青本《聊斋志异》共十六卷，鲍廷博出资助赵起杲刻了十二卷，主持人是赵起杲，及至赵逝世后由鲍廷博主持刻了最后四卷。而在此书刊刻的整个过程中，鲍是积极发起者，曾屡次动员赵刊刻，同时又担负了全书的雠校任务。因此我以为至少可以这样说：青柯亭本《聊斋志异》是赵起杲与鲍廷博合作刊刻的，这也符合实际情况。

关于青柯亭本《聊斋志异》刊刻的意义是：在青本之前仅有蒲松龄的手稿本(新中国成立后发现了部分，流传不广)，乾隆十六年(1751)有铸雪斋抄本等少数本子流传，而乾隆三十一年(1766)青柯亭刻本《聊斋志异》是现今存世的最早刻本（同时间有王氏刻本，早佚）。青柯亭本一出，对《聊斋志异》的传播有很大的功绩，后之各种评注本、石印本和铅印本都据青柯亭本加以翻刻。所以说，青柯亭本的刊刻实对保存、流传中国小说史上这一奇葩是起了莫大作用的。还应该指出的是传统的文人对于小说向来歧视，除了书坊为盈利加以刊刻外，一般均不屑一顾，但鲍廷博的"赏鉴家"眼光果自不凡，看出了《聊斋志异》的巨大意义，从动员别人刊刻到亲预其事，说明了这位出版家的识见毕竟高人一等。

还有鲍廷博刊刻《湖山类稿》一书值得一提。此书为宋汪元量撰，汪

[1]鲍廷博：《青本刻聊斋志异纪事》，《聊斋志异》(会校会注会评本)，上海古籍出版社1978年新1版。

元量字大有，号水云，钱塘(今杭州)人，宋末供奉宫廷，后随太后、幼帝被元胁迫北去，所作诗时有"诗史"之称。《湖山类稿》旧刻不传，鲍廷博得钱谦益旧抄本《水云诗》，又将所藏刘须溪评本《湖山类稿》合刻成书，此本版式宽大，写刻亦精，是《知不足斋丛书》外又一佳刻。

二、卢文弨与《抱经堂丛书》

卢文弨(1717—1795)，字绍弓(一作召弓)，号矶鱼，又号檠斋，晚年更号弓父，钱塘(今杭州)人(原籍浙江余姚)。卢文弨于乾隆十七年(1752)举进士，任翰林院编修、上书房行走，历官左春坊左中允、翰林院侍读学士。乾隆三十年（1765）任广东乡试正考官，次年又任湖南学政。后因条陈学政事宜，被部议降三级使用。他遭此挫折，遂于乾隆三十三年(1768)乞归故里。回杭后，卢文弨曾任江、浙各书院讲席，以经术导生，桃李满天下。

卢文弨在学术上潜心于汉学，在乾隆诸子中以校勘古籍称名于世，自称爱校书"如猩猩之见酒也"。所校之书有《逸周书》、《孟子音义》、《荀子》、《吕氏春秋》、《新书》、《韩诗外传》、《春秋繁露》、《方言》、《白虎通》、《独断》、《经典释文》等三十八种。原书有脱漏的，摘字而注其异同、衍脱，系以校文，最后定名为《群书拾补》，刊印以惠后学。卢文弨性爱藏书，藏书楼称抱经楼，为乾隆时杭州著名藏书楼之一，时人尊称其为抱经先生。他的藏书既精且富，钱大昕为其《群书拾补》所作序称卢："奉廪修脯之余，悉以购书，遇有秘校精校之本，辄宛转借录，家藏图籍数万卷。"洪亮吉《北江诗话》中称卢文弨为藏书家中的校雠家，叶德辉以为"考订校雠，是一是二，而可统名之著述家，若专以刻书为事，则当云校勘家"。若以此标准而论，卢大弨实著述、校勘两家兼而有之。

卢文弨刻有《抱经堂丛书》，是书刻于乾隆间。卢氏汇刻所校汉唐人书及自著札记文集，是书刻印皆精，在清代丛书中亦属名刻。傅增湘《抱经堂汇刻书序》中曾评曰：

……惟卢绍弓《抱经堂丛书》尤精博矣。

当乾隆盛时，海内魁儒崇尚淹雅，先生以鸿材伟业峙于其间，壮年腼仕，言事左迁，乞养归田，校书终老。自以家居无补于国，则刊定古籍，上佐右文之治，故所校刻独取汉、唐，其余琐记短书，不相屦杂。每校一书，必披罗诸本，反复钩稽，扞格之词莫不通，晦僻之义莫不显，而书之规模雅饬，亦出一时善工，较诸趋步宋椠，其神采各不相掩，是此书之奄有诸家之长而无其短。[1]

[1]傅增湘:《藏园群书题记》附录二，上海古籍出版社1989年版，第1076页。

傅增湘对卢文弨的《抱经堂丛书》从内容到刊刻都作了高度评价，是为公允之论。《抱经堂丛书》汇集汉唐前著述十一种，冯景著述一种，自著五种，合共十七种，为丛书中的汇编杂纂类。

附：《抱经堂丛书》目录

《经典释文》三十卷，附《考证》三十卷，唐陆德明撰，《考证》，清卢文弨撰，刊于乾隆五十六年。

《仪礼注疏详校》十七卷，清卢文弨撰，刊于乾隆六十年。

《逸周书》十卷，《校正补遗》一卷，晋孔晁注，清卢文弨校，刊于乾隆五十一年。

《白虎通》四卷，附《校勘补遗》一卷，《考》一卷，《阙文》一卷，汉班固撰，清卢文弨校并撰，校勘补遗考，清庄述祖撰并辑阙文，刊于乾隆四十九年。

《輶轩使者绝代语释别国方言》十三卷，《校正补遗》一卷，汉扬雄撰，晋郭璞注，清卢文弨校，刊于乾隆四十九年。

《荀子》二十卷，附《校勘补遗》一卷，周荀况撰，唐杨倞注，清卢文弨、谢墉校，刊于乾隆五十一年。

《新书》十卷，汉贾谊撰，清卢文弨校。

《春秋繁露》十七卷，《附录》一卷，汉董仲舒撰，清卢文弨校。

《颜氏家训》七卷，附《注补并重校》一卷，《注补正》一卷，《壬子年重校》一卷，北齐颜之推撰，清赵曦明注，清卢文弨校并撰注补，注补正清钱大昕撰，刊于乾隆五十四年。

《群书拾补初编》三十九卷，清卢文弨撰（具体细目略）。

《西京杂记》二卷，汉刘歆（一题晋葛洪）撰，清卢文弨校，刊于乾隆五十二年。

《独断》二卷，汉蔡邕撰，清卢文弨校，刊于乾隆五十五年。

《三水小牍》唐皇甫校撰，刊于乾隆五十七年。

《钟山札记》四卷，清卢文弨撰，刊于乾隆五十五年。

《龙城札记》三卷，清卢文弨撰，刊于嘉庆元年。

《解春集文钞》十二卷，《补遗》二卷，《诗钞》三卷，清冯景撰。

《抱经堂文集》三十四卷，清卢文弨撰，刊于乾隆六十年。

三、陈春与《湖海楼丛书》

陈春，字东为，浙江萧山(今属杭州萧山区)人。性好读书藏书，家有湖海楼藏书楼，所藏甚富。陈春与同里汪继培相交甚厚，汪家亦富藏书，每得善本，尝出以相示。陈春父七十寿辰时，汪以精校《列子张湛注》为祝寿，陈春为之付刻。陈春博学多闻，时思刊刻秘籍以广流传。故择考证经史而有实用者，次第写板，汪继培又为校正，此举又得王晚闻赞助，刻成《湖海楼丛书》，收书十余种，此书以汪继培笺校的《潜夫论》、《列子张湛注》为最有名。

附：《湖海楼丛书》目录

《周易郑注》十二卷，附《叙录》一卷，汉郑玄撰，宋王应麟撰集，清丁杰后定，清张惠言订正，叙录清臧镛（庸）堂撰，刊于嘉庆二十四年。

《论语类考》二十卷，明陈士元撰。

《孟子杂记》四卷，明陈士元撰。

《列子》八卷，附《列子冲虚至德真经释文》二卷，周列御寇撰，晋张湛注，《释文》，唐殷敬顺撰，宋陈景元补遗，刊于嘉庆十八年。

《尸子尹文子合刻》，清汪继培辑，刊于嘉庆十七年。

《尸子》二卷，《存疑》一卷，周尸佼撰。

《尹文子》一卷，周尹文撰。

《潜夫论》十卷，汉王符撰，清汪继培笺，刊于嘉庆二十二年。

《学林》十卷，宋王观国撰，刊于嘉庆十四年。

《卮林》十卷，《补遗》一卷，明周婴撰，刊于嘉庆二十年。

《订讹杂录》十卷，清胡鸣玉撰，刊于嘉庆十八年。

《龙筋凤髓判》四卷，唐张鷟撰，明刘允鹏注，清陈春补正，刊于嘉庆十六年。

《永嘉先生八面锋》十三卷，宋陈傅良（一题叶适）撰，刊于嘉庆十八年。

《会稽三赋》一卷，宋王十朋撰，宋周世则注，宋史铸增注，刊于嘉庆十七年。

四、许增与《榆园丛刻》

许增(1824—1903)，字迈孙，号益斋，浙江仁和(今杭州)人。曾官道员，工填词，善画。性爱藏书，于城东金洞桥附近筑榆园(亦称娱园)，广植花木，中贮图书。所刻书有《唐文粹》颇精，另刊有《榆园丛刻》、《娱园丛刻》。关于《榆园丛刻》的刊刻，据许增《榆园丛刻总目识》序称："同治甲子三年，奉母还杭州，不复问人间世事。日与声气相求之士，里往返。推襟送抱，聊浪湖山。息影空斋，百念灰冷。特前贤榘矱，师友绪余，夙昔所涉猎而肄习之者，不能恝然，养闲余日，写付梓人。都成三十余种，藉以流布艺林。"据此则《榆园丛刊》则包括许增另一部《娱园丛刻》在内。《榆园丛刻》所收以词集为多，余则为论书籍碑版文房清玩等艺文小品之类(即所谓《娱园丛刻》所收书)，《榆园丛刻》为同治光绪间仁和许氏刊本。现略举书目以见一斑。

《榆园丛刻》所收有宋姜夔《白石道人诗集》、《白石道人歌曲》，宋张炎《山中白云词》、《词源》等宋人词。有清王士祯《衍波词》、清纳兰性德《纳兰词》、清郭《灵芬馆词》、清顾翰《拜石山房词钞》、清项廷纪《忆云词》、清钱枚《微波词》等。另署《娱园丛刻》的艺文小品为清孙从添《藏书纪要》、孙承泽《闲者轩帖考》、清宋荦《漫堂墨品》、清梁同书《笔史》、清张燕昌《金粟笺说》、清吴兰修《端溪砚史》、清吴骞《阳羡名陶录》等。

五、丁丙与《武林掌故丛编》、《武林先哲遗著》

丁丙(1832—1899)，字嘉鱼，别号松生，晚号松存，钱塘(今浙江杭州)人。与其兄丁申(竹舟)同为清末著名藏书家。家有藏书楼名八千卷楼。清末有四大藏书家之称，即是江苏常熟瞿镛铁琴铜剑楼、山东聊城杨绍和海源阁、杭州丁氏八千卷楼、湖州陆心源皕宋楼，丁家即列其中。丁氏藏书特点，在上节浙江书局刊书中已有论及，此从略。丁丙与其兄在保存和抢救杭州文澜阁《四库全书》时出力至巨，后并组织补抄文澜阁本《四库全书》，对保护浙江文献之功称伟（详见顾志兴《文澜阁与四库全书》，杭州出版社2004年版）。

丁丙还是清末著名出版家。堪称清末浙江刊书的巨擘，若论浙江雕版印刷史、清以来浙江出版事业，是离不开丁丙的。丁丙的出版活动始自同治二年(1863)，在上海刻《童蒙训》，迄于光绪二十五年(1899)刻《于肃愍集》至丁丙逝世止，三十六年间，丁丙可以说是以毕生精力投入出版事业，先后所刊之书逾二百种。俞樾《丁君松生家传》："乃择士林所罕见者，刻以传播，取其有涉杭郡掌故者都为一编，曰《武林掌故丛编》，凡一百余种。"顾浩《丁松生先生行状》称："先生性好典籍，虽盛暑严寒，手不释卷。尝谓人之于书，不可一日无。故校刊前贤著述，以惠后学，积至数千卷，若《武林掌故丛编》、《武林往哲遗著》、《当归草堂丛书》、《医学丛书》、《西泠五布衣遗著》、《于忠肃集》，其大者也。"

丁丙所刊之书，范围颇广，大致为以下几个方面：

地方志书：光绪十八年(1892)校刊毛奇龄《杭志三诘三误辨》；光绪元年(1875)据孙氏寿松堂进呈四库馆本刊印《乾道临安志》，继复刊《淳祐临安志》。光绪十九年(1893)刊明沈朝宣未刊稿《仁和县志》等。另辑刊《皋亭山志》、《吴山城隍庙志》、《理安寺志》、《清波三志》、《昭庆律寺志》、《灵隐寺志》、《净慈寺志》，重刊《西湖游览志》等。尤其是清光绪时修《杭州府志》，丁丙出力尤多。

乡邦文献：乡邦文献为丁丙素所重视，刊刻颇多，如《捍海塘志》、《梦粱录》、《武林旧事》、《都城纪胜》、《新门散记》、《七述》、《南宋馆阁录续录》、《建炎复辟记》、《古杭杂记》、《钱塘遗事》、《横山游记》、《孝慈庵集》、《武林游记》、《临平记》、《南宋院画录》、《杭州治火辨》、《南宋古迹考》、《武林第宅考》等。

武林先贤专著：唐褚亮、褚遂良之集久而不传，丁丙为辑刊《褚氏父子集》，他如《郑巢诗集》、《韦钱唐集》、《准斋杂说》、《书小史》、《海棠谱》、《伯牙琴》等。对于谦著作的刊刻更是悉心尽力。曾刊于谦奏议，临终前最后刊成的是得之于黄氏广仁义塾旧藏之明嘉靖本《于肃愍公集》，是书光绪二十五年正月刊成，三月丁丙逝世。

乡邦历代诗文：对于前人断篇零作，先后辑刊《国朝杭郡诗辑》三辑。

乡邦先贤传记：《于忠肃祠墓录》、《钱塘先贤传赞》、《武林高僧事略》、《宋学士院题名》等。

乡邦藏书掌故：《春草园小记》、《松吹读书堂图题咏》、《武林藏书录》(此书为丁丙之兄丁申撰，书未刊而丁申已卒，丁丙详加考订，并为刊布)。

对于丁丙所刊之书，历来评价颇高，俞樾《武林掌故丛编序》称："又博观精选，成此巨册，言武林掌故者，舍此何观焉……此抱残守阙之苦心，亦即敬梓恭桑之雅意乎！"丁丙所刻诸书最大价值是保存了乡邦文献，所刊亦工，他所辑刊的丛书在民国年间仍由浙江图书馆利用旧版加以刊印，颇受读者欢迎，陈训慈《丁松生先生与浙江文献》中有言："今省立图书馆犹以印售浙局本古书及丁氏刊书著称，饮水思源，先生之遗爱尤不可殁(没)也。"（见《浙江省立图书馆馆刊》1932年第一卷第七、八期合刊）迄至近年，据我所知，杭州古籍书店又将丁丙《武林掌故丛编》、《武林先哲遗书》重加翻印，亦受读者欢迎，尤为地方志工作者所重视，视之为"资料库"。叶德辉《书林清话》卷九《刻乡先哲之书》著录丁丙上述两书，但讥评"《武林》卷帙浩繁，滥收山水寺观志书，未免不知鉴别"，所论实是偏颇，未见及此两部丛书的文献价值。张秀民《中国印刷史》对此曾加驳正，认为"其实此点足证丁氏识见过人，书中大量保存了与杭州有关之古迹文献"。这才是公允之论，事实也确是如此。

丁丙所刊丛书有以下五种，这代表了丁丙的出版活动的主要成绩。

（一）《当归草堂丛书》。为汇编·杂纂类丛书。所收书有《童蒙训》、《程氏家塾读书分年日程》、《慎言集训》、《温氏母训》、《松阳钞存》、《切近编》、《张杨园先生(履园)年谱》、《忧行录》等八种，刊于清同治间。

（二）《当归草堂医学丛书初编》。为子部医家类丛书。所收宋元明医书有《颅囟经》、《传信适用方》、《卫济宝书》、《太医局诸科程文》、《产育宝庆集方》、《济生方》、《产宝诸方》、《急救仙方》、《瑞竹堂经验方》、《阁虐论疏》、《铜人针灸》、《西方子明堂灸经》等十二种。此丛书皆丁丙择宋元明旧版或抄本，加以辑刊，是书有光绪四年(1878)钱塘丁氏当归草堂刊本。

（三）《西泠五布衣遗书》。此为集类·总集(郡邑)类丛书，收清乾嘉以来杭州诗人作品。内有《临江乡人诗》(吴颖芳撰)、《砚林诗集》、《砚林印款》(以上两种丁敬撰)、《冬心先生集》(金农撰)、《柳洲遗稿》(魏之琇撰）、《冬花庵烬余稿》(奚冈撰)等，有同治、光绪间钱塘丁氏当归草堂刊本。

（四）《武林掌故丛编》。为汇编·郡邑类丛书。关于郡邑类丛书，明樊维城《盐邑志林》已开其端，收古浙江海盐辖境之文人著作，此书出后影响很大。就浙江而言，郡邑类丛书刊刻颇盛，如宋世荦《台州丛书》、胡凤丹《金华丛书》、孙衣言《永嘉丛书》、孙福清《槜李丛书》、陆心源《湖州先哲遗书》等皆是。丁丙所辑刊《武林掌故丛编》、《武林先哲遗著》为此类丛书中影响较大者。

《武林掌故丛编》收书甚多，共二十六集，此本传世颇多，故细目不列，现每集略举一种，以存梗概。

第一集《乾道临安志》等十二种；

第二集《武林旧事》等十种；

第三集《御览孤山志》等十一种；

第四集《淳祐临安志》等十种；

第五集《西湖百咏》等十种；

第六集《武林西湖高僧事略》等十种；

第七集《武林怡老会诗集》等十种；

第八集《湖壖杂记》等十种；

第九集《山游倡和诗》等十种；

第十集《南宋馆阁录》等十种；

第十一集《武林灵隐寺志》等三种；

第十二集《钱塘遗事》等七种；

第十三集《敕建净慈寺志》一种；

第十四集《梦粱录》等五种；

第十五集《四时幽赏录》等五种；

第十六集《万历钱塘县志》等五种；

第十七集《嘉靖仁和县志》等五种；

第十八集《西湖游咏》等五种；

第十九集《吴越备史》等十四种；

第二十集《西湖游览志》一种；

第二十一集《昭忠录》等十种；

第二十二集《建炎复辟记》等十种；

第二十三集《西湖水利考》等三种；

第二十四集《淳祐临安志辑逸》等五种；

第二十五集《杭州上天竺讲寺志》等六种；

第二十六集《文澜阁志》等三种。

《武林掌故丛编》有清光绪中钱塘丁氏嘉惠堂刊本。

《武林先哲遗著》所收自唐《褚亮集》起至清《卧月轩稿》等杭州乡贤著作六十六种(含后编)。有清光绪中钱塘丁氏嘉惠堂刊本,此书流传亦多,细目不详列。以上两书均以种数计,如《武林掌故丛编》第十八集《庚辛泣血录》下又系《钦定平粤寇方略》等十七种,皆以《庚辛泣血记》一种计;《武林先哲遗著》中之《畴斋二谱》下又系《墨谱》、《琴谱》等两种,亦以《畴斋二谱》一种记。

六、汪康年与《振绮堂丛书》

汪康年(1860—1911),字穰卿,晚号恢伯,浙江钱塘(今杭州)人。光绪二十年(1894)中进士,曾入张之洞幕,后任自强书院编辑,西湖书院史学斋分教。汪康年与梁启超为同时代人,主张亦相似。光绪二十一年(1895)加入上海强学会,次年主办《时务报》,后又办《京报》、《刍言报》。汪康年为杭州乾隆间著名藏书楼振绮堂主人汪宪后裔。乾隆修《四库全书》时汪家曾将所藏秘籍二百十九种进呈,其所进书在全国亦名列前茅。康年继承前世余绪,亦好藏书,游历南北之时,常于书肆搜觅异籍秘册,又就友朋处得善本抄录,纂成《振绮堂丛书》二集,有清光绪宣统间泉塘汪氏排印本、刊本。此丛书亦为汇编杂纂类。

《振绮堂丛书》初集收有清佚名《圣祖五幸江南恭录》、清彭孙贻《客舍偶闻》、清佚名《克复谅山大略》、清管鹤《拳匪闻见录》、清韩超《韩南溪四种》(附一种)、清陈树镛《汉官答问》、清佚名《澳门公牍录存》、清陈其镥译、清张美翔定《蒙古西域诸国钱谱》、清汪远孙《经典释文补条例》、清汪远孙《借闲随笔》。《初集》为宣统二年(1910)排印本。

《振绮堂丛书》二集收有宋佚名撰、清文廷式辑《中兴致要》、清汪宪《烈女传》、清方象瑛《明史分稿残编》、清祁韵士《己庚编》、清张海《西藏纪述》、清吴德煦《章谷屯志略》、清夏鸾翔《万象一原》、清陈其镥译录《埃及碑释》、清佚名《木剌夷补传稿》、清方浚颐《转徙余生记》、清黎庶昌《奉使英伦记》等。《二集》为光绪二十年(1894)刻本。

清代杭州私家所刊丛书以上所记仅为举要性质,其他尚有:

《漱六编》,清佚名辑,为汇编·杂纂类丛书,收《寓意编》等六种。有道光二十一年(1841)仁和王氏刊本。

《玉雨堂丛书第一集》,清韩泰华辑,为汇编·杂纂类丛书,收《南岳小录》等十种。有咸丰中仁和韩氏刊本。

《半厂丛书初编》,清谭献辑,为汇编·杂纂类丛书,收有《诗本义》等十种。有光绪中仁和谭氏刊本。

《啸园丛书》,清葛元煦辑,为汇编·杂纂类丛书。共六函,每函十余种、七八种不等。

《结一庐朱氏剩余丛书》，清朱澂辑，为汇编·杂纂类丛书，收有《金石录》等四种。有光绪三十一年(1905)仁和朱氏刊本。

《富阳夏氏丛刻》，清夏震武、夏鼎武撰，为汇编·氏族类丛书。收有《悔言》等七种。有光绪中刊本。

《黄梨洲遗书》，清黄宗羲撰，为汇编·独撰类丛书。收有《南雷文定前后集》等八种。有清光绪三十一年(1905)杭州群学社石印本。

《道古堂外集》，清杭世骏撰，为汇编·独撰类丛书，收有《鸿词所业》等十四种。有乾隆五十三年(1788)补史亭刊本、光绪二十二年(1896)钱塘汪大钧刊本。

《灵芬馆集》，清郭麐撰，为汇编·独撰类丛书，收有《灵芬馆诗》初集至四集并续集等十种。有嘉庆至道光间仁和孙均，陈鸿寿、严烺良刊本。

《崇雅堂集》，清胡敬撰，为汇编·独撰类丛书，收有《书农府君年谱》等五种。有道光二十四年(1844)仁和胡氏刊本。

《娥术堂集》，清沈豫撰，为汇编·独撰类丛书，收有《皇清经解渊源录》等十三种。有道光十八年(1838)萧山沈氏汉读斋刊本。

附：清代杭州学者刻书举要

清代杭州文人学者除刊刻丛书外，私人刻书亦多，兹举数例于下，以窥一斑而见全豹，实乃百不及一。

龚翔麟 玉玲珑阁刻书

龚翔麟（1658—1773），字蘅圃，号天石，晚号田居，曾官御史，工诗词，藏书家。刻有宋张炎《山中白云词》八卷，明朱睦《授经图》八卷，龚翔麟编《浙西六家词》六种九卷。又尝刻《玉玲珑馆丛刻》三种三十三卷。

赵一清 小山堂刻书

赵一清，字诚夫，清初杭州小山堂藏书楼主人赵昱之子。清乾隆五十一年（1786）刻自撰《水经注释》四卷、卷首一卷、附录二卷，《水经注笺刊误》十二卷，刻印颇称精良。又尝刻自撰之《东潜文稿》二卷。

厉鹗 樊榭山房刻书

厉鹗（1692—1752），字太鸿，号樊榭，清代诗词大家，所刻书有自撰《宋诗纪事》一百卷，自撰《南宋院画录》八卷，自撰《辽史拾遗》二十四卷等。

杭世骏 补史亭刻书

杭世骏（1696—1773），字大宗，号堇浦，曾官编修，清著名学者。所刻书有《道古堂文集》四十八卷，《道古堂诗集》二十卷，《道古堂外集》二十八卷等。

汪宪 振绮堂刻书

汪宪（1721—1771），清杭州振绮堂藏书楼主人，学者。次子汪璐（1746—1813），曾孙远孙（1794—1838）皆为传人。汪氏振绮堂于清代刻书甚多，举其要者有《咸淳临安志》、《国语校注本》三种，《汉书地理志校本》、《北隅掌录》、《樊榭山房全集》、《借闲生诗咏》等。多数刻于道光间。

孙宗濂 寿松堂刻书

孙宗濂、孙仰曾，清杭州寿松堂主人，学者。所刻书有《影宋精刻本乾道临安志》，清乾隆三十年（1765）刻，后人又刻《后汉书补遗》等。

汪启淑 飞鸿堂、开万楼刻书

汪启淑（1728—1799），字慎仪，号秀峰，清杭州飞鸿堂、开万楼藏书楼主人。刻书甚多，主要有自撰《水曹清暇录》十六卷、自辑《撷芳集》八十卷、《飞鸿堂印人传》八卷、自撰《讱庵诗存》八卷、五代徐锴《说文解字系传》四十卷、宋郑樵《通志略》五十二卷等。

汪启淑藏古印万钮，所刻印谱等甚多，有自辑《汉铜印丛》十二卷，《飞鸿堂印谱》初集、二集、三集、四集、五集四十卷，《清乐居印娱》四卷，《汉铜印娱》十六卷等。

第七章　民国时期铅印兴起和雕板印书的衰落

第一节　民国时期铅字排印的兴起

清代后期，以铅字排印印刷业逐渐兴起。据现有材料表明，开风气之先的是清道光二十九年（1849）宁波华花经书房印行的《天文问答》是浙江最早的铅字排印书籍。以杭州而论，清光绪十八年（1892）杭州出现了用蒸气带动的石版印刷机，成立了石印书局。至民国元年（1912）有石印、铅印的印刷所（店）达十多家。

由于石印和铅印的速度快，有天然的优势，故而逐步取代传统的雕版印刷，这已是大势所趋。

从民国元年（1912）至民国38年（1949）5月，浙江雕版印书和铅字排印书籍约可分为两个阶段。以民国建立到抗日战争爆发的民国26年（1937）12月沦陷为第一阶段；民国27年（1938）至民国34年（1945）8月抗日战争胜利为第二阶段。前期的印刷书籍的中心在杭州，杭州沦陷以后则以金华、宁波、绍兴成为主要出版印书地点。内容多为号召军民，抗击日军侵略。兹择要简述于后（传统的雕版印书见下节）。

一、湖畔诗社

民国11年（1922），应修人、汪静之、潘漠华、冯雪峰等文学青年创办的文学社团，同时兼营出版业务，曾出版《湖畔》、《春的歌集》等新诗集。

二、杭州正中书局

正中书局为中国国民党官办出版机构。民国23年（1934）在杭州官巷口设分局，称杭州正中书局。该局既售书，亦出版新书，抗战前曾出版中等学校国文丛书多种。杭州沦陷后，该书局先后迁金华、丽水等后方，出版图书有《抗战歌曲集》、《抗战剧曲选》、《中日战争之始末与教训》、《抗战故事》、《抗战手册》、《女儿血》、《屠场》等五十余种。

三、浙西民族文化馆

民国29年（1940）5月成立于西天目山於潜（今属临安市），该馆直属浙江省政府浙西行署，其时浙西的临安、於潜、昌化等地为后方，坚持抗战，该馆曾先后编辑出版《浙西抗建丛刊》、《国际问题丛书》、《浙西经济调查丛书》等。

四、民族出版社

民国33年（1944）9月创办于昌化县（今属临安市）。先后出版的书籍有《茅舍》、《浙西战后的建设》、《新闻与通迅的写作》、《胜利手册》等。

第二节　民国时期传统雕版印刷业的逐渐衰落

清末、民国时期铅字印刷业的兴起，这是时代的进步，以铅字排印替代雕版印刷业，犹如今日的电脑排版告别铅与火，取代铅字排印是同一道理。但是，由于雕版印刷在浙江有千余年的历史，且印刷十分精美，所以在一段时间内仍为读书人所喜爱，仍乐于用传统雕版印刷来刻印典籍，而其中尤以湖州影响为最大。

一、浙江图书馆

清宣统末年，浙江官书局并入浙江图书馆后，以浙江图书馆名义刻印书籍出售。当时所印之书，一是利用清代浙江官书局所刻书版，再加刷印；二是新刻了一些书籍。《文澜学报》第二卷第三、四期合刊（1936年12月版）的目录后刊印的浙江省图书馆出版的广告载有"新增图书"、"金石书画"、"旧刻方志"、"浙江文献"四栏；封底前刊有"浙省郡邑丛书"、"目录学"、"国学名著"、"先贤重要文集"等四栏，其中所列书目如清阮元的《两浙金石志》十二册、《两浙防护录》二册、《两浙辑轩录》三十二册，清潘衍桐的《两浙辑轩续录》四十二册，宋王应麟的《玉海》一百册、《浙江通志》一百二十册、《诚意伯文集》一册等，皆是利用浙江官书局的旧有版片而重印的。民国年间浙江图书馆也曾刻印了一些新书，如毛春翔所言《史目志》（民国年间浙江图书馆刻）、《章氏丛书》（民国6年浙江图书馆刻）、《蓬莱轩地理丛书初集》（民国4年浙江图书馆刻）、《蓬莱轩地理丛书二集》（民国年间浙江图书馆刻）等等。（参见毛春翔《浙江省立图书馆藏书版记》，载《浙江省立图书馆馆刊》四卷三期）此外，浙江图书馆在民国时期刻印的书籍尚有《温州经籍志》、《快阁师石山房丛书》等。

二、西泠印社

民国年间西泠印社刻书颇多，多为印谱、碑帖及书画集等，刻印颇精，据知有《遁庵秦代古铜印选》、《龙泓山人印谱》、《悲庵剩墨》、《金石家书画集》、《西泠八家印选》、《赵叔印谱》、《广印人传》、《杭郡印辑》、《隐闲楼记》、《武林金石记》等。

三、抱经堂书店

抱经堂书店主人朱遂翔（1894—1967），字慎初，绍兴曹娥人。清乾隆时，杭州有卢文弨藏书楼抱经堂，卢又尝刻《抱经堂丛书》，朱遂翔慕其名而亦命名其书肆为"抱经"。朱氏精版本目录之学，所开书肆以经营雕版木刻书为主。据朱友伦、秦坦《民国时期杭州的图书业》称：抱经堂不但收书，还收古籍版片，据以印刷出版二十五种。其中有《榆园丛刊》、《唐文粹》、《说文韵校补》。《西湖雷峰塔藏经》也是抱经堂首版翻印的（杭州市政协文史委编：《杭州文史丛编》第4册，杭州出版社2001年版，第213页）。

四、吴昌绶双照楼

吴昌绶，字印臣，又字百宛，号甘通，别号松邻，浙江仁和（今杭州）人。为清杭州著名藏书楼吴氏瓶花斋后人。性喜藏书刻书。伦明《辛亥以来藏书纪事诗》言其藏书、刻书："定公文集廿四卷，子晋词钞数十家。一书悻悻君何褊，仕宦文章总梦华。"首句言昌绶藏有龚自珍手订稿《定盦文集》二十四卷，昌绶据此为撰《定盦年谱》。次句言曾入藏明江苏刻书家毛晋（子晋）影抄汲古阁宋元词集未刻者数十家，曾拟刻历代名人词四十种，并撰有提要，刻成十七种，称《宋金元明词》，所刻词集纸用绝精之奏折纸，墨用上等御墨刷印，纸墨堪称双美，遂署双照楼。未刻之二十三种，后由武进陶湘续刻。昌绥另刊有《十六家墨说》。

五、顾燮光金佳石好楼

顾燮光（1875—1949），字鼎梅，号堪，原籍浙江绍兴，居杭州龙翔桥一带。喜藏书，搜罗名椠佳刻甚多，尤以藏碑帖称富。藏书处称金佳石好楼。所辑著书有《非儒非侠斋集》、《刘熊碑考》、《两浙金石别录》、《伊阙造像目录》、《顾氏舆地金石丛书》等。今知自撰《河溯金石目》、《河溯访古新录》为民国19年（1930）刻本，《顾氏家集》为排印本，《顾氏金石舆地丛书》第一集为石印本。

此外，其时杭州的一些旧书业书肆和佛经刊印单位也有翻印和刻印书籍佛经等的活动，如朱友伦、秦坦所回忆：杭州的旧书店也兼有翻印出版业务。如慧空经房、玛瑙经房均自刊佛经书出售。慧空经房印行佛经28种。文元堂翻印了《红楼梦图咏》和《西湖导游》、《游杭纪略》等木刻和铅印书十余种。问经堂印行的《竹简斋二十四史》很受欢迎。六艺书局于1930年出版《南宋宫闱杂咏》、《妇人集》、《美人湖才女史事诗咏》等书（《民国时期杭州图书业》，见《杭州文史丛编》第4册，杭州出版社2001年版，第217页）。

第八章　历代杭州刻书出版家对中国文化的贡献以及独创性和重视质量的传统

印刷术是我国的一大发明，而吾杭尤为首选。诚如著名科技史专家、文献学家胡道静所言：

> 印刷之术，创源吾国，自雕版兴，板印之业大盛而教育文化学术遂造新纪元，突入新境界，此直人类万千发明中至高之一招也。溯雕版印刷从隋唐间开端倪，历晚唐五季至北宋初宏行，操其业者，始惟蜀、浙为能事，而浙擅艺尤精，是故汴都国子监经史要籍，屡下杭州开板，《麟台故事》、《玉海》皆有明确记载，今存宋板《后周书》、《唐书》、《资治通鉴》等所冠敕文，并足佐证。宋室南渡，建都临安，太学在杭，杭监本之声闻天下，更不待言。暨至有元代兴，建京大都，而刻梓仍重武林，于是改故宋国子监为西湖书院，存板无虑二十余万片；朝廷官修诸书，若《辽史》、《金史》、《宋史》以及《国朝文类》等，周弗不辞千里遥，依旧下杭州路印造。余今得读元祐元年刊本大司农司修撰《农桑辑要》，初得睹《皇帝圣旨里》一道，赫然亦云发杭州路造板，为之不胜惊诧，然亦意中事尔。朝廷重视若此，风行水生，是以两浙路间，藩司效行，民间云从，勃然其为全国之首选也。明、清浙江刻书，尤为繁盛，更仆难数，而省会浙江书局为之殿。[1]

根据文献记载，中唐时期浙江越州(今绍兴)已有白居易、元稹诗集的刊印，为全国最早用印刷术刊印典籍的省份之一。五代杭州吴越王钱俶主批

[1]胡道静为顾志兴《浙江出版史研究——中唐五代两宋时期》一书所作的序言，浙江人民出版社1991年版。

刻印《陀罗尼经》，两宋时期，浙江刻书为全国之冠，刊书地点自杭州扩展至全省各地。元代继之，优势不减，延祐元年(1314)元仁宗因嫌大都所刻《农桑辑要》不称意，特下圣旨命江浙行省在杭州重行开版印刷是其显例。嗣后明清时期，浙江雕版印书续有发展。明代杭州书坊所印戏剧小说的插图和清代杭州浙江书局的刊书以质量优长称，这是众所周知的事实。故杭州的雕版印刷史在全国占有举足轻重的地位。

第一节　保存和传播中国古代文献

　　研究杭州文化史，我们常常以代出名人、著述丰富而自豪，这无疑是十分正确的，确实这是浙江和杭州文化的一大特征。书是靠人写的，有了著述而仅靠众手传写，在印刷术没有发明之前，这是没有办法的办法，但是一旦印刷术出现，这就为书籍流布创造了极为有利的条件。我以为正是有了两宋以来的大批的有心的官、私刻书家和出版家，他们将此以前和当时的大批典籍刻梓行世，再加藏书家的悉心收藏和保存，今日才得保存如此众多的书籍。何况扩而大之，南宋还利用印刷术刊印会子（纸币）等，在经济生活中起到相当重要的作用。若情况不是如此，我想无论是文明之国的中国和文化之邦的杭州将在人类文化史上黯然失色，决不会如今天这样光辉灿烂，眩人眼目。

　　藏书家的命运比刻书家和出版家的命运要好一些。历来藏书家多为文人，他们自己有著述，常常编有书目问世，而且书籍本身就是一笔财富，所以记述较多，我们研究起来也比较方便。刻书家和出版家则不然，好像他们的命运注定是"为他人作嫁衣裳"。除了保存下来的一些典籍中偶尔有些刊刻情况的简短文字以外，连有"地方百科全书"之称的方志中也很少记载，据我所知除了宁波的《宝庆四明续志》记有"书板"和《景定建康志》在"书籍"门记有版本以外，其余都是极少记载。当然也有一些有心人作过研究，例如王国维的《两浙古刊本考》和叶德辉的《书林清话》等就是。然而他们对刻书家和出版家对中国文化史所作出的贡献较少论述，这自然给我们研究问题带来了一定的困难。

　　在论及两宋以前杭州刻书家和出版家在保存古代文献方面的作用时，需要简单回顾一下历史，才能了解彼时雕版刊书家和出版家对中国文化史所作出的杰出贡献。《宋史·艺文志》云：

　　　　唐之藏书，开元最盛，为卷八万有奇，其间唐人所自为书几三万卷，则旧书之传者至是盖亦鲜矣。陵迟逮于五季，干戈相寻，海寓鼎沸，斯民不复见诗书礼乐之化。周显德中始有经籍刻板，学者无笔札之劳，获睹古人全书，然乱离以来编帙散佚，幸而存者百无二三……[1]

于此可见五代以后北宋初年皇家内府藏书亦复不多，嗣后北宋国子监刊书，每每下版至杭州刊印，在刊印书籍，增加北宋秘书省和宫廷藏书方

[1]《宋史》卷二二《艺文志一》。

面，杭州是作出了重大贡献的。然而继五代兵乱不过一百六十余年，由于北方女真贵族的入侵，靖康之乱，书籍又遭到了大量的摧残，《宋史·艺文志》称："迨夫靖康之难，而宣和馆阁之储荡然靡遗。"王明清《挥麈录·前录》卷一亦曰："未毕而国家多故，靖康之变，诸书悉不存。"当时的图书破坏，以皇家藏书而论，史载靖康元年(1126)开封城陷以后金人收取秘书及所藏古器，次年正月举凡浑天仪、铜人、刻漏、古器、秘阁三馆书籍、印本监板、古圣贤图像、明堂辟雍图、皇城宫阙图、四京图，以及宋人文集、阴阳医卜诸书悉为金人车载而去；同月，又一次将道释经版、监书印板并皇家藏书送纳金营。这些图书典籍，有的辇载而北，有的则为金人退兵时所毁弃，据说金营中所遗落"秘阁图书，狼藉泥中"，其破坏之烈，较之唐安禄山陷长安时更甚。覆巢之下，焉有完卵?民间藏书亦几损失殆尽。这里举一个突出的例子，据晁公武著录《宋书》时云：

> 嘉祐中，以《宋》、《齐》、《梁》、《陈》、《魏》、《北齐》、《周》书舛谬亡阙。始诏馆职雠校。曾巩等以秘阁所藏多误，不足凭以是正，请诏天下藏书之家悉上异本，久之始集。治平中巩校定《南齐》、《梁》、《陈》三书上之，刘恕等上《后魏书》、王安国上《周书》(引者按： 此"七史"皆刻于杭州)，政和始皆毕，颁之学官，民间传者尚少。未几遭靖康丙午之乱，中原沦陷，此书几亡。[1]

[1]晁公武：《郡斋读书志》卷五。

我国向有盛唐隆宋之称，宋朝经靖康之乱，连前代史书都几乎亡佚，由此可见人类文明标志的图书损失之惨重。南渡以后，刊刻图书是第一要务。此先，儒家的经典"十三经"，《毛诗正义》是由绍兴府刊刻、《春秋左传正义》是由婺州刊刻、《尔雅疏》则是由温州刊刻。绍兴十五年(1145)博士王之望则上疏"群经义疏未有板者令临安府雕造"，经在杭州的南宋国子监努力，至是经书始全。又如《史记》等十七史中的《新唐书》、《新五代史》则是湖州所刻，《三国志》则为衢州所刻。还有严州刻《艺文类聚》，温州刻《大唐六典》这些重要类书。有宋一代共刊六部《大藏经》而其两刻却在湖州，这对文献保存的意义，都是众所周知的。可以说南宋初期，浙江杭州的刻书家为恢复典籍的收藏和保存中华文献是作出了应有贡献的。这里我想特别谈一下杭州刻书家、出版家对保存唐诗所作出的特殊贡献。

一、陈起保存、传播唐诗和南宋江湖诗人著作的贡献

我国大规模地刊印唐人诗集是在宋代，其最著名的则为南宋的杭州书商、出版家陈起。北宋"靖康之难"后，无论官私典籍破坏皆十分严重。南宋时孝宗喜读唐诗，以皇帝之尊命人收集唐诗，然而"比使人集录唐诗，得数百首"，而且错乱甚多。洪迈云："如王涯在翰林同学士令狐楚、张仲素所赋宫词诸章乃误入王维集；金华所刊杜牧之续别集皆许浑诗

也；李益'返照入间巷，愁来与谁语'一篇，又以为耿沣；崔鲁'白首成何事，无欢可替愁'一篇，又以为张蠙；以薛能'邵平瓜地入吾庐'一篇为曹邺；以狄归昌'马嵬坡下柳依依'一篇为罗隐，如是者不可胜计。"（洪迈：《万首唐人绝句诗序》，见《万首唐人绝句》卷首）陈起就是在这样一个大背景下从事唐诗的收集和刻梓的。由于陈起在宝庆(1225—1227)初年因为刊刻《江湖集》而遭流配，书版被劈，所以他究竟刊印过多少唐人诗集，我们难以得出一个完整的书目，但从流传下来的陈起所刻唐人诗集和有关文献记载，数字已十分可观，今知至少有：《孟东野诗集》十卷、《李贺歌诗编》十卷、《集外诗》一卷、《韦苏州集》十卷、《李群玉诗集》三卷、《王建集》十卷、《常建诗集》十卷、《李推官披沙集》六卷、《朱庆余诗集》一卷、《周贺诗集》一卷、《碧云集》一卷、《于濆诗集》一卷、《张蠙诗集》一卷、《女郎鱼玄机诗》一卷、《唐求诗》一卷、《甲乙集》一卷、《浣花集》一卷、《唐僧弘秀集》十卷、《李丞相诗集》二卷等。

　　以上十多种唐人诗集，是陈起所刊全部唐人诗集中的很小部分。我们从上面这个目录中至少可以得出以下几点认识：一是所刊多为中唐、晚唐和五代的唐人集，那么初唐、盛唐的诗集，陈起难道会不刊刻吗?二是陈起所刻唐人诗集的面很广，妇女鱼玄机的诗集他刻了，知名度不大的唐求的诗集他也刻了，其他人的诗集他会不刻吗?尤其是盛唐那些大家的诗集，我以为他肯定也是刊刻了的。三是关于《唐僧弘秀集》，这是一部收集唐诗僧五十二人的总集，我们可以推知他定然还会刊刻其他的总集。尽管我这是揣度之论，但从情理上看这是完全可能的，事实上也有证据。陈起死后，他的友人周端臣《挽芸居》二首之一云："天地英灵在，江湖名姓香。良田书满屋，乐事酒盈觞。字画堪追晋，诗刊欲遍唐。音容今已矣，老我倍凄凉。"周端臣所说的陈起"诗刊欲遍唐"，一方面可能是陈起的出版意图，但同时也证实了他刊刻了大量的唐诗，故而王国维在《两浙古刊本考》卷上中论定："今日所传明刊十行十八字本唐人专集、总集大抵皆出陈宅书籍本也。然则唐人诗集得以流传至今陈氏刊刻之功为多。"叶德辉也说："今世所存书棚本唐人诗集，后题临安府棚北大街睦亲坊陈道人书籍铺，亦云陈宅书籍铺印行刊行者，多为起所刊也。"（《书林清话》卷二)由此，我们可以肯定地得出结论：陈起在保存唐诗这份中国文学的瑰宝中作出了杰出的贡献，在宋代的刻书家中是无出其右的。

　　与此同时我们还从有关的材料中发现，南宋杭州尹家书铺刻过唐人选唐诗元结的《箧中集》，杭州钱塘门里车桥郭宅纸铺刻过《寒山拾得诗》，南宋绍兴刻过《元氏长庆集》，洪迈、汪纲守越两度刻印《唐人万首绝句》，婺州兰溪刻过《禅月集》，天台刻过《三隐诗集》等，正是南宋以陈起这位出版家为代表的刻书家们的共同劳动，唐诗至今才得到大量的保存，如果再从靖康之乱以后书籍缺少这个大背景上去评估，他们的功劳更大，试想寻找底本、觅工刊刻印刷，这要有多大的毅力去惨淡经营啊！

关于陈起刻书，除了刻印唐诗外，他还刻印了南宋江湖诗人的大批作品，其功绩亦巨。据著录他刻印的宋诗主要有《江湖前集》、《江湖后集》等。所谓"江湖诗人"，除个别人地位较高外，多数是指宋室南渡建都杭州以后的一些落第文士。这些人由于在功名事业上不得志，辗转流徙于江湖之间，靠献诗来维持生活，其代表人物为姜夔、戴复古、刘克庄等人。陈起究竟刊印了多少卷《江湖集》，至今仍然不清楚，其原因一是时代久远；二是由于南宋的一件"诗案"，致使书未能全部保存。

《四库全书总目》认为陈起刊南宋诗人的作品的功绩在于："南宋诗家姓氏不显者多，赖是书以传，其撷拾之功亦不可没也。""宋季诗人姓名篇什湮没不彰者，一一复显于此日，亦谈艺之家见所未见者矣。"不过据我看，这种评价还嫌过低些。我们知道，宋诗在中国文学史上有重要地位，尽管"江湖诗"有"诗格卑靡"之病，但其反映生活面较广，对当时的政治形势也比较关心；艺术上有一定的成就。"江湖诗人"中像姜夔、刘克庄、刘过这些人，过去大家只注重他们的词而忽略了他们的诗，其实他们的诗也很有特色。如果我们要研究有宋一代的文化史，对江湖诗派这种文学现象是不能忽略的，它是上层文学和民间文学的中间环节。如果我们要研究宋诗，要编一部《全宋诗》，决不能将这一百余家南宋"江湖诗人"弃之不顾。从保存我中华文献的角度来说，陈起为保存和传播宋诗所做的工作，功绩是十分巨大的。在中国出版史上，以个人之力保存和刊刻如此众多的唐诗和宋诗，可说并世无第二人！至于元杂剧（元曲）的刻梓，元代杭州书坊刻印的"古杭新刊的本"《关大王单刀会》等八部元杂剧，保留了元杂剧的本来面目，其价值自不待言。

二、洪楩等对宋元话本保存和传播的贡献

宋元话本在中国小说史上占有重要地位，它确立了白话小说这一新的文学体裁，对明清小说的繁荣和发展起了重要作用。当时话本流传亦多，仅据《醉翁谈录》所著录就不下百种，但多数已散佚，现在所知保存宋元话本最多的则是明嘉靖间杭州洪楩所刊《六十家小说》(今存残本重印称《清平山堂话本》)。

《六十家小说》原为六集，分《雨窗集》、《长灯集》、《随航集》、《欹枕集》，《解闲集》、《醒梦集》，每集各分上下卷，每卷各收本五篇，总共六十篇，故又称六十家小说，所收话本小说以宋元话本为主，有部分明嘉靖以前话本。现残存二十余篇。

洪楩的《六十家小说》刻印前所据底本估计有个传抄本，此本未经整理，所以篇中误文错字，比比皆是。洪楩刻书颇精，按理不会如此，究其原因很可能是洪楩为保存话本原始状态和原始风格而照说话艺人底本或传

抄本而照刻的(犹如今天影印某些古籍),从这角度说洪楩刊本对研究宋元话本更有价值。

《六十家小说》的价值是:它保存了宋元明以来话本小说的重要资料,对后代的小说、戏曲文学有重要影响。《清平山堂话本》现存残本中保留了宋人话本十二种,即《西湖三塔记》、《合同文字记》、《风月瑞仙亭》、《蓝桥记》、《洛阳三怪记》、《陈巡检梅岭失妻记》、《五戒禅师私红莲记》、《刎颈鸳鸯会》、《杨温拦路虎传》、《花灯轿莲女成佛记》、《董永遇仙记》、《梅杏争春》。其中如《西湖三塔记》记载了宋代杭州的民间传说,与后世流传的"白娘子永镇雷峰塔"互有影响和补充。《合同文字记》是最早民间流传的包公断案故事。《风月瑞仙亭》后经冯梦龙删改作为《俞仲举题诗遇上皇》的"头回"。《蓝桥记》对元杂剧《裴航遇云英》、明传奇《蓝桥记》等影响颇大。《陈巡检梅岭失妻记》中出现了齐天大圣的猿精形象,对明初杨景贤的杂剧《西游记》和吴承恩的小说《西游记》有一定的影响。《五戒禅师私红莲记》后经冯梦龙改写为《明悟禅师赶五戒》收入《古今小说》。《董永遇仙记》对后世南戏、传奇,一直到现代舞台上演出的董永和七仙女的故事的影响更是人所尽知的了。

《六十家小说》所保存的六种元人话本,即是《柳耆卿诗酒玩江楼记》、《简帖和尚》、《快嘴李翠莲记》、《曹伯明错勘赃记》、《错认尸》、《阴骘积善》。其中如《柳耆卿诗酒玩江楼记》,冯梦龙曾据以改编为《众名姬春风吊柳七》,收入《古今小说》。《错认尸》,冯梦龙略加删改,收入《警世通言》,改题为《乔彦杰一妾破家》。《阴骘积善》,凌濛初曾采以改编作为他的《初刻拍案惊奇》中的《袁尚宝相术动名卿,郑舍人阴功叨世爵》的"头回",文字基本相同。《六十家小说》现存的二十七篇短篇小说中,剔除宋元时代话本十八篇外,其余九篇则为明人早期作品。从以上简述中我们可以看出,洪楩的《清平山堂话本》对保存宋元话本有着重要作用,对明代话本小说的发展有着深刻的影响。

中国文学的传统说法向以唐诗、宋词、元曲为代表,至明代则以小说为一代文学之代表,这不仅在中国文学史上已有定论,在世界文化史上亦占十分重要的地位。但是,应该指出的是,对于戏曲、小说,传统文人是有其偏见,认为这是不登大雅之堂的,所以一些著名的藏书家很少收藏这些作品。尽管他们个人也可能爱好戏曲、小说。浙江的出版家们独具慧眼,大量刊刻戏曲小说,这不能以适应市民需要来考虑,而是他们看出这些作品的社会价值和艺术价值,他们为丰富中国文学宝藏作出了突出的、特殊的贡献,这是杭州出版史的光荣业绩。

第二节　杭州刻书的精美插图使书籍插上了双翼走向千家万户

一、明代杭刻小说、戏曲的精美插图，对书籍传播起了积极作用

应该指出的是杭州在明万历间还刊印出版了大批明代的小说和戏曲，如容与堂本《水浒传》以及《平妖传》等。小说、戏曲的价值在今日文学史上已有定评，可是在当时却是不能登大雅之堂的。但是杭州的刻书出版家有眼光，有胆略，大批地进行刊刻出版，事实证明这些作品在今天看来是最有价值的。

这里顺便要提一下的是，杭州自明代起，所刊刻的一些戏曲、小说还往往附有精美的版画插图，其中的一些插图，出自名画家、名刻工之手，作为书籍的插图，做到了图文并茂，使书籍犹如插上了双翅，更为广大读者上至文人雅士下及下里巴人所喜闻乐见，取得了更好的社会效果。

书籍插图虽非明人刊刻戏曲小说的独创，只是他们运用得特别好。戏曲、小说是艺术作品，除了运用文字塑造、刻画人物艺术形象外，如辅之以精美的插图，更使人物形象栩栩如生，许多读者是首先从那些精美的插图中认识黑旋风李逵、花和尚鲁智深、崔莺莺、杜丽娘的。

在论及明代戏曲、小说插图之前，我们先来回顾一下此前的书籍插图。古代对书籍例称图书，这个说法一直沿用到现在。关于图书之称，据叶德辉的解释是"吾谓古人以图书并称，凡有书必有图"。此说虽嫌比较偏颇，但实有道理。比如《汉书·艺文志》载有《孔子徒人图法》二卷，为孔门弟子画像，后来传世的孔门七十二弟子像，大抵皆其遗法，而历代兵书所载兵法亦均附有插图。《隋书·经籍志》载有《周官礼图》，又有《三礼图》、郭璞《尔雅图》等。晋陶渊明云"流观山海图"，足证古本《山海经》亦有图，这些都是写本书附绘图。及至版印书籍兴起。今知宋刻《列女传》其图甚精，元刻之书有图者，如元大德本《绘图本列女传》、元刻《绘图搜神记》等皆是。杭州自五代以来，版刻盛行，版画即随之兴起，其中不乏精品，举例而言宋雍熙元年(984)绍兴刊《弥勒菩萨像》，是图框高五十四厘米，广二十八点五厘米。此图精美世有定评。

杭州书籍中的版画插图至明万历间而大盛，以戏曲、小说为主，间及其他方面的书籍。明代书籍插图版画，有建安(福建建安，建瓯一带)、金陵(南京)、武林(以杭州为主，含湖州、海宁、宁波、绍兴、萧山等地)以及苏州、徽州派版画等。其中武林版画为重要的一派。

明代杭州书肆林立，刊书甚多，李卓吾等文人都曾为书坊校评小说、戏曲，其时浙江还有许多如陈洪绶等著名画家，偶尔兴之所至亦为书籍版画创稿，这些版画自然质量很高。杭刻版画之所以名重于世，还有一个重

要条件，即是当时一些徽州的著名刻工如黄应光、黄应秋、黄德修、黄德新、黄一楷等以及浙籍的项南洲等都集中在浙江杭州。有名家校阅书籍、名画家为插图画样稿，再加名工雕刻，浙江印书以及书籍版画等自然名重于世。

明代为浙江杭州、湖州等地所刻梓的戏曲、小说及其他书籍等插图创稿的有张梦征、赵璧、钱榖、李士达、汪修、王文衡、陈洪绶等画家。张梦征，浙江仁和（今杭州）人，曾为《青楼韵语》、《东天目山志》插图创稿；赵璧，字枝斯，又字无暇，善草书，工诗画，亦工花鸟。明武林杭州容与堂本《琵琶记》插图有"由拳赵璧模"字样，由拳即浙江嘉兴，模者，模写之意。有人以之为名"赵璧模"，疑误；钱榖（1508—？），字叔宝，号磬室，长洲（今苏州）人，藏书家，曾从文征明学画，其画有"吴中一代名手"之称；李士达，号仰槐，江苏吴县（今属苏州）人，明万历间以善画人物、山水名世，汤显祖《紫钗记》有图署"李士达写"字样；汪修，歙县（今属安徽），流寓定居杭州，绘有《南屏净慈寺志》插图；王文衡，字青城，苏州人，所绘多吴兴闵、凌两氏彩色套印本；陈洪绶（1598—1652），字章侯，一字老莲，浙江诸暨人。所绘《楚辞·九歌图》、《北西厢秘本》、《西厢记真本》、《北西厢》、《鸳鸯冢娇红记》等插图，是明代戏曲、小说插图中的珍品。陈洪绶又绘有《水浒叶子》、《博古叶子》两种酒牌谱。陈一贯，杭州人，曾绘杨尔曾夷白堂本《海内奇观》国内风景名胜一百三十余幅。

明代杭州著名插图刻工除杭籍外，主要为徽州匠人，亦有少量苏州、南京的。据知有：

吴凤台，杭州人。曾刻武林容与堂本《李卓吾先生批评忠义水浒传》、双桂堂本《历代名公画谱》插图。

黄应光（1592—？），安徽歙县虬村人。久居杭州，万历间曾刻《陈眉公精选点板昆调十部集乐府先春》、《小瀛洲十老社会诗图》、《徐文长改本昆仑奴杂剧》、《元曲选图》、香雪居本《校注古本西厢记》、凌濛初朱墨本《西厢记》、《徐文长先生批评北西厢记》、《重刻订正批点画意北西厢》、武林容与堂本《李卓吾评琵琶记》、武林容与堂本《李卓吾评玉匣记》、《红拂记》、武林容与堂本《李卓吾先生批评忠义水浒传》等戏曲、小说的插图，又曾刻过高应科本《西湖志摘萃补遗奚囊便览》等的插图。

项南洲（约1615—1670），一署项仲华，杭州人。明代浙派刻工代表人物。曾刻元王实甫《李卓吾先生批评西厢记》、《张深之先生正北西厢正本》、明吴门啸客《新镌全像孙庞斗智演义》、人瑞堂本《新镌通俗演义隋炀帝艳史》、《七十二朝四书人物演义》、《诗盟传奇》、《怀远堂批评燕子笺》、孟称舜《新镌节义鸳鸯冢娇红记》、虎林骚隐居士（张楚权）辑《白雪斋选订乐府吴骚合编》、《醋葫芦》及《歌林拾翠》、《白雪斋乐府五种曲》等及《本草纲目》等书插图，其所刻图精丽动人。孟称舜，会稽人，《新镌节义鸳鸯冢娇红记》或在会稽刻，或请南洲在杭州刻板均有可能。南洲所刻《白雪斋选订乐府吴骚合编》，白雪斋主人有识语："是刻计出相若干幅，技巧极工，较原本各自创画，以见心思之异。""写丽情而务除俗套，搜旧稿而博览新声，更加画意穷工，增一偏之荣也。"是书有木记两行："虎林张府藏板，翻印千里必究。"可见张氏对此书的重视程度。

黄应秋（1587—? ），字桂芳，安徽歙县虬村人。后迁杭州定居，参与刻梓《青楼韵语》、会稽王骥德《古杂剧》插图。

黄应绅（1577—? ），字汝士，安徽歙县虬村人。参与刻武林容与堂本《李卓吾先生批评忠义水浒传》插图。

黄应淳（1577—1642），字仲还，号阳谷。参与刻梓杭州七峰草堂本《牡丹亭还魂记》插图，还刻梓《荆川先生右编》、泊如斋本《闺范图说》、《黄山普门和尚行迹》插图。

黄应渭（1583—? ），字兆清，黄应淳弟，安徽歙县虬村人。参与刻梓杭州七峰草堂本《牡丹亭还魂记》等书插图。

黄应瑞（1578—1642），字伯符，参与刻梓臧懋循《元曲选》（负苞堂本）等。

黄端甫，参与刻梓负苞堂本《元曲选》，王骥德方诸馆本《古杂剧》及《还魂记》、《彩笔情辞》等的插图。

黄德宠（1566—? ），字玉林，安徽歙县虬村人。曾在杭州刻梓武林夷白堂主人杨尔曾《仙媛纪事》的插图，其所刻图隽秀婉丽。又刻杨尔曾《图绘宗彝》，人称运锋如笔，柔丽工整。后定居苏州，刻《汝水巾谱》等。

黄德新（1574—1658），安徽歙县虬村人。曾参与刻梓会稽王骥德顾曲斋本《古杂剧》等。

黄德修（1580—1652），字吉甫，安徽歙县虬村人。曾刻梓会稽王骥德顾曲斋本《古杂剧》的插图。又刻《明状元图考》、《牡丹亭还魂记》（文林阁本）等的插图。

黄一彬（1586—? ），字君倩，安徽歙县虬村人。后迁居杭州，参与会稽王骥德顾曲斋本《古杂剧》、杭州七峰草堂本《牡丹亭还魂记》、吴兴凌氏《西厢记》、《琵琶记》及《彩笔情辞》、《陈章侯水浒叶子》等的插图刻梓。

黄一凤（1583—? ），字鸣岐、翔甫，安徽歙县虬村人。参与过会稽王骥德顾曲斋本《古杂剧》、杭州七峰草堂本《牡丹亭还魂记》等书的插图刻梓。

黄一楷（1580—1622），安徽歙县虬村人，后迁居杭州。参与过会稽王骥德顾曲斋本《古杂剧》、杭州七峰草堂本《牡丹亭还魂记》等的插图刻梓。

黄子立（1611—1690），名建中，以字行。黄一彬之子，居杭州。曾刻梓来钦之《楚辞述注》（陈老莲绘图）的《九歌图》，另刻过《新刻绣像批评金瓶梅》、《张深之先生正北西厢秘本》等书的插图。

洪国良（约1615—1670），字闻远，安徽歙县人。参与刻梓杭州陆氏《峥霄馆批评出像通俗演义禅真后史》、《白雪斋选订乐府吴骚合编》等的插图。

刘希贤（约1560—1620），南京人。曾参与刻梓钱塘王慎修本《三遂平妖传》的插图。

以下对明代杭州、湖州等地书坊及私刻书的插图本略作简介：

《三遂平妖传》，明罗贯中撰，万历间钱塘王慎修刊本。插图为金陵名刻工刘希贤所镌。

《李卓吾生生批评忠义水浒传》，元施耐庵编，万历间武林容与堂刊本。为名刻工吴凤台、黄应光刻图。

《南琵琶记》，元高明撰、明李贽等评，万历间杭州刊本，为名刻工黄一楷、黄一彬等刻图。

《李卓吾先生批评金印记》，明苏复之撰，万历间杭州容与堂刊本，插图工细、精美。

《李卓吾先生批评红拂记》，明张凤翼撰，万历间杭州容与堂刊本。插图为黄应光、姜体乾等名工所刻。"匹马长途愁日暮"、"片帆江上挂秋风"等画幅意境备出。

《四声猿》，明徐渭撰、袁宏道评，古歙汪修画，钱塘钟氏刊本，刻工不详，镌刻亦佳。

《樱桃梦》，明陈与郊撰，万历四十四年(1616)海宁陈与郊家刻本。其中插图《清谈》为长洲钱毂创稿，以室内陈设盆景与柴扉为背景，人物形象突出，画面充实完整，镌刻甚精细。陈与郊所撰《灵宝刀》、《鹦鹉洲》等均有精美插图。

《牡丹亭还魂记》，明汤显祖撰，万历间杭州刻本，插图为黄德新、黄德修、黄一楷、黄一凤、黄端甫、黄翔甫等名工镌刻，人物突出，形神俱备。后之朱元镇本、暖红室本插图皆从此本出，可见其影响之大。

《古杂剧》，明王骥德编，万历间顾曲斋本(疑即王骥德托名)。每剧均有图，刻工为黄德新，黄德修、黄一楷，黄一凤、黄端甫等。是书插图均极精工，为浙江明代版画插图中最具特色者之一。

《北西厢》，元王德信撰，明崇祯间山阴延阁李氏刊本。此书插图分正副两种，首幅莺莺像为陈洪绶画，副图中有单期、李告辰、蓝瑛、关思、诸允锡、董玄宰、陈洪绶等，皆一时名家所绘，刻图者则为杭州名工项南洲。

《新镌海内奇观》，明杨尔曾撰，万历三十八年(1610)杭州夷白堂刊本。是书为钱塘陈一贯画，新安汪忠信刻图。《岱宗图》、《古塔寺》、

《普门寺》等甚古朴，《北关夜市》人物形象极生动。此外，如《镜湖游览志》，明陈树功撰，天启七年(1627)刊本；《东西天目山志》，图为张梦徵、徐元玼画；以及《天下名山胜概记》等。版画插图均属上乘之作。

《楚辞·九歌图》，明萧山来钦之述注，崇祯十年(1637)萧山来氏刊本。其《九歌图》为明陈洪绶画，世所擅名。还有陈洪绶画、黄君倩刻，崇祯间杭州刊本《水浒叶子》等均极有名。可以说明代杭州出版的书籍中的插图达到当时最高水平，这给明代杭州刻书出版事业也带来了良好的声誉。

由于杭州版刻业发达，除了本地画家以外，南京、苏州的一些画家也应邀为书坊插图写梓创稿，同时镌刻工匠，除本地者外，还吸引了许多徽州刻工来此献艺。有的工匠在杭州落脚后，干脆举家迁杭，成为客籍杭人，毕生为杭州书坊刻书及刻梓插图。这样久而久之，经过与本地画家、刻工交融，形成了武林版画，同时之吴兴（今湖州）闵、凌两家所刊戏曲书籍亦有精美插图，创稿者为长洲王文衡，刻工多与杭州刻工相同，说明杭湖地近，交通方便，当时并不固定为某家书坊刻梓，根据需要可随时流动。

二、重视书籍印刷质量，精校勘，注重出版物的内容和形式的统一

杭州刻宋本书讲究写版字体优美，刻版精湛，而纸墨又极佳，故世所称誉。同时我以为杭州刻书讲究书籍的内在文字校对准确也是一个原因。南宋绍兴二十二年(1152)，杭州荣六郎家刻《抱朴子内篇》卷二有如下一段刊语：旧日东京大相国寺荣六郎家，见寄居临安府中瓦南街东开印输经史书籍铺。今将京师旧本《抱朴子内篇》校正刊印，的无一字差讹，请四方收书好事君子幸赐藻鉴。这段刊语可以视之为"广告"，但我以为还可从以下方面理解：一是荣家表明自己的书铺是京师(开封)迁杭的百年老店，在杭州立脚未稳的情况下是需要加以宣扬的。二是表明所刊《抱朴子内篇》是用的旧本(其时迭经战乱，旧本难得)并加校正刊行，并加说明经过校刊"的无一字差讹"。这于读者来说，自然具有较大的吸引力。所以这则"刊语"的重点是在宣扬所刊之书底本好，校对精。对于一般读书人来说这是对书籍的最基本的要求，即以今日来说，我们经常读到"无错不成书"的出版物，对于"的无一字差讹"。还是心向往之的。实际上南宋一些著名的出版家所刊之书确实是很注重文字的校勘的。如南宋临安陈宅书籍铺刊《唐女郎鱼玄机诗》、《甲乙集》、《李丞相诗集》等书文中均有少量◣、■等"墨等"符号，表示此为缺字，为慎重起见避而不刻，俟他日发现善本时再行补刻，故以"墨等"表示阙疑，这比以讹传讹，或以己见率意改之自然要负责得多。

又，南宋钱塘王叔边家所刻牌子称："本家今将前、后《汉书》精加校证，并写作大字锓板刊行，的无差错。收书英杰伏望炳察。钱塘王叔边谨咨。"今考知王叔边所刊前、后《汉书》系从麻沙刘仲立本翻刻，此本曾经吴骥校正，刘氏原书有牌子云："本宅依监本写作小板大字，鼎新雕开，的无只字舛讹，幸天下学士精鉴。隆兴二祀冬至麻沙刘仲立咨。"两相对比王叔边的刊书牌子，实为刘氏原刻书牌的"翻板"，不一定经过"精加校证"。但有一点可以肯定，当时因经兵火，所在书籍多缺，刘氏既云以监本为底本，又请吴骥校正，当是一种较好的本。王叔边据而翻刻，也可能又加校证，所以他的书牌除了带有一定程度的广告性质外，在当时的情况觅到较好的本子加以刊刻，不能纯以"生意经"视之。以上仅举书坊刻书而论，南宋杭刻官本则更讲究，这种重质量、讲信誉的作风，为杭州刻书带来了良好的声誉，时至今日还为世人所重视。

以元代而论，虽有全国出版管理机构兴文署、广成局等，但这些中央管理机构真正直接主持刊刻的官书并不很多，主要的还是由中央政府下达给各路儒学、书院刊刻，而杭州由于传统的原因，经济上相对比较富庶，文化上比较发达，所以承担的任务较重，刊刻的数量较多，所刊印之书质量普遍较高。

以书院刻书为例，杭州西湖书院刻书在全国书院刻书中堪称佼佼者。明末顾炎武在《日知录》卷一八中曾说："闻之宋元刻书，皆在书院。山长主之，通儒订之，学者则相互易而传布之。故书院刻书有三善焉：山长无事而勤于校雠，一也；不惜费而工精，二也；板不贮官而易印行，三也。"这里，我看还得补充一个"四也"，即是书院有较充足的刻书经费，这是重要的物质基础。就拿西湖书院来说，根据元制，郡县皆有学田，西湖书院除此之外，还有郡人捐献的大批义田，所以经济实力颇为雄厚。这些收入除供师生学粮外，余钱即可用来刻书。由于所刻之书或为保存文献，或为上司交办任务，盈利不是目的，故总体而论所刻之书质量都较高。这是有文献可证的。

据元陈基至正二十二年(1362)《西湖书院书目序》称：自至正二十一年（1361）十月至次年七月重刻南宋国子监书版七千八百九十三块，字数达三百四十三万六千三百五十二字。修补书版一千六百七十一块，字数达二十万一千一百六十二字。所耗经费则为用粟一千三百余石，木料计九百三十株，共有书手、刊工九十二人从事工作，整整耗时十个月始毕其事。如果没有充足的物质条件，要进行这样一场重刻、修补的工程是很难完成的。同时，还有一点值得注意的是，在重刻和修补过程中，还请了余姚州、绍兴路、广德路等地的文人学者以及书院山长等来为重刻和修补的书版进行对读校正，由此可以概见当时对书籍质量重视之程度。

在西湖书院所刊元人著作中，传世的马端临的《文献通考》一书，刻印俱精，行款疏朗悦目，字体优美，人称"为元本中之代表作"。

其实，浙江元代刊书，不仅杭州西湖书院有名，其他尚多，这里仅举几例。

杭州江浙等处行中书省刊本《大德重校圣济录》一书，傅增湘评此书为"字体疏朗劲挺，不类通常元本"，《中国版刻图录》则评此书为"纸墨莹洁，字划方正，颇似宋时浙本风格"。

杭州江浙等处行中书省刊本《金史》，《中国版刻图录》评此书"纸墨精湛，世无其匹"。同时刊刻之《辽史》、《宋史》当亦如是。

杭州江浙等处行中书省刊本《六书统》、《六书溯源》二书，据叶德辉《书林清话》引《瞿目》称，杨桓工篆籀，全书皆其手写上板而后刻印，"故世特重之"。又杨桓《书学正韵》一书"分韵编排，先篆次隶省，次讹体，条理周详，字画端正"。由于杨桓既是一位文字学家，又精于篆书籀文，这部书乃名家手写上版，自然较之普通书手写版要精美得多。我们知道元代刻书有个特点，即是刻书多模仿赵孟頫字体，这主要是赵孟頫是元代最杰出的书法家，人称其"篆、籀、分、隶、真、行、草书，无不冠绝古今"，所以"元代不但士大夫竞学赵书，如鲜于困学，康里子山。即方外如伯雨辈亦刻意力追，且各存自己面目。其时如官本刻经史、私家刊诗文集，亦皆摹吴兴体。至明初吴中四杰高、杨、张、徐，尚沿其法。即刊版所见，如《茅山志》、《周府袖珍方》，皆狭行细字，宛然元刻，字形仍作赵体。沿至《匏庵家藏集》、《东里文集》，仍不失元人遗意"。徐康的《前尘梦影录》中的这段话为叶德辉所赞赏，并在《书林清话》卷七中总结出元代刻书的一条规律，即是"元刻书多用赵松雪体字"，这条规律也成为后人鉴定元刻本的依据之一。

综上所述，可以得出这样的一个结论，元代浙江刻书的一个共同特点是校对精核，讲究用纸、用墨、书写，这样的出版物自然质量属于上乘，以至一些研究工作者要论述元代刊书，都离不了杭本书。可以说，元代杭州刊书，实是一代的代表。